大壮营造录

羅哲文题

——北京市古代建築設計研究所作品集

马炳坚　编著

中国建筑工业出版社

图书在版编目（CIP）数据

大壮营造录—北京市古代建筑设计研究所作品集／ 马炳坚编著. —北京：中国建筑工业出版社，2010.12
ISBN 978-7-112-12689-7

Ⅰ. ①大… Ⅱ. ①马… Ⅲ. ①古建筑-建筑设计-北京市-图集 Ⅳ. ①TU206

中国版本图书馆CIP数据核字(2010)第226958号

编著：马炳坚
封面设计：马炳坚　蒋广全

责任编辑：张振光　杜一鸣
图文编辑：仇悦悦
装帧设计：肖晋兴
责任设计：李志立
责任校对：姜小莲　王雪竹

大壮营造录
——北京市古代建築設計研究所 作品集
马炳坚　编著
*
中国建筑工业出版社出版、发行（北京西郊百万庄）
各地新华书店、建筑书店经销
北京盛通印刷股份有限公司印刷
*
开本：880×1230毫米　1／16　印张：21　字数：660千字
2010年12月第一版　2013年5月第二次印刷
定价：258.00元
ISBN 978-7-112-12689-7
(19957)

《大壮营造录》题解

"大壮"乃《周易》六十四卦之第三十四卦。《周易·系辞传下》第二章曰："上古穴居而野处，后世圣人易之以宫室，上栋下宇，以待风雨，盖取诸大壮"。此中国古籍中关于建筑起源与功能的最早论述。

"营造"，乃"经营"、"建造"之意，含相形取胜、辨方正位、相土尝水、规划布局、筹划设计、建造施工等含义。

我所向以继承弘扬中华传统建筑文化为己任，以中国民族风格建筑设计为天职。自二十世纪八十年代以还，二十八年如一日，苦守阵地，艰难奋斗，立足传承，面向发展；著传统技术书籍以传世，作中式建筑设计而立碑；传承华夏精粹，建设中华文明。今选择部分设计作品，辑录成书，付梓出版，取名《大壮营造录》，试图向世人昭示：中华民族五千年之建筑文明，乃人类宝贵文化遗产，吾辈当承之继之，切不可因西方强势文化冲击而离之弃之。以中华优秀建筑传统为主旨，以世界先进建筑科技为手段，古今相合，中西相融，创造有中国民族风格和文化特色的现代建筑，这是当代中国建筑的发展方向，是中国建筑师的历史责任。

马炳坚

二〇〇九年三月于营宸斋

古建筑保护修缮工作，还设计了数百处民族风格和传统特色的建筑作品，在弘扬、发展方面取得了优异的成绩。

现在他们把二十多年来研究和设计的成果加以整理编辑成《大壮营造录》一书，书的内容丰富，图文并茂，洋洋大观，即将出版。我有幸先睹为快，看了此书之后，我认为此书不仅是对我国文物古建筑的保护维修有着积极的参考意义，而且对于历史文化名城、名镇、名村的保护和城乡开发建设也有着很好的借鉴作用。于是怀着十分高兴的心情，恭书了以上几句短语冗言并借以为对此书出版之祝贺。

二〇一〇年之春

羅哲文

为《大壮营造录》题辞

中国传统建筑文化是我们祖先勤劳、智慧和创造力的结晶，是中华民族宝贵的历史文化遗产。继承和弘扬中华传统建筑文化遗产是我们当代建筑同仁不可推卸的光荣责任。

如何继承与弘扬，我认为首先是要把现存的建筑遗产保护好，纳入新的城乡建设规划中加以妥善的保护，二是要对建筑文化遗产进行研究与学习在规划与设计工作中予以发扬光大，为建设有中国特色的社会主义做贡献。

今有马炳坚同志领导的北京市古代建筑设计研究所多年来以继承弘扬中华传统建筑文化为己任，二十八年如一日潜心钻研、努力创作，立足传统面向发展，不仅编写了大量古建筑方面的著作论文，参与编制了相关规范、标准，做了大量的文物

祝《大壮营造录》

犹如京剧“姓京”

推陈出新“四法五功”

造屋建楼不用砖与木

文态形神“新而中”

郑孝燮 谨祝

二零零九年十月二十日

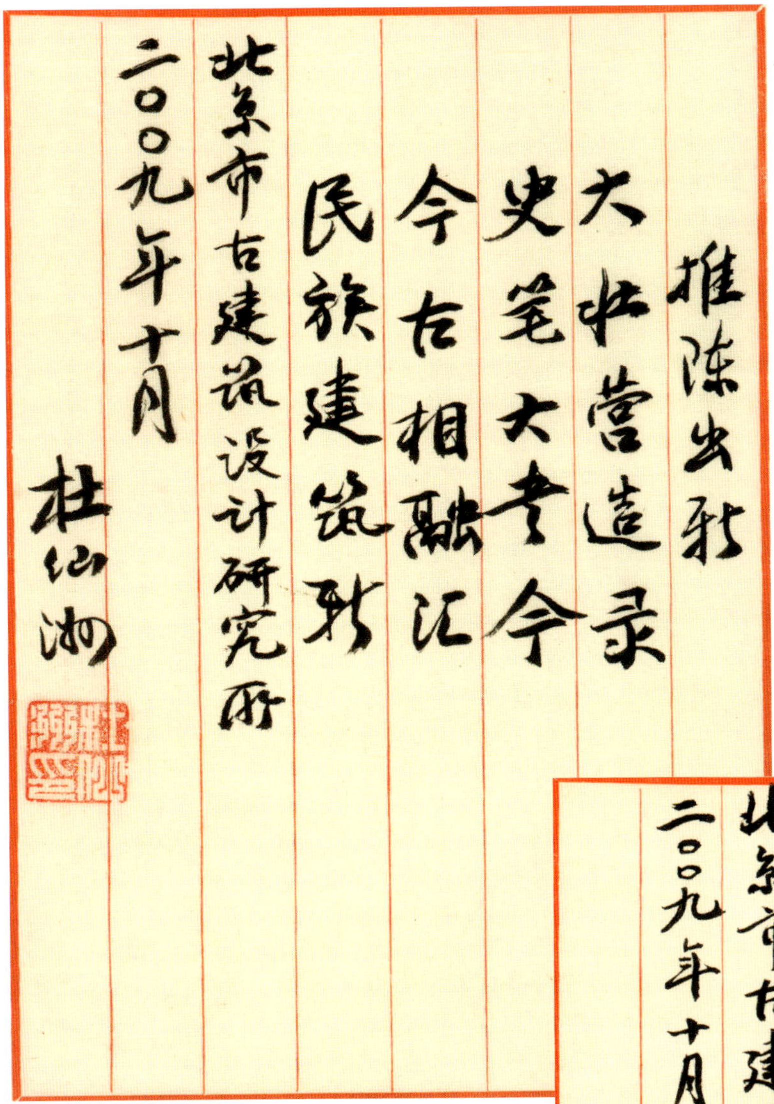

推陈出新

大壮营造录
史笔大书今
今古相融汇
民族建筑新

北京市古建筑设计研究所
二〇〇九年十月
杜仙洲

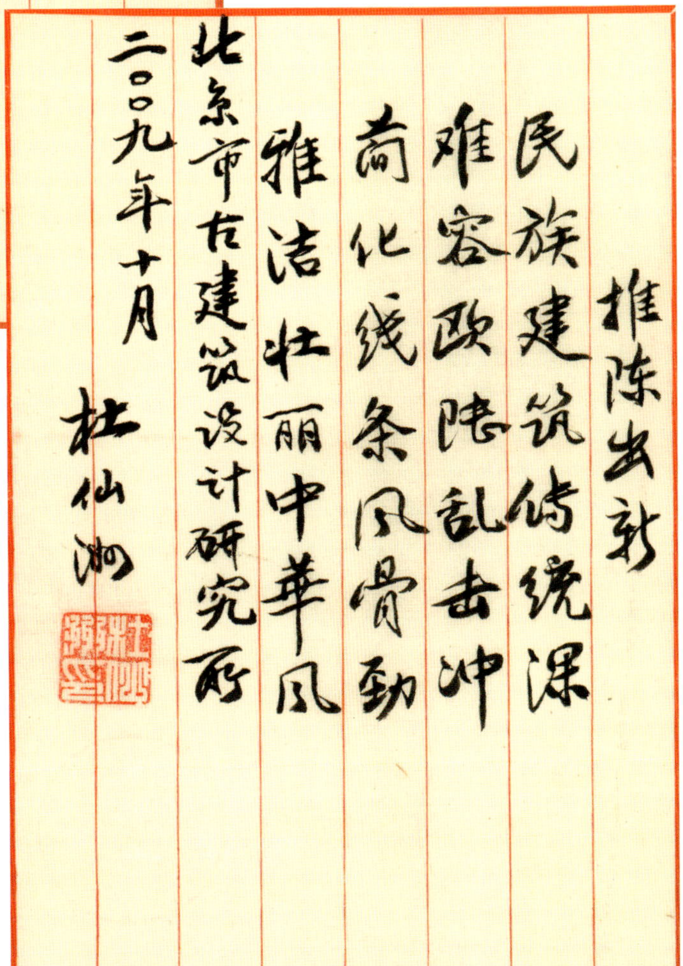

推陈出新

民族建筑传统深
难容欧陆乱去冲
两化线条风骨劲
雅洁壮丽中华风

北京市古建筑设计研究所
二〇〇九年十月
杜仙洲

序 言

祝贺·体会·希望

为传承、弘扬中华传统建筑文化，位处首善之区的北京市古代建筑设计研究所，在我国建国60年之际，把他们近30年的设计和研究成果选编成书，取名《大壮营造录》，实乃大壮之举，特此祝贺。

记得在20世纪50年代，中国建筑界曾一度提倡“民族形式、社会主义内容”。梁思成先生有感于当时某些建筑设计不得传统建筑之要领，他曾感慨道：中国建筑传统到现代的发展，似乎缺少了一个类似欧洲的“文艺复兴”那样的转折、升华的阶段。在那“横扫一切”的年代，中国传统建筑及其文化的命运自不例外。就是时至今日，在此后的半个世纪中，有关传统建筑之研究成果与从国外引进的西方建筑理论与成果相比，仍明显处于弱势。现在出版的《大壮营造录》选取设计案例有100个之多，其研究成果还涉及学术技术专著、标准图集及学术论文等。从这本书中我们看到了北京市的古建专家们从发掘、整理、研究、总结古建传统技术入手，培养了强大的古建专业队伍，编写教材普及全国，制定了相关标准、手册、规范，近30年来坚持出版全国唯一的《古建园林技术》杂志，凡此等等，起到了中国古建筑传承工作中流砥柱的作用。他们的设计作品反映出他们驾驭古建规律及技术之纯熟。这些作品是应需而生、有感而发，绝非为古而古。因此这本书的出版，不但对中国传统建筑的设计工作有重要的参考价值，同时也是新世纪我国传统建筑科研事业的重要成果之一。

北京市古代建筑设计研究所的成果自然而然地凸显了京派的特色，体现了元、明、清的风貌。《大壮营造录》的出版，在全国带了一个好头，起到了首都古代建筑工作者应有的表率作用。我国是一个地域辽阔、民族众多的大国，地方特色与民族传统极为丰富。建国60年，特别是改革开放30年来，大江南北、东部沿海、西域边陲的建设者，在学习传统、运用传统、服务现代、发扬光大等方面多有探索与建树。我们应该以北京市古代建筑设计研究所为榜样，像《大壮营造录》这样，科学地总结经验，系统地研究成果，从而把我国建筑事业推向一个新的、更高的阶段。这是我学习这本著作之后提的一点希望。

张锦秋

2010年2月18日

传统营造象大壮

北京市古代建筑设计研究所准备将近三十年来的规划、设计和研究的成果结集出版，给了我们一次很好的思考和学习机会。专集取名《大壮营造录》，马上让我联想起中国传统建筑的奠基人和开拓者刘敦桢先生，刘先生发表于1932年的研究两汉时期的宅第、官署、道路、宫室、陵寝等十一则笔记即取名为《大壮室笔记》。其实这都是典出于《周易》中第三十四卦，《易·大壮》象曰："大壮者，大者壮也，刚以动，故壮。"阐述了此卦的卦义为阳刚盛壮之象。

中国的传统建筑体系源远流长，是中华民族几千年来通过世代创造、积累所形成的世界文化史中一个独特的建筑体系。"大壮利贞，大者正也。正大而天地之情可见矣。"故中国传统建筑研究的开拓者朱启钤先生曾说："中国之营造学，在历史上，在美术上，皆有历韧不磨之价值。""吾民族之文化进展，其一部分寄之于建筑，建筑于吾人生活最密切。自有建筑，而后有社会组织，而后有声名文物。其相辅以彰者，在可以觇其时代，由此而文化进展之痕迹显矣。"中国传统建筑研究的奠基人和开拓者梁思成先生说"中国的建筑是世界上历史最长、生命最长、散布区域最广的一系列建筑。欧洲的建筑，在各个区域里随着他们各期各地的民族文化的兴盛衰亡，而中国建筑却自有史以来是永久赓续的。虽然中华民族在思想上受过外来宗教的影响，在政治上受过异族的统治，但中华民族却仍保持其数千年的特征，自成一个伟大的民族。以整个的中国建筑讲，它所反映的正是这个民族的伟大的性格。"这种文化的力量是团结人民，推动社会发展的精神支柱，是民族的生命力、创造力和凝聚力的集中体现。

然而回望当代中国传统建筑的研究和实践历程，却是经历了起伏曲折，有时甚至是十分艰难的局面。自中国营造学社始的第一代学者筚路蓝缕，吸收了国外的科学研究方法，通过文献发掘和实例调查收集资料，初步建立了中国传统建筑研究的框架和体系，打下了良好的基础。而第二代学者在复杂的政治环境下聚散离合，在困难的环境中努力继承和开拓老一辈学者的成果，向着建立历史，向更广泛和深入的领域发展。自1956年建筑科学研究院理论及历史研究室的成立、下马、恢复，以至《中国古代建筑史》一书在经过8次编纂与讨论在1966年完成，但直至1980年才得正式出版就可以说明当时传统建筑研究的处境。拨乱反正和改革开放以来，随着经济全球化的进展，研究环境的日益宽松，研究手段更为先进，新一代的学者的视野更加开阔，交流切磋的机会更多。在文献发掘、理论建构、设计实践上都有了更新的探索，当然，也遇到新的矛盾和问题。

时下人们常常爱讲："挑战和机遇并存"。对于中国传统建筑的研究和实践来说也是如此。

先说机遇。早在建国初期的1950年，政务院就发布了关于保护文物建筑的指示，1961年国务院颁布《文物保护管理暂行条例》，1982年颁布《文物保护法》，法制体系逐渐完善。从1961年颁布全国第一批重点保护文物始，至今已公布了六批全国重点文保单位2351处，迄今为止已进行了三次全国文物普查工作。另外自1985年加入《世界遗产公约》以来，到2009年已有31项列入世界文化遗产或文化与自然双遗产名录。一批重点古建筑的测绘、维修和保护同时推动了理论和研究工作的进展，从隆兴寺、安济桥的修缮到永乐宫的搬迁，再到山西、河北一批古建筑的大修，北京天坛祈年殿、颐和园佛香阁、故宫太和殿、天安门以及拉萨布达拉宫等重点古建的保护等。另外，随着城市的发展、人们生活的丰富及社会的需求，具有强烈传统特色的建筑精品也一直为人们所称道。如建国初期的重庆大会堂、北京友谊宾馆，首都国庆十大建筑中的民族文化宫、北京火车站、全国农展馆，以及随后的中国美术馆和扬州鉴真纪念堂，直到陕西西安的"三唐"工程，陕西省博物馆、北京西客站等。同时随着国家历史文化名城的陆续颁布，一批已不存在的传统历史建筑的复建、重建也丰富了传统建筑的实践，如黄鹤楼、滕王阁、雷峰塔等。而出于爱好、趣味，甚至是猎奇，在许多现代公共建筑群中，也有利用传统形式的小品室内设计，从而形成巧妙对比的成功案例。这些都是利用传统形式、空间处理、构图特征、细部手法，在满足现代不同功能要求的同时，也在钢筋混凝土、金属材料作为结构用材上进行了多种多样的探索，或可称之为"旧瓶装旧酒"、"旧瓶装新酒"以至"新瓶装旧酒"的尝试。同时人们的视线所及也随时代和研究工作的不断深入，由传统的官式建筑而到丰富多样的传统建筑和民居，从宫室坛庙而及园林亭榭，由汉民族而及其他各兄弟民族建筑。在更加重视城市和建筑的民族特色、地域特色的思路下，显性的传统建筑形式和做法已成为创作的重要源泉，而原汁原味的传统建筑移植到国外的案例也越来越多。

然而在当下，我们宁可更加强调我们所面对的挑战，尤其面对经济全球化的冲击，在城市建设上急功近利，过度开发以至传统文化被边缘化的挑战，因此有的专家学者提出"传统文化面临着危机感"，"传统文化有萎缩甚至断层的可能"，也绝不是危言耸听。

长期以来，在文物保护和经济建设的关系上，我们也有许多值得记取的惨痛教训。在强调"厚今薄古"思想的指导下，要求文物的保护工作必须为经济建设让路，许多重要的古建筑被毁，尤其在"文革"期间，在"破四旧"的名义下，历史建筑的损毁也达到了空前的程度。以北京为例，尽管有梁思成先生这样的学者提出发展新区，保护旧城，"古今兼顾，旧新两利"；注意城市格局和整体风貌的保护；要保护历史文物建筑的环境等富有前瞻性的主张，但北京的城墙和城楼还是被拆除了，"解放初期，北京原有王府和官邸160处，到1964年减为50多处，‘文革’后只剩38处，长城在北京市境内有108公里被拆”（郑孝燮文）。大量的文物单位被拆除或改建，古建周围的环境被破坏，如天宁寺塔旁建起百米高的大烟囱，五个单位长期占用恭王府等等。在《北京城市总体规划》（2004~2020年）中对于历史文化名城的保护还是有明确的原则和思路的。但大规模房地产的过度开发，权力和商业利益的介入，急功近利的短期行为等也对旧城保护造成极大影响。在1949年统计的3050条胡同中，到1990年还有2250条，到2003年只剩下1600条。也有数据表明，北京现存可直接称之为胡同的不超过1300条，许多胡同已经变成了地名或地图上的历史。在第三次全国文物普查中就发现有23600余处上次普查的文物已经消失。这里并不是讲旧城不要发展更新，而是希望在人文角度和科学理性的指导下，寻求更理想、更谨慎、更有远见的妥善方法来加以补救，同时能形成全民的共识。

从传统建筑或传统形式建筑的创作和实践历史过程看，也存在一定的误区。一个时期把传统形式加以简单化的处理，采用穿靴戴帽、拼贴符号的手法，去求得某些“形似”；也有主管人员的横加干涉，如让人啼笑皆非的郑州二七纪念塔，北京在一个时期也有帽子、亭子大行其道；而更为严重的是一个时期以来，被文化学者称之为“假古董”的“伪创新”也愈演愈烈，出于政绩、旅游、效益、扬名等各种不同的功利目的，除了对原有遗产过度开发，竭泽而渔外，出现了一批争古迹、争名人、制造假图腾、制造复古公祭等活动的巨资建设，诸如XX城，XX故里，华夏第一XX。除耗费巨大人力财力和土地资源外，在规划和设计上也不够谨慎和严肃，多采取一些急功近利、粗制滥造的传统建筑形式或材料，不但造成了人们的审美疲劳和抵触心理，也降低了传统形式的文化品位，阻碍了传统建筑形式的健康发展。另外，传统建筑在保护、创作、研究等方面也还有理论、实践、技术等问题有待发展和探讨。

更为突出的是随着经济的全球化和改革开放后设计市场的放开，外国建筑师大举进入中国市场。一方面来自国外的建筑文化和技术的交流使得我们眼界大开，另一方面，面对强势文化，本土文化也面临着被改变和失去的危险，甚至会造成文化上的“冲突”。特别是西方少数发达国家的文化在“西方中心”思维定式之下，具有强大的“传播强势”，一时间在一些人们和舆论的心目中，本土文化失去了应有的自信，把一些精心包装的时髦、时尚做法认为是方向和潮流，相信外来和尚的经肯定是好经，如果要强调一下民族传统、民族文化反而变成了一件很没面子，很不时尚，很不上档次的事情。也有的媒体和舆论也为之推波助澜，即如有的学者指出：“新的‘设计殖民’与第三世界当地旧有或新生的殖民心态一拍即合”。外来文化的蚕食和对民族传统文化的自我贬损，也加剧了许多有识之士的危机感。

话扯得远了一点，回过头来再说《大壮营造录》。北京市古代建筑设计研究所的前身是原北京市房修二公司成立的古建筑技术研究室。因长期承担北京市古建修缮任务，及拥有一大批富有丰富实践经验的老工匠和技术人员，积累了相当多的案例和成果。早在1983年他们就创办了以古建和园林为研究对象的专业学术技术刊物《古建园林技术》，同时编写了大量古建专业技术教材和学术专著。1989年又正式注册成立了“北京市古代建筑设计研究所”，从规划、公建设计、传统住宅设计、宗教建筑设计、园林及景观建筑设计、境外工程设计、装饰装修设计和文物古建保护修缮设计各个领域做了大量的实践和研究工作，承接了许多的工程项目，许多项目取得了较好的社会效益、环境效益和经济效益，同时出版了不少专论和专著。研究所本身的成果和实力也形成了较好的口碑，因此其作品集的出版将会起到很好的总结和交流作用。平心而论，作为纯传统样式的建筑设计创作，是有极大难度的，尤其在新时代要与现代的使用功能、结构技术、审美观念结合，更需要进行长期不懈的探索，加上在当前面临诸多挑战的形势下，更属不易。许多学者指出：民族的振兴，始于文化的复兴；民族文化的断裂，将导致民族的衰退。因为文化是国家和民族的灵魂，集中体现了国家和民族的品格，只有在世界文化中占有一定的份额，有足够的话语权，才能成为文化大国，进而成为世界强国。从建筑文化方面来讲，更不单纯是传统建筑文化的事，文化不仅需要积淀，需要继承，还需要振兴，需要创新，需要发展，需要继续发现，继续前进，需要自上而下众多方面的关心和支持才能有旺盛持久的生命力、凝聚力和创造力，才能发挥自己的影响，才能真正立足于世界民族之林。

借《大壮营造录》出版之际，发表一点自己的孔见求教于方家和关心传统建筑文化的人们，是为序。

马国馨

2009年12月2日

前 言

一本集中反映中国建筑传承与发展成果的书籍:《大壮营造录——北京市古代建筑设计研究所作品集》，在老一辈建筑学家的热心关注下，在建筑界权威人士的支持下，在出版社朋友的帮助下正式出版了。

一本建筑书籍的出版，并不算什么大事，但出版这种内容的书籍，在我国还是第一次。它的意义，不在于建筑界又多了一本可供参考的专业书，而在于它践行了党的十七大关于弘扬中华传统文化，继承民族文化遗产，促进中华民族伟大复兴的发展方向;在于它践行了《中华人民共和国城乡规划法》关于“保护历史文化遗产，保持地方特色、民族特色和传统风貌”的城乡规划建设原则;在于它反映了强盛起来的中国人民对民族文化回归的热切愿望和强烈诉求。

半个多世纪来，我国的城市规划和建设一直是以“现代风貌”为主导的，对传统风貌的保护和弘扬，不仅很少予以关注，反而采取排斥态度;这是由于指导思想出现偏差造成的。20世纪五、六十年代，新中国刚刚成立不久，那时主要方向是学习苏联;六、七十年代的文化革命及其极“左”思潮，不加分析地批判“封资修”，对传统文化采取了一概排斥、斩草除根的错误做法;八十年代以后实施改革开放，被禁锢了多年的人们突然发现国外竟然那么精彩，于是乎又盲目学习西方，在城市建设方面大刮美国风、欧陆风。在这股“西风”的催动下，我国各地区、各省市具有民族风格和地域特色的城市风貌大量消失，代之而来的是几乎千篇一律的高楼大厦，中国几千年的建筑传统和城市风貌几乎丧失殆尽。即便是到了九十年代，有人已经意识到背离传统、割断文脉的错误，着力关注传统风貌、地域特色保护的时候，那种大拆、大建、大开发的惯性依然势头汹汹，依然有大量有价值的老街区老房子被拆被毁，代之而来的仍然是毫无文化特色的高楼大厦。这种惯性，至今依然未见明显改观。对于中华民族来讲，这是一件十分遗憾的事情。可以断言，在经历一定时间的动荡和反思之后，人们终将认识到这种对民族文化传统的排斥和冲击，是中华民族城市建设史上的一段误区。

建筑是文化的载体，文化是民族的灵魂。建筑是人类为居住和相关社会活动而创造出来的一种特殊器物。建筑是从本土生长出来的，是民族文化和地域文化的载体，同时铭刻着世界文化交融的痕迹。建筑是有文化属性的，它的文化属性就是本土文化。有什么样的民族文化和地域文化，就会产生什么样的建筑。由于世界文化是多元性的，世界各国的建筑也呈现多元化的特点。东方建筑、欧陆建筑、伊斯兰教建筑、天主教建筑、古埃及建筑以及中国古典建筑……它们之间都存在很大差别，彰显出完全不同的风格和特色。这种差别，有物质方面的，但更突出的是文化方面的。这种文化差别表现形式多种多样，如建筑格局、平面布置、立面形态、环境营造、色彩运用、柱廊、脊饰、雕塑、彩绘等等，几乎无所不在。即使在材料的选择方面也受到不同民族的自然观、宇宙观的影响。正如20届世界建筑师大会通过的《北京宪章》中写道的"文化是历史的积淀，存留于城市和建筑中，融汇在人们的生活中，对城市的建造，市民的观念和行为起着无形的影响，是城市和建筑之魂"。我国著名建筑学家梁思成先生早在六十年前就指出了中国建筑要走"中而新"的道路。弘扬优秀民族文化传统，创造具有民族风格和地域特色的现代建筑，是中国当代建筑文化的核心问题，是中国建筑的发展方向。

《大壮营造录》的内容或多或少地反映了这样一种趋势，表达了这样一种创作理念，这正是它的意义所在。

《大壮营造录》分为两个部分，第一部分为"规划及设计成果"，第二部分为"研究与学术成果"。第一部分"规划及设计成果"主要介绍本所自成立以来所做的规划及建筑设计，这些成果归纳为八个类型，即："规划及建筑方案设计"，选取了20个项目；"公共建筑设计"，选取了24个项目；"传统住宅设计"，有9个项目；"宗教建筑设计"选择了12个项目；"园林建筑及景观设计"选择了9个项目；"境外工程设计"，选择了5个项目；"装饰装修设计"，选择了6个项目；"文物古建筑保护修缮设计"部分，选择了14个项目。加起来共计100个项目。这些项目，基本上可以反映出本所自成立以来在规划与设计方面取得的成绩与体现的特色。第二部分："研究与学术成果"则是对本所成立以来在中国传统建筑技术研究，以及学术贡献方面成绩的展示。谈及此，有必要向读者扼要介绍一下本所的历史：

"北京市古代建筑设计研究所"（2008年8月已改制，取名为"北京市古代建筑设计研究所有限公司"）正式注册成立并取得设计执照是在1989年，但它的历史绝非仅仅这20个年头。

1979～1980年，北京市第二房屋修建工程公司（又名北京市古代建筑工程公司）为解决老工匠陆续退休，古建队伍技术水平下降的问题，在我与程万里提议下经公司领导批准，成立了"古建筑技术研究室"。这个研究室是以发掘、整理、研究、总结古建筑传统技术为主旨，把流传在工匠师徒间的工艺技术整理出来，编成教材，作为青年工人技术培训之用。

1985年，承担北京大部分古建筑修缮任务的北京市房屋土地管理局决定在其所属的北京房地产职工大学开办"中国古建筑工程专业"，培养古建筑专业技术人才。

我所在的“古建筑技术研究室”便成了古建专业课教材的编写单位。经过一段时间的努力，分别写出了《中国传统建筑》、《中国古建筑木作营造技术》、《中国古建筑瓦石技术》、《古建油饰彩画技术》等教材，打印成册，在教学中应用。我与程万里、刘大可、边精一等也就成了这些专业课的兼职教师。由于这些教材都是来自于实践，内容详实，与实际结合紧密，实用性很强，因此很受欢迎，在同行之中不胫而走，很快就流传到我国北方和南方的部分地区。

为了更好地满足社会需求，我们将这个时期的研究成果加以整理，相继出版，这就是在本书下篇中介绍的《中国传统建筑》（程万里编著）、《中国古建筑木作营造技术》（马炳坚著）、《中国古建筑瓦石营法》（刘大可著）三部书。之后又陆续出版了《北京四合院建筑》（马炳坚编著）（这是一本向第20届世界建筑师大会的献礼书籍）以及《中国清代官式建筑彩画技术》（蒋广全著）等。

在研究室工作期间，1983年我们还创办了《古建园林技术》杂志这本迄今为止仍然是全国唯一的古建园林专业学术技术刊物。应建设部相关部门之邀，我们还参与编写了《古建筑修建工程质量检验评定标准》、《建筑施工手册》（古建筑部分）以及古建筑《职业技能岗位鉴定规范》、《职业岗位技能标准》和《职业技能岗位鉴定试题库》；配合华北标办编制了《北京四合院建筑要素图集》。

我们还时刻关注我国的文物古建筑保护修缮和民族建筑事业的发展，积极参与业内重大学术活动。注重在实践中不断发现问题，总结经验，并把这些经验体会提炼成新的观点和理论，在有关报刊上发表，受到国家有关部门重视。

北京市古代建筑设计研究所在从事大量传统中式建筑和文物保护建筑设计的同时撰写学术技术著作，广泛参与我国传统建筑教学、科研、编制规程规范等等。这些基础性的工作，为本所的工程设计打下了坚实的理论基础和技术基础，也为我国的文物保护事业和民族建筑事业作出了重要贡献。

今天，我们在建筑界前辈、权威和专家的关心支持下，将本所近30年的成果编辑成书，付梓出版，目的绝不仅仅限于对本所的宣传，而是正如我在本书题解中所申明的：是“试图向世人宣示：中华民族五千年之建筑文明，乃人类宝贵文化遗产，吾辈当承之继之，切不可因西方强势文化冲击而离之弃之。以中华优秀建筑传统为主旨，以世界先进建筑科技为手段，古今相合，中西相融，创造有中国民族风格和文化特色的现代建筑，这是当代中国建筑的发展方向，是中国建筑师的历史责任。”

马炳坚

二〇〇九年八月于营宸斋

目录

4、宗教建筑设计 152

5、园林建筑及景观设计 184

第一部分

规划与设计成果

继承弘扬中华传统建築
文化创造有民族風格和傳统
特色的中国建筑

北京市古代建筑設计研究所 设计方针

二〇〇一年五月
馬炳坚题

北京市古代建筑设计研究所所训

做一項设计創一処
精典交一批朋友

二〇〇一年五月廿五日 馬炳坚题并书

1

规划及建筑方案设计

01

澳门渔人码头中国城方案设计

占地面积：14118m^2　　建筑面积：6158m^2

园林绿化面积：30%　　容积率：0.44

主要设计人：马炳坚、张越、相炳哲、肖东

澳门渔人码头项目是“澳门特别行政区政府成立以来投资最大的旅游项目”。“是一个综合中西饮食文化，古典与现代、粗犷与细致于一体的大型旅游景观。”其中中国城“拟建成中国明清古典风格的园林建筑，功能有中国文化特色的饮食、民间工艺、杂耍表演、观光旅游等”（引自《澳门渔人码头方案设计任务书》）。

中国城主体建筑群设计构思主要有以下两方面的考虑：首先是对“城”概念的理解和体现，本方案按甲方给定的用地范围，将功能建筑围合成一个城的形式，并在“城”的中央圆形水池中设一座三重檐十字脊歇山带抱厦复合式楼阁建筑，这座建筑每层檐都有12个翼角向外挑出，共有36个翼角，36个凹角，102条屋脊，设计复杂精巧，充分展现中国木结构古建筑的精华，具有很强的观赏效果，是中国优秀传统建筑文化在澳门的经典再现。

中国城的建筑风格是明清皇家宫廷建筑的风格，红墙黄瓦，玉阶丹楹，飞檐翼角，雕梁画栋，体现出浓重的中华民族建筑文化色彩。

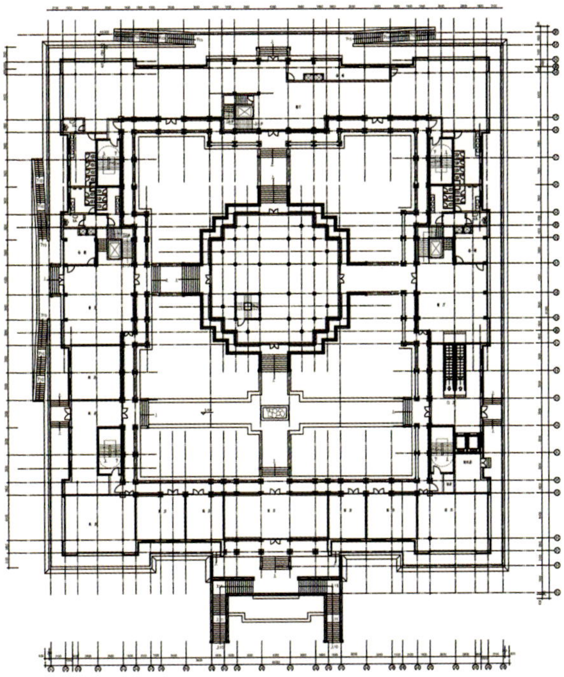

一层平面图

澳门渔人码头中国城平面图

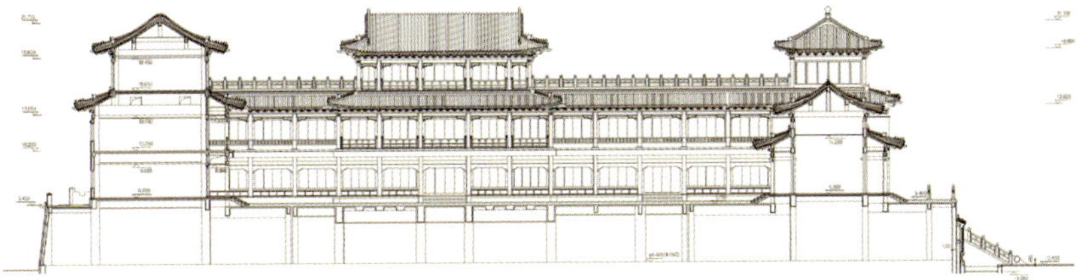

剖面图

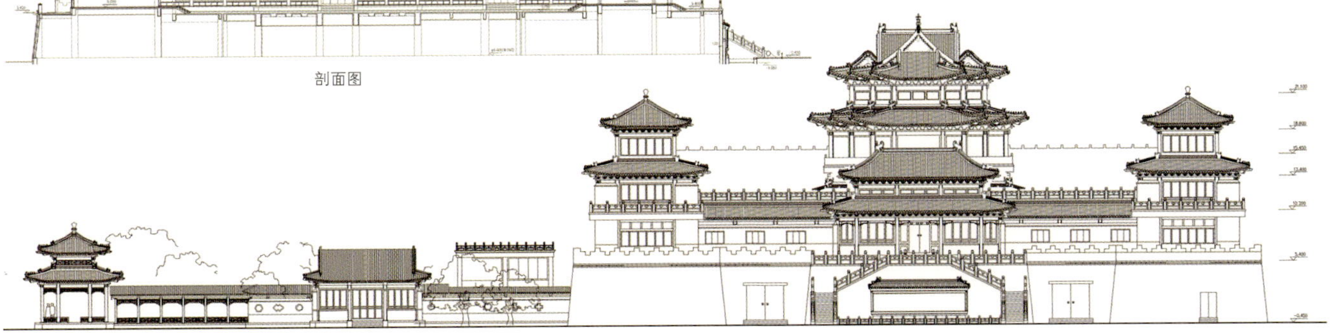

北侧立面图

鸟瞰图

西立面图

北立面图

02

北京大学国家发展研究中心规划及方案设计

规划总用地：19500m²　　总建筑面积：22093.5m²
地上建筑面积：15152.5m²　　地下建筑面积：6941m²
容积率：0.777　　绿地率：57.58%
建筑密度：26.25%　　停车泊位：地下可停车100辆
主要设计人：张丽鲜、李大雪、张郁、李小龙、谢成涛等

北京大学国家发展研究中心是在北京大学中国经济研究中心基础上新组建的一个以综合性社会科学研究为主的科研教学机构，根据《北京大学校园总体规划》，北京大学国家发展研究中心占用学校CZ—N—02和CZ—N—03地块，即承泽园平房区。

承泽园，前身为清代大臣英和的别业依绿园。民国时为张伯驹所有，1992年被列为海淀区文物保护单位。现存的承泽园较完整地保持了清代中晚期王府花园的状貌。

本设计方案本着尊重历史遗迹，保持传统风格，合理利用空间，优化功能分区，科学利用资源，及“可持续发展”的指导思想，在充分尊重该地块原有建筑、遗址、山形、水系、岗阜、道路、环境的基础上，以古典园林为优势，以传统风貌建筑为特点，充分利用原有建筑，以紧凑有序、合理布局、经济实用为原则，把研究院建成一座外部传统古典，内部设施先进，功能齐全，配套合理，高效综合，具有浓郁中国特色的研究院。

方案分为南北两区：北区建筑为文物保护部分，建筑外貌保持不变，仍为传统四合院式样。南区建筑是新建教学科研楼，体量相对较大，外观为传统形式与现代手法相结合的具有民族特色的新建筑，主体色彩以灰色为主，部分地方用红柱子点缀，重点部分辅以彩画。向内庭院一面则多为大玻璃落地窗，采光取景均佳，具有现代气息。

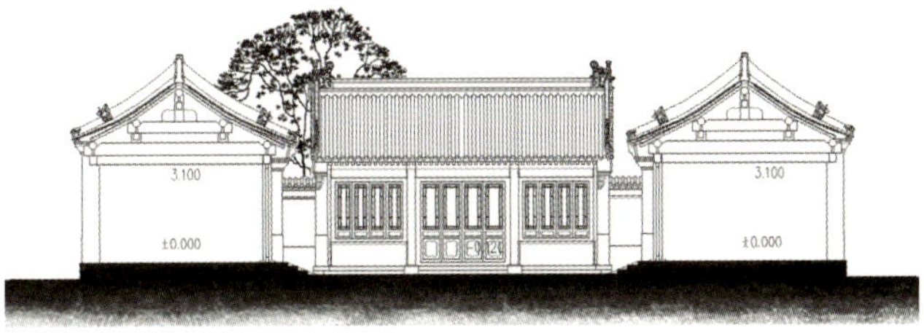

北区局部剖面图

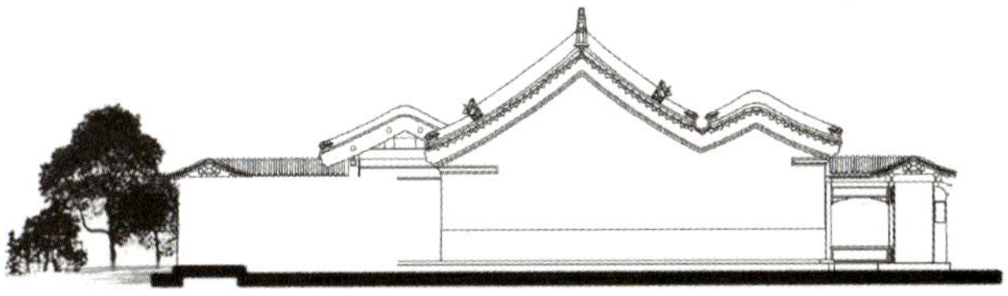
北区局部侧立面图

南区效果图

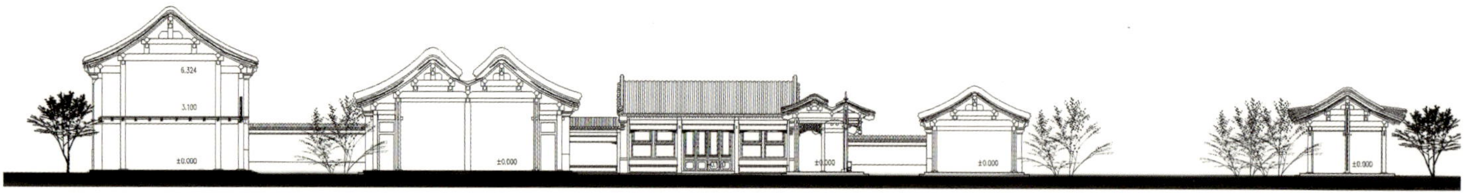

北区剖面图

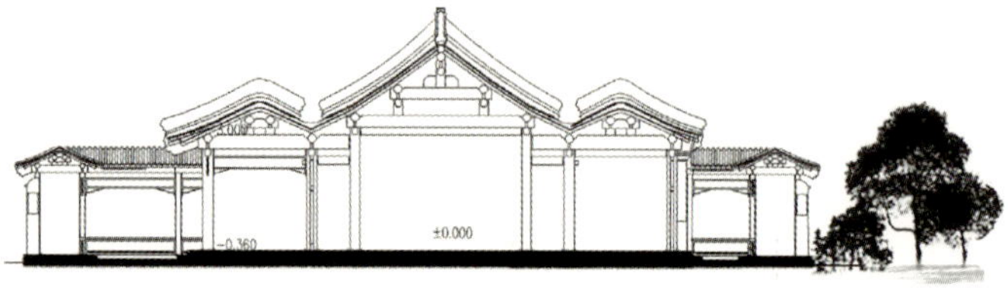

北区区局部剖面图

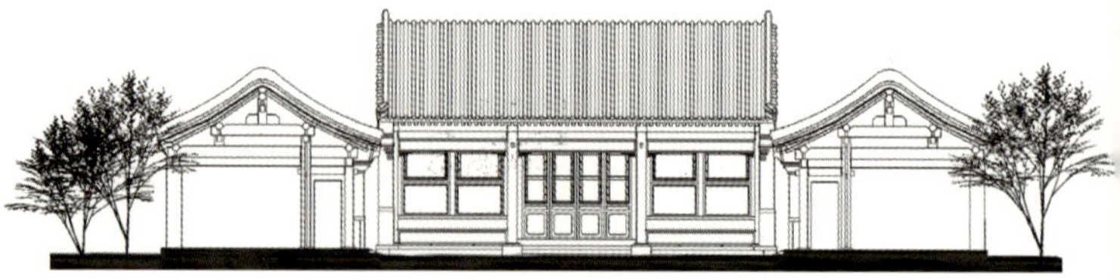

北区局部剖面图

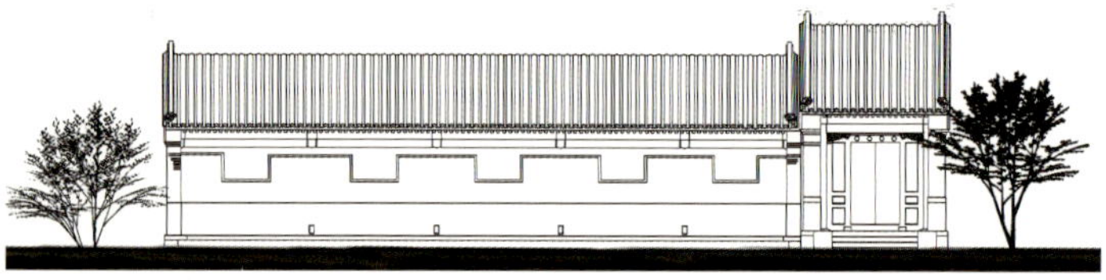

北区局部南立面图

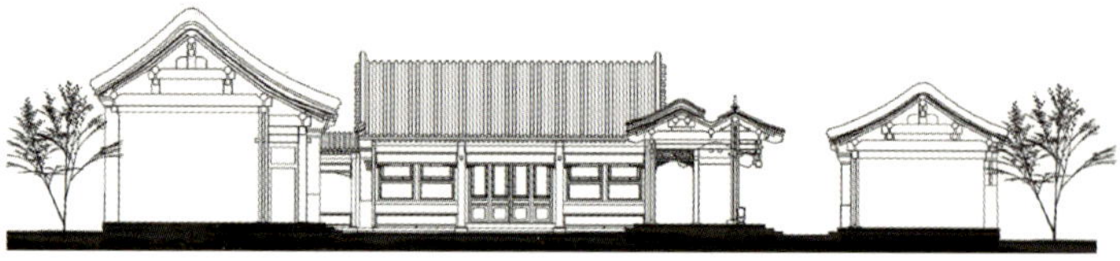

北区局部剖面图

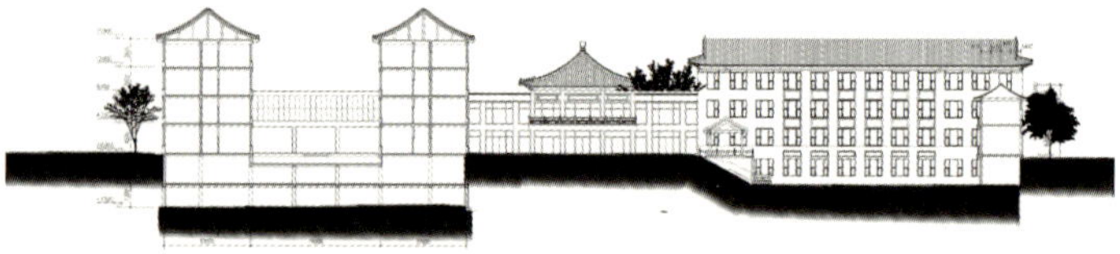

南区纵剖面图

南区立面图

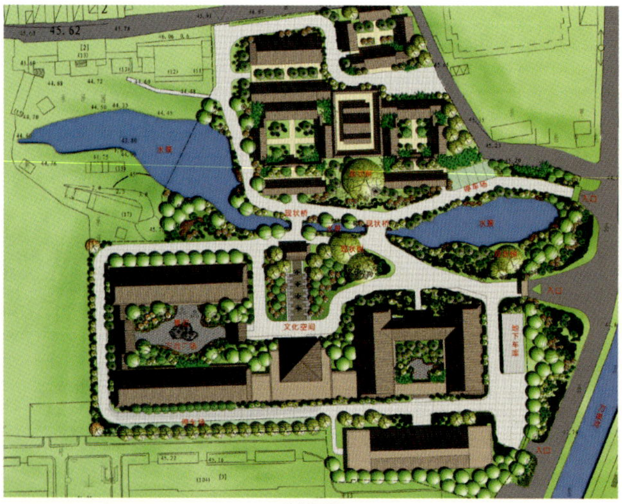

总平面图

效果图

03

北京御海王朝四合院宾馆规划及建筑方案

规划总用地：16430m²　　总建筑面积：23763m²
建筑用地面积：14530m²　　代征道路用地：1900m²
主要设计人：徐新伟等

北京御海王朝四合院宾馆拟建于德内大街中段东侧，位于什刹海历史文化保护区范围内，地上建筑采用传统的明清民居建筑风格，由六套传统的四合院组成，并配以牌楼、亭、廊、影壁，点以小桥流水、假山、瀑布等古典园林要素，环境优美，独具特色，一旦建成将是一处传统文化氛围浓郁、独具特色的高等级宾馆。

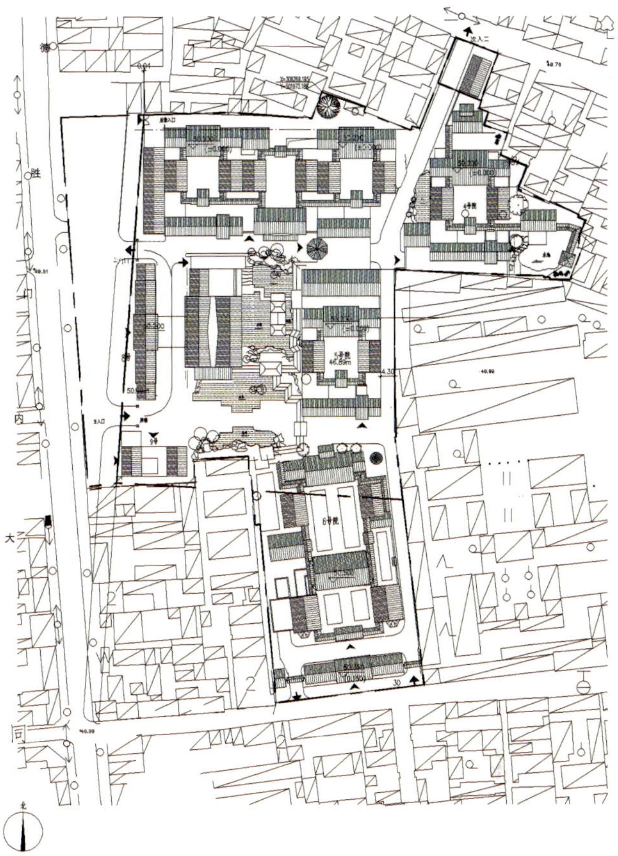

总平面方案

鸟瞰

04

北京市东城区三眼井历史文化保护区保护及修建规划

总占地面积：48038m²　代征用地：2048m²
建设用地面积：45700m²　公建及道路用地：9987m²
绿地率：11.5%　容积率：0.45
地上建筑面积：15861.5m²　地下建筑面积：4969.5m²
建筑控制高度：≤4m（室外地平至檐口）
建筑控制层数：地上1层，地下局部1层
工程主持人：马炳坚
主要设计人：马炳坚、张越、王思萌、李小龙、肖东、梁雅卿
设计时间：2001～2005年

三眼井历史文化保护区位于北京皇城遗址公园以西，景山公园以东，皇城保护区范围之内。是北京市拟修建的第一片历史文化保护区保护整治项目。

本规划方案设计以再现历史风貌为宗旨，坚持整体保护、合理保存、延续文脉、有机更新的原则，通过整治环境、梳理交通、改善市政、降低人口密度等措施，将三眼井历史文化保护区改造成为民族特色浓郁，区域环境优美，功能设施齐全，文化品位高尚，居住层次上乘，与故宫、北海、景山相协调的历史文化保护区。

本设计方案严格遵守《北京历史文化名城保护规划》、《北京旧城25片历史文化保护区保护规划》和《北京皇城保护规划》规定的各项政策和原则，以传承历史、弘扬传统文化为基点，充分尊重原有胡同肌理，合理利用和调整现有院落布局，最大限度地保护好该地区的历史风貌。

在处理保护院落与新建、翻建院落的关系方面，通过整饰、大修、移建等措施，不仅使已划定的院落得到充分保护，还要适合现代人的生活需求；新建院落的型制、尺度、造型、色彩要与保护院落和谐统一，使新老建筑相合相融，相得益彰。

院落规划实施大、中、小并举的原则。新规划四合院根据胡同走向、地块形状进行合理组合，巧妙布局，形式各样，不相雷同。达到“虽为一次规划设计，宛如历史自然形成”的理想效果。

三眼井历史文化保护区规划总平面图

三进院效果图

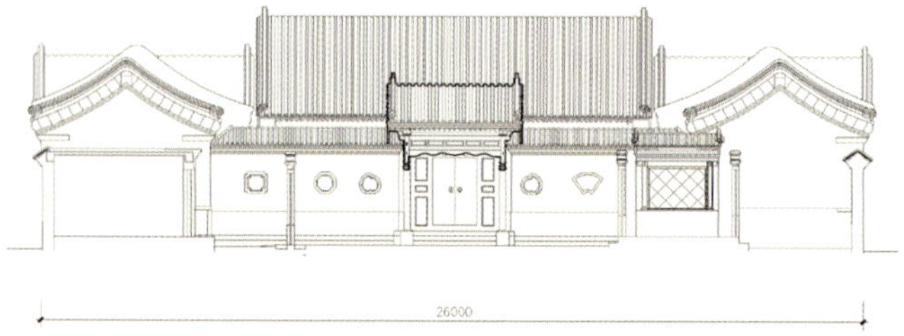

二进院立面图

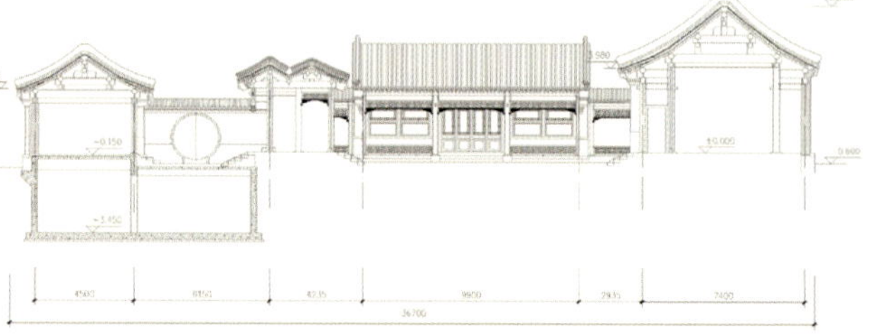

二进院剖面图

三眼井新27~29组团鸟瞰图

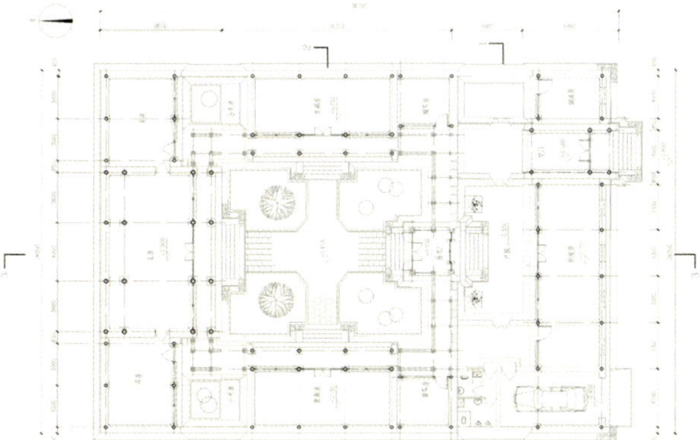

二进院平面图

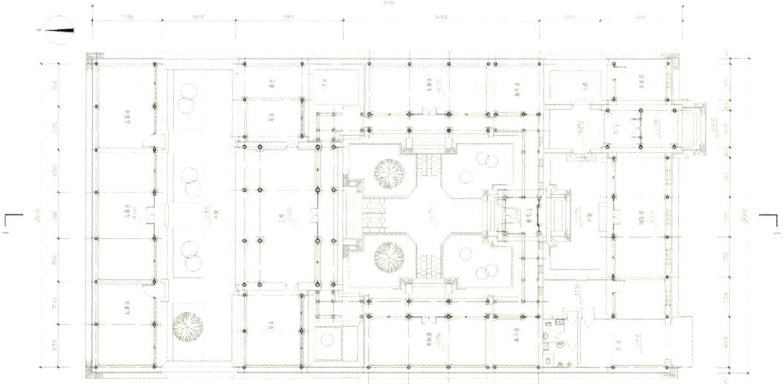

三进院平面图

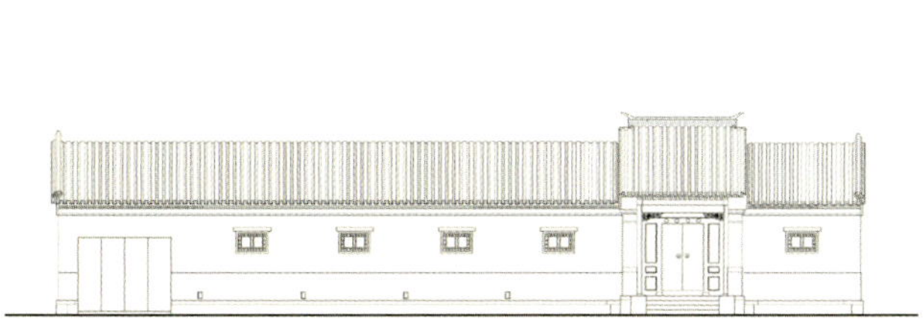

三进院立面图

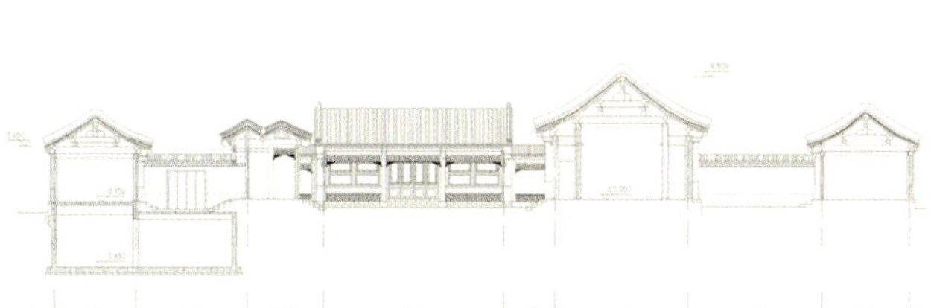

三进院剖面图

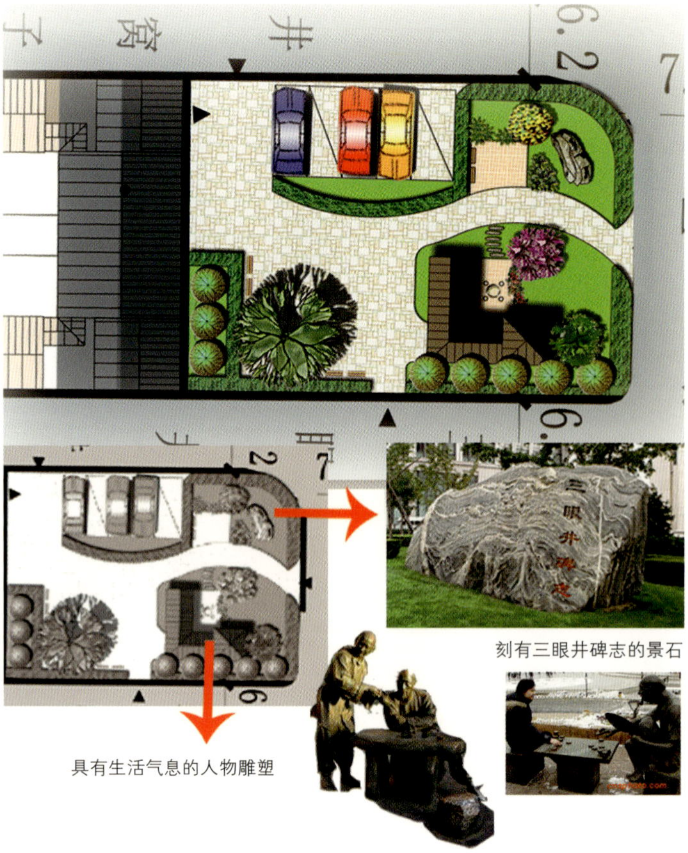

三眼井历史文化保护区街头园林景观分析图

三眼井历史文化保护区屋顶平面图

05

北京市宣武区法源寺历史文化保护区保护及修建规划

项目参与单位及负责人：
北京市古代建筑设计研究所——马炳坚、张丽鲜
北京市规划委员会宣武分局——刘速、贾昳仑
编制小组成员：
朱永生、李琳、张郁、任一帆
段晓威、李剑钊、吴旻昊、谢晶、辛念

法源寺历史文化保护区是北京市城区25片历史文化保护区的重要组成部分，是宣武区四片历史文化保护区之一，具有悠久的历史，丰富的遗存和独特的文化。

我所于2006年接受规划任务以来，在宣武区规划局及相关部门的配合下，对现状进行了深入细致的调查研究，翻阅了大量历史资料，取得了丰富的资料数据，在此基础上对法源寺保护区做出了科学详尽的规划。

本规划指导思想明确，即：坚持可持续发展原则；坚持文化遗产保护优先；正确处理老街区的文物古迹与城市发展的关系；保护历史的真实性及历史风貌的完整性；尊重老街的固有特色；注重无形的文化遗产的保护等方面。

在正确的规划思想指导下，分别就土地利用、绿地系统、景观系统、道路交通系统、基础设施、建筑保护与有机更新以及竖向等，做出了具体规划，并提出了规划实施的保障机制。

本规划是在宣武区规划分局和相关部门的大力配合下完成的，是集体智慧和劳动的结晶。本规划得到了业内专家和市规划局详规处的高度评价。

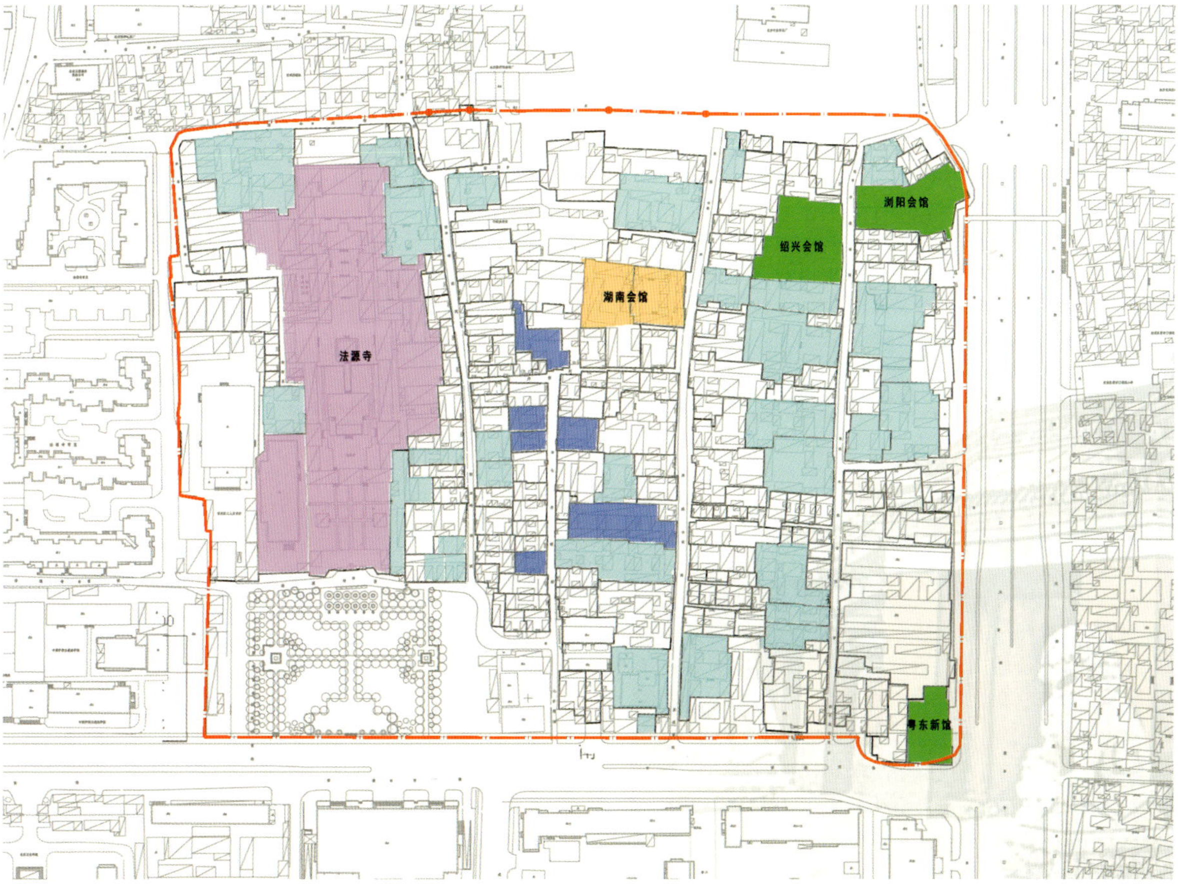

保护院落分布图

莲花胡同沿街立面建筑方案

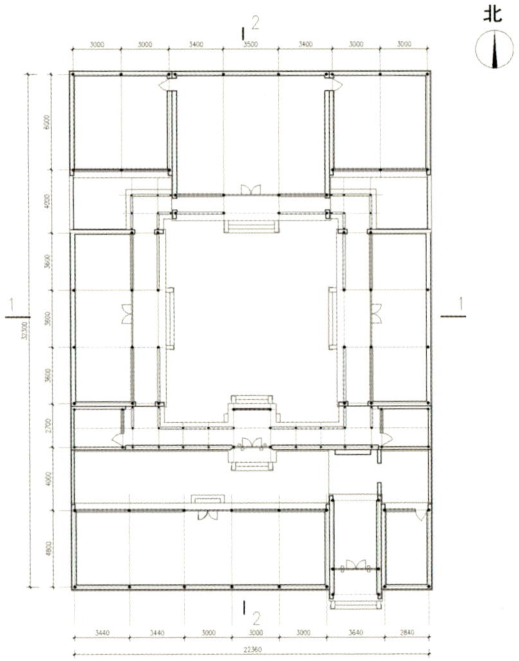

四合院建筑设计——二进院

街景之一

街景之二

菜市口大街沿街立面规划建筑方案

南横西街沿街立面规划建筑方案

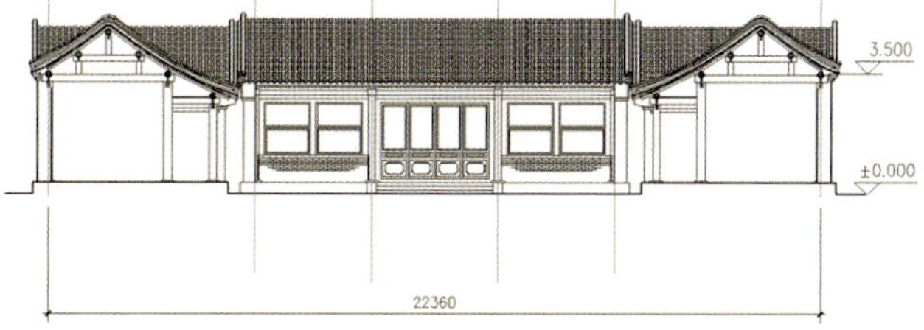

剖面图

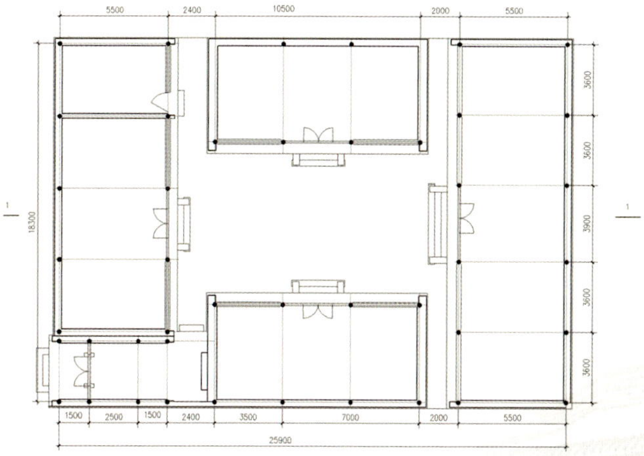

平面图

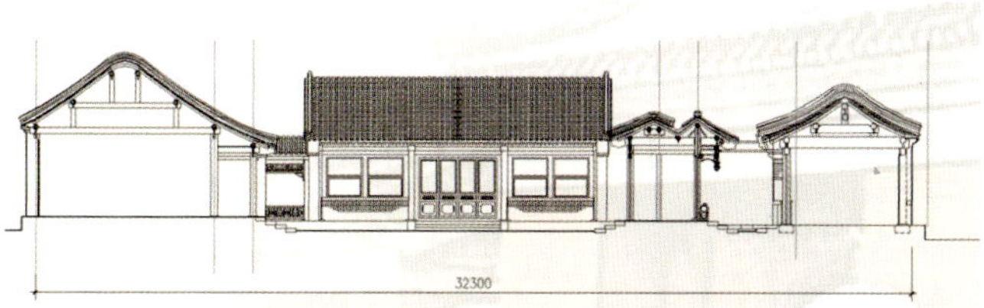

剖面图

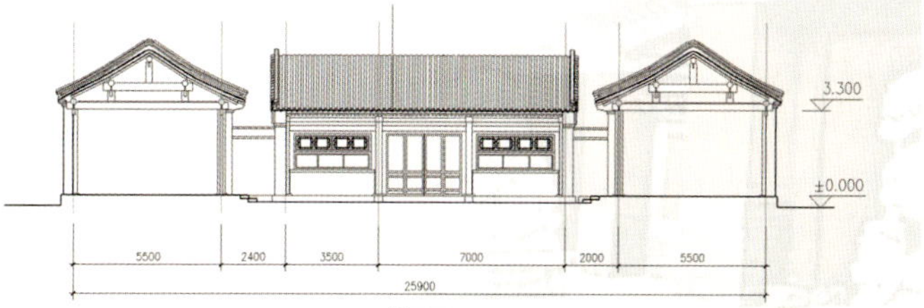

剖面图

四合院建筑设计——二进院

四合院建筑设计——一进院

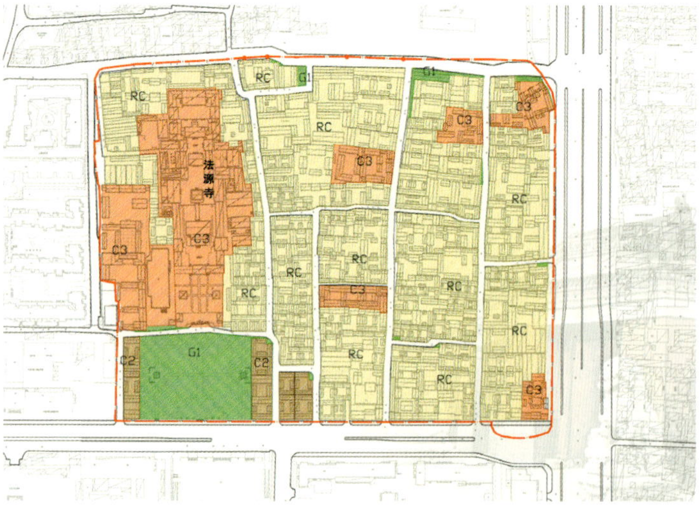

土地利用规划图

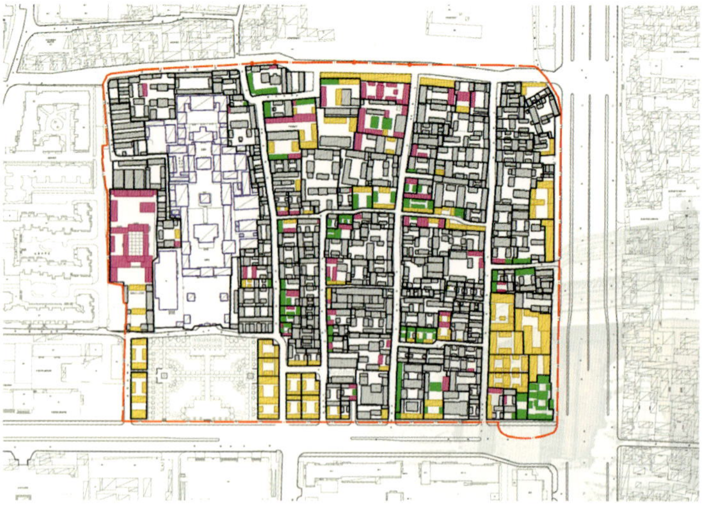
保护与院落更新规划图

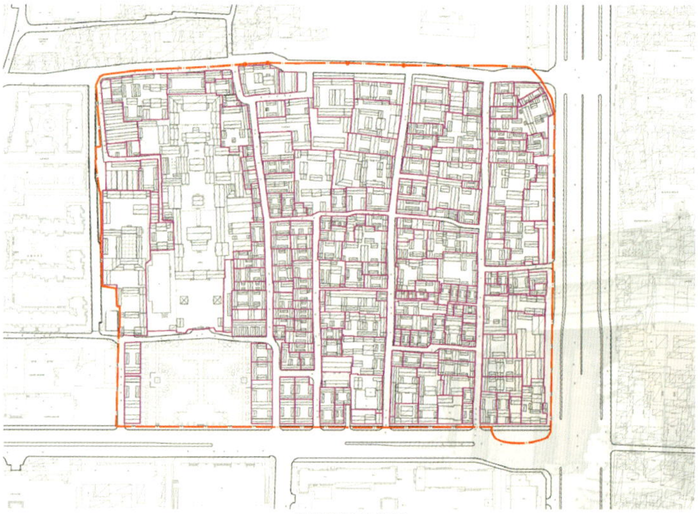
院落格局规划图

绿化系统规划图

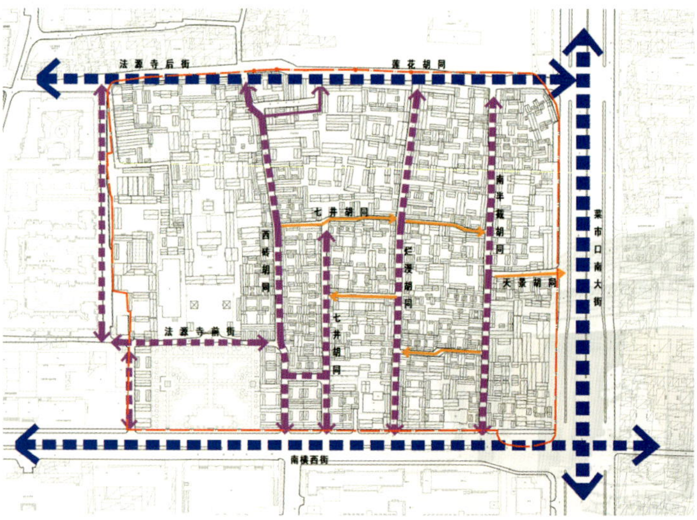

道路交通系统规划图

绿地系统规划图

06

山东桓台王渔洋故居保护及相关景区建设规划设计

项目负责人：张越
规划及建筑设计：张越、王思萌、李小龙、吴海生
李琳、任一帆、谢成涛
油饰彩画设计：蒋广全
结构设计：姜津、蒋保华、易斌
设备电气设计：单成福、李栋、周启玲
项目顾问：马炳坚

山东桓台县历史悠久，现存于县城内的王渔洋故居、王渔洋祠堂、忠勤祠、四世宫保坊等被定为省级文物保护单位。以王渔洋为代表的王氏家族在历史上占有重要地位，王渔洋曾任清代刑部尚书，一生恪守“清、慎、勤”的为官原则，还是历史上的著名诗人、文学家、诗词理论家、教育家，著述很多，在文学界享有很高声誉。

王渔洋故居位于古县城西南侧，现有保留建筑3749平方米，但因年代久远，迭经改造，大部分已非原来面目。对王渔洋故居的保护修缮是在对现存建筑进行充分调查研究的基础上进行的。保护修缮指导思想恪守三条原则，即：不改变文物原状的原则；充分尊重当地建筑特色的原则和安全第一的原则。对现有建筑的保护修缮方案经专家充分论证，文物主管部门批准，对已倾圮的建筑按原有风格进行恢复。

该项目是一个集保护和规划建设为一体的综合项目，本工程还包括忠勤祠、四世宫保坊、纱帽树街等三个景区的规划和建设。

沿街示意图

透视图

鸟瞰图

总平面及园林

王渔洋故居保护及修建规划鸟瞰图

四世宫保坊保护景区鸟瞰图

07 四川成都道源圣城建设性详细规划及方案设计

宫观区：总建筑面积14500m^2　规划用地面积539590m^2
停车指标小车269辆、大客车25辆
容积率0.027
商业区：总建筑面积16700m^2　规划用地面积83510m^2
容积率：0.2　停车指标：小车204辆
主要设计人：张丽鲜、朱永生、夏天、李琳、王思萌、谢成涛、任一帆、李小龙等

道源圣城位于四川成都鹤鸣山。东汉顺帝年间，张陵辞官，在鹤鸣山修道，尊老子为教主，奉《道德经》为教义，创立五斗米道，中国道教从此源远流长，鹤鸣山因此成为道教发源地。至民国时，鹤鸣山仍有太清、天师、紫阳、迎仙、文昌、三官等上百间殿宇。本方案是应建设单位之邀，为弘扬道家文化而作。

总平面：设计内容为宫观区和半边街两大组群。宫观组群随鹤鸣山势形成三大景区：即入口景区；以灵祖殿、天师殿、老君殿组成的第二景区；以太极广场和三清殿共同组成的核心景区。三个景区的建筑根据功能及内容的需要张弛有度，渐渐展开。最后烘托出宏大壮观的三清殿建筑组团。建筑外观采用汉代建筑风格，突出宫观建筑的宏伟壮观；配套商业建筑采用徽派建筑风格。

交通组织：本着方便、快捷、安全的原则，在景区内设计了三个级别的交通路线，即：景区内交通主干道、景区内交通支线、人行通道及场地。沿景区交通干道分别设计相对集中的大型停车场和小型停车场。

水系、园林绿化：景区内现有植被大部分为经济型果木及菜地，有部分高大的长寿柏树。除保留原有地块的高大常青树外，宫观建筑周边大量种植常青树木，如：松树、柏树、银杏树等，同时间种一些高大速生植物，弥补常青树成长速度缓慢留下的缺憾。景区内，还有很多的细小水溪流经用地范围。利用这些水体沿半边街街巷一侧做活水体，同时将水流引入各个院落之中。

雄浑、强健是汉代建筑的典型风格，在设计中注意提取了汉代宫观建筑的主要构成要素，将高台建筑与庭院式建筑相结合。形成内向型空间，以寻求“天人合一”的道家理念。

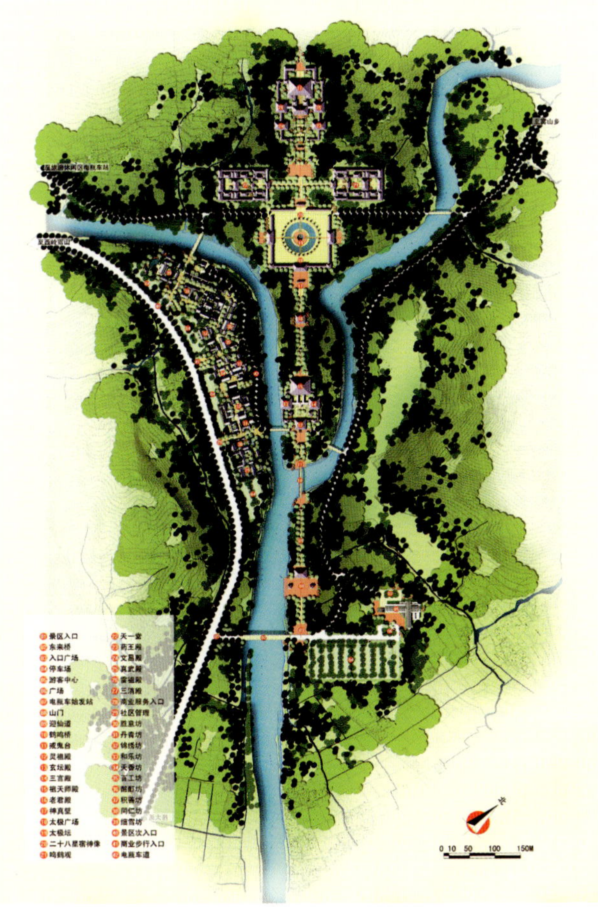

规划总平面图

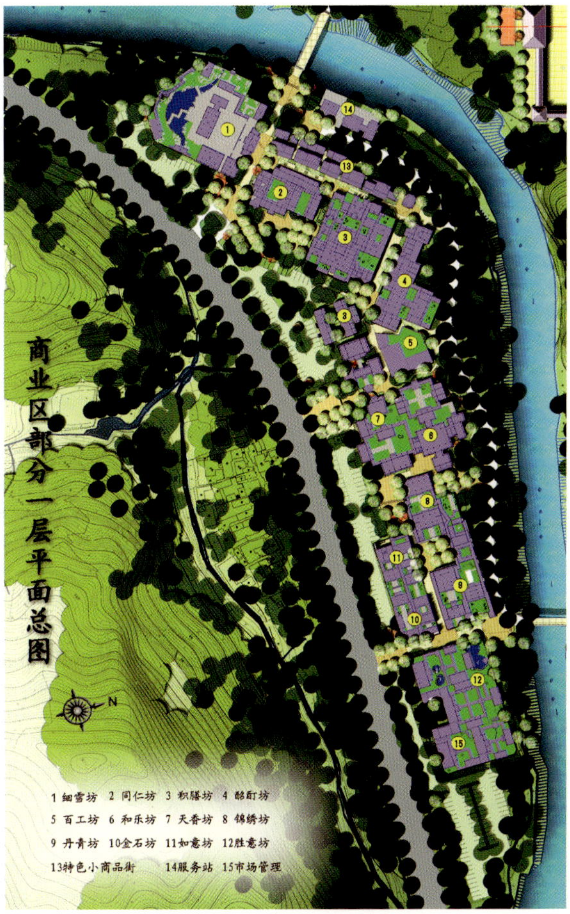

商业街一层平面彩图

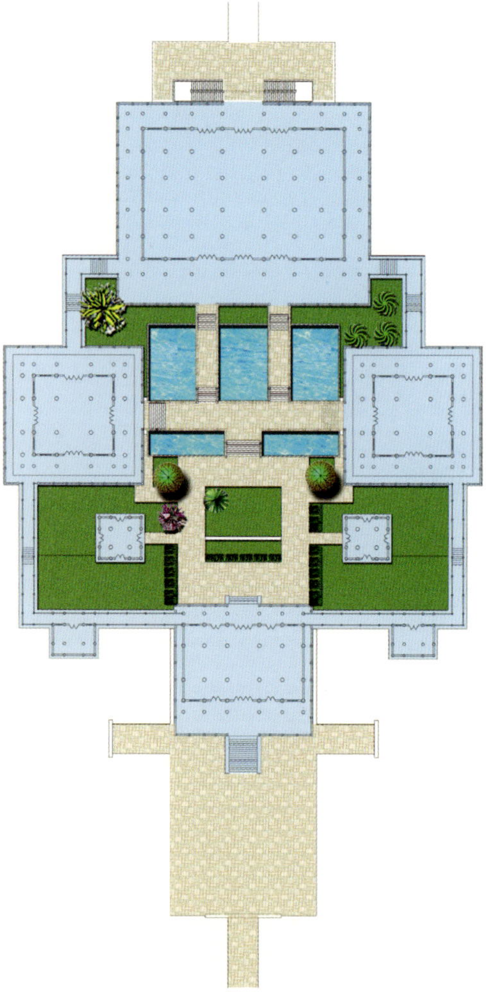

天师殿平面（彩）

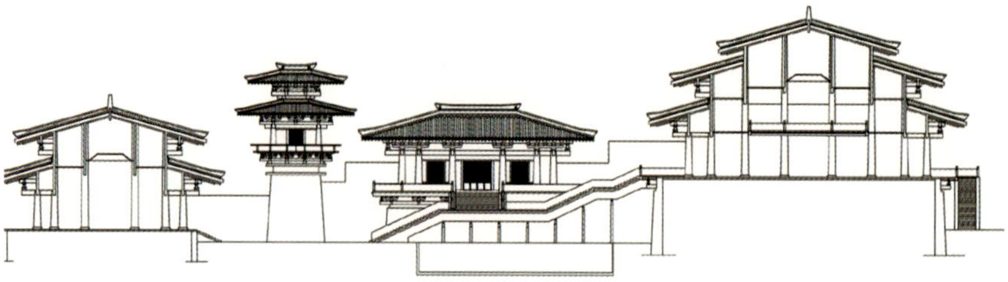

天师殿剖面（彩）

太极广场透视效果图

天师殿效果图

三清殿组团地形剖面图

三清殿组团透视效果图一

三清殿组团透视效果图二

全景鸟瞰效果图

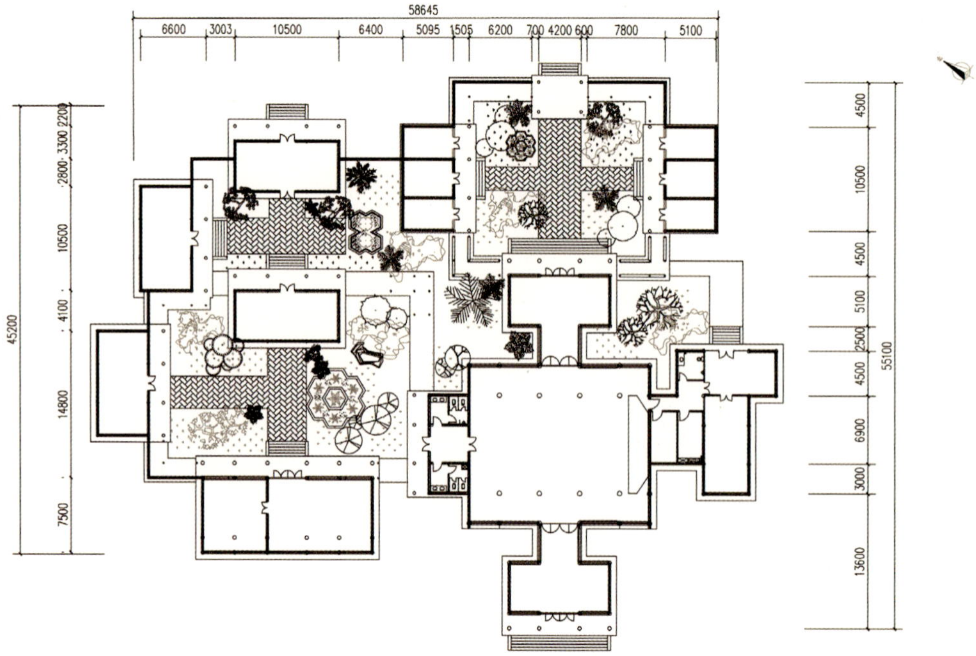

和乐坊平面图

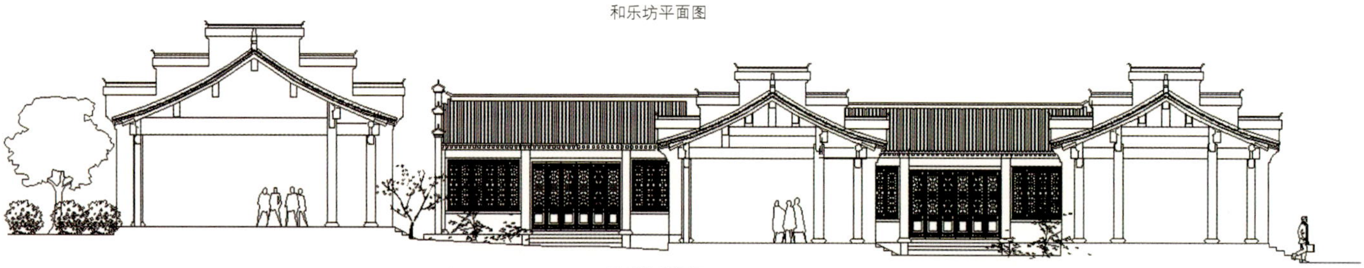

和乐坊剖面图

积膳坊、同仁坊立面图

商品街立面图

同仁坊、积善坊沿街立面彩色渲染图

08

北京香山文化创意公社方案设计

建筑用地：47908m^2　　总建筑面积：74736m^2

容积率：1.56　　绿地率：26%

主要设计人：张越、任一帆等　　项目顾问：马炳坚

“香山文化创意公社”是一个文化产业项目，位于北京香山南路北侧，占地面积47908平方米（约合72亩），总建筑面积74736平方米，容积率1.56。

本项目分三个部分，中心部分由18座不同规模的传统四合院及园林组成。功能是文化名人工作室和文化活动区；临街为传统商业建筑，主要经营文化产品；北部为办公和公寓，是为文化活动提供的住房和娱乐场所。

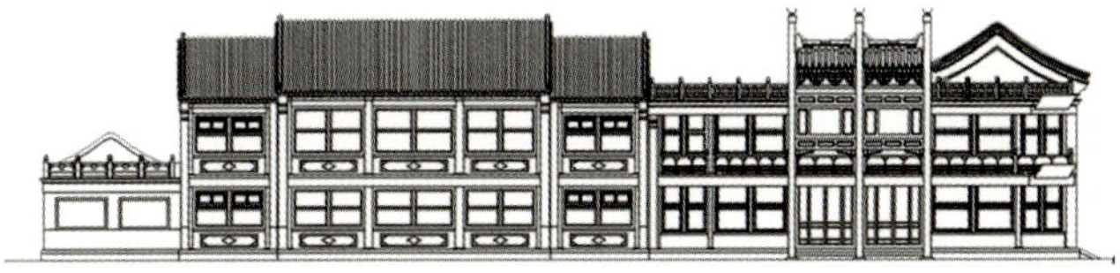

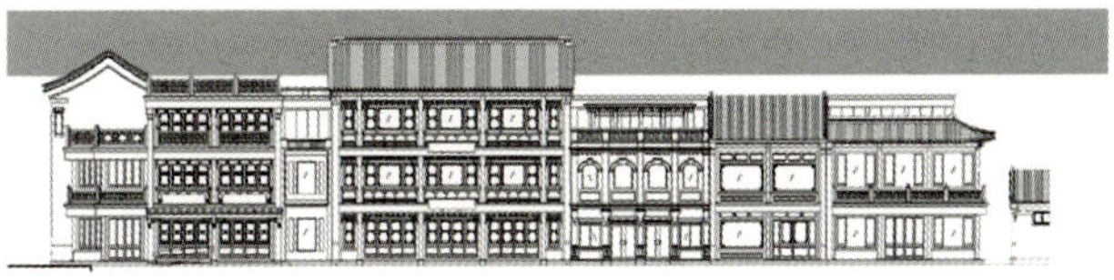

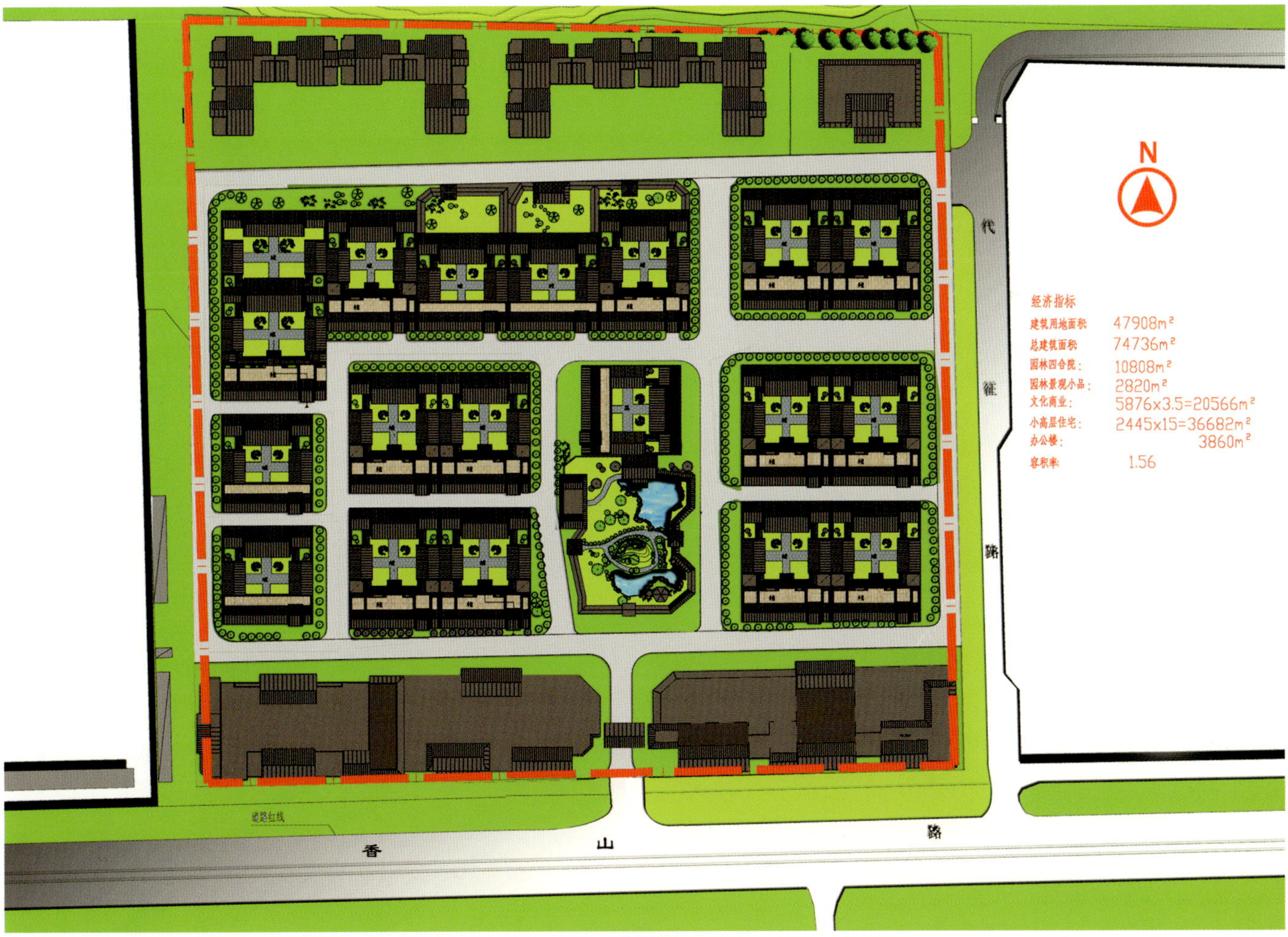

总平面图

四合院及园林景观意向图

商业街景观意向图

09

浙江文成县安福寺规划及建筑方案设计

总用地面积：41504m² 地下建筑面积：1326m²
建筑占地面积：9027m² 道路及广场面积：11559m²
总建筑面积：16437m² 地上建筑面积：15111m²
绿化率：0.504 容积率：0.396 绿化面积：20918m²
主要设计人：张丽鲜、谢成涛、夏天等

安福寺位于浙江省西坑畲族镇，始建于唐宪宗元和三年，距今已有近1200年的历史。历史上，多次重建重修，现该寺已破烂不堪，仅存半厅四方殿和石碑等遗物。

安福寺修建遵循四项原则，即：“继承与创新”原则；“与周边环境和发展趋势相协调的原则”；“以人为本”的原则；“可持续发展”的生态原则。

安福寺的布局主要规划为五个部分：

寺庙区

建筑分为三路：

东路建筑为：钟楼、客堂、僧寮、方丈室、斋堂。

中路建筑为：山门、大雄宝殿、藏经阁。

西路建筑为：鼓楼、云水寮、僧寮、上客堂。

养生堂

主要建筑：药师殿、忏悔堂、健身房、休闲松林。

禅味茶堂

主要建筑：寂静禅堂、闲趣茶室、禅风茶室、茶室演示厅、茶文化展厅、画廊。

游客中心

主要建筑：接待室、咖啡厅、小卖部、法物流通处等。

禅堂、安心寮

建筑风格：安福寺始建于唐代，因此将建筑外观定位为唐代风格。建筑形式除庑殿式外，分别采用歇山式、悬山式，以及非常朴素的农舍式形式。

道路系统：由寺院外道路、主环路、园路步道共同构成完整的游览路线。

园林规划：以维护本地区生态平衡为宗旨，保护自然景观，绿化突出主题和个性，达到植物景观与人文景观相协调；树种选择既考虑组织风景、丰富林相，又本着因地制宜、适地适树的原则，优先选用当地适生树种。

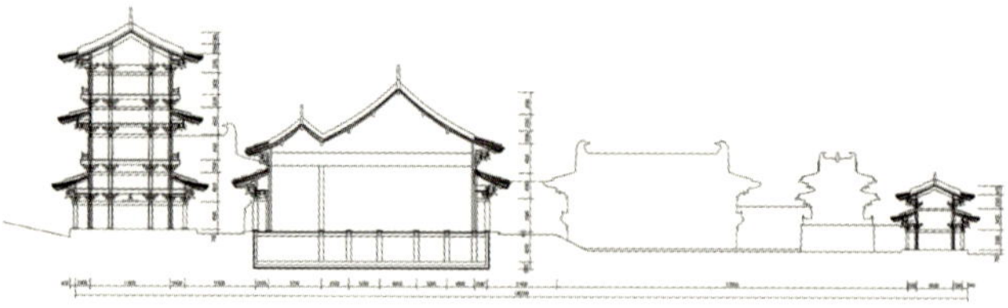

寺庙纵剖面图

钟鼓楼、方丈室、上客堂立面图

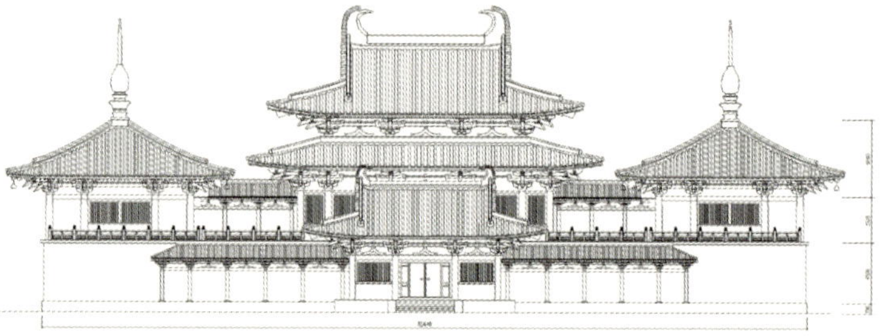

养生堂立面图

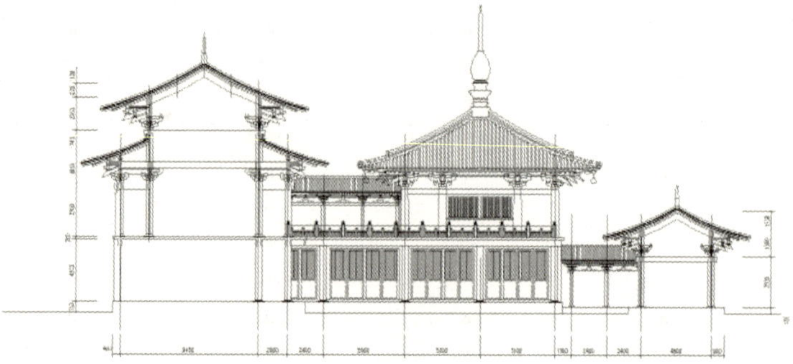

养生堂剖面图

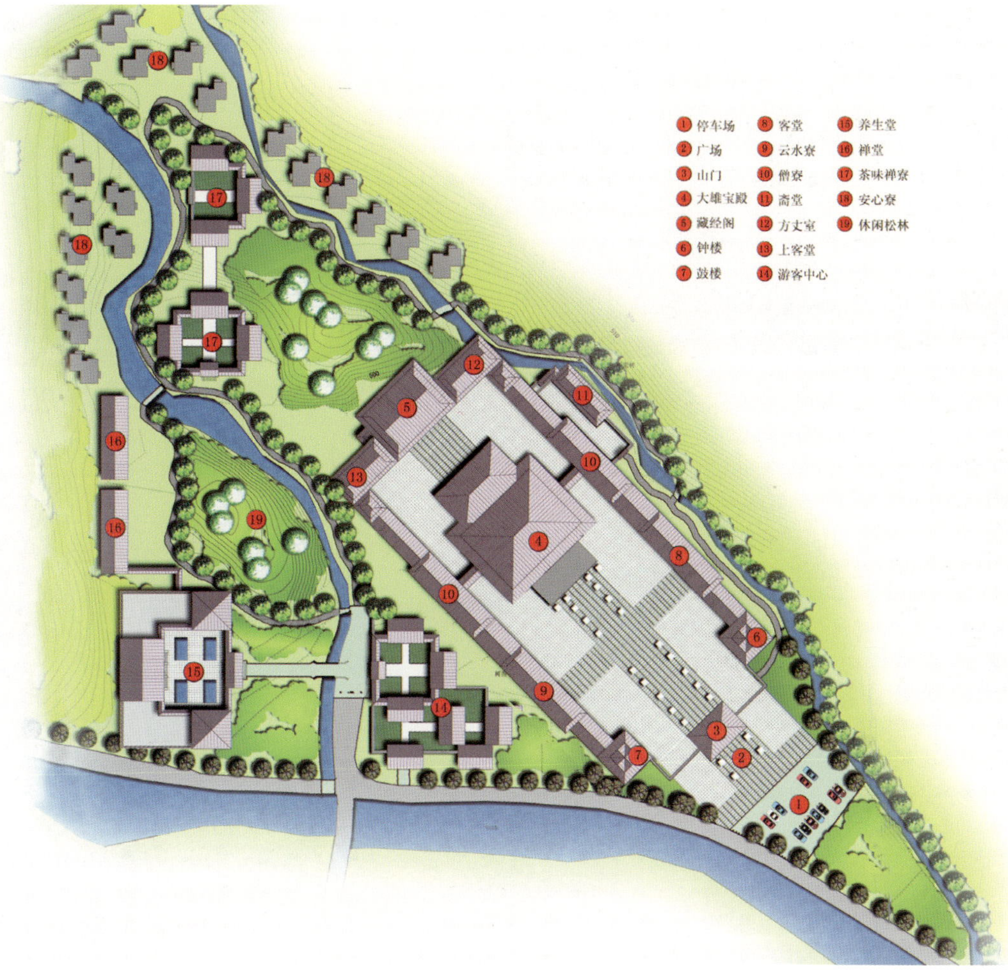
1 停车场
2 广场
3 山门
4 大雄宝殿
5 藏经阁
6 钟楼
7 鼓楼
8 客堂
9 云水寮
10 僧寮
11 斋堂
12 方丈室
13 上客堂
14 游客中心
15 养生堂
16 禅堂
17 茶味禅寮
18 安心寮
19 休闲松林

规划总平面图

安福寺山门殿透视效果图

安福寺养生殿透视效果图

安福寺方丈室透视效果图

禅风茶室效果图

10

浙江永嘉广化寺规划及建筑方案设计

主要设计人：张丽鲜、夏天等

广化寺项目位于永嘉县岩头镇，国家级风景名胜区——楠溪江的中心位置，环境优美，历史悠久。岩头周边佛教文化积淀深厚，为禅门大师玄觉故里，亦是大师传法之所在。

据《永嘉县志》载，广化寺始创于唐先天二年（公元713年），历代屡有兴废，是本地屈指可数的名刹之一，至近代更有“浙南灵隐”美誉。现今寺庙主体虽遭损毁，但尚有大量遗迹遗物留存，乡贤故老对当年古寺形制规模记忆犹新，这些都为恢复性建设提供了坚实基础。

功能定位：以弘扬中华传统文化为主旨，通过重建，展示佛教文化，满足信众瞻礼朝拜需求，促进当地经济发展。

风格定位：以广化寺初建时的唐代建筑风格为基础，采用现代材料，在保持固有风格的基础上满足建筑使用功能需求。

基地选址：项目用地位于周宅村、方巷村村域范围，呈西北—东南条状分布。基地两侧有丘陵山脉，基地中部有溪流穿越。整体基地选址负阴抱阳，背山面水，玉带环绕，堪称形胜之地，福佑之乡。基底两侧山体的特殊形态东侧如卧佛涅槃，北侧似弥勒讲法，更提升了寺院的宗教文化内涵。

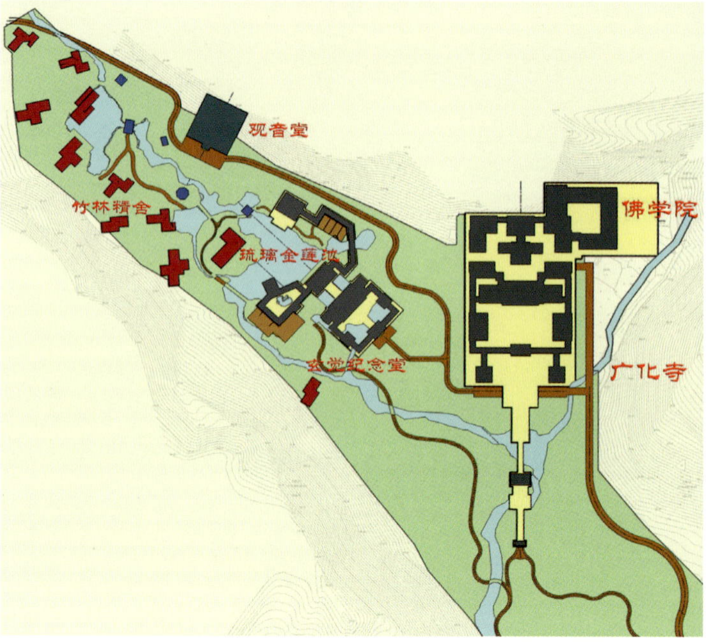

广化寺牌坊及钟鼓楼

广化寺大雄宝殿正立面图

玄觉纪念堂鸟瞰图

玄觉纪念堂钟鼓楼设计

玄觉纪念堂正殿设计

11

北京单田芳文化公园规划及方案设计

工程负责人：朱永生、张越
规划设计：朱永生
建筑方案设计：张越、李琳、任一帆、谢成涛等
园林绿化方案设计：覃方安、晋施
项目顾问：马炳坚

北京单田芳文化公园规划用地位于北京朝阳区王四营乡，控制性详细规划中的古塔公园范围内，总面积61.86公顷。

本规划是在该地区发展现代绿色产业和文化产业的背景下，依托单田芳的名人效应和项目优越的地理优势，在整理挖掘我国北方传统曲艺文化的基础上，开展生态绿色产业，建设单田芳文化公园。

本规划以北京市城市总规划及绿化隔离带规划为原则依据，从总体布局、竖向设计、空间组织、立面造型、园林绿化等方面，创造一个符合北京传统风貌和文化特色，自然和人文景观为一体的高技术含量的绿色产业基地。

本规划充分发挥场地自然环境地理优势和传统文化优势，按入口、商业服务、管理办公、景观文化旅游、庙会文化、曲艺演艺、曲艺博览、曲艺文化研究等多项功能合理分区，灵活布局，节约用地，提高场区土地的使用效益。

本规划项目内的建筑以传统曲艺文化展示为主要内容，采用明清传统建筑风格。

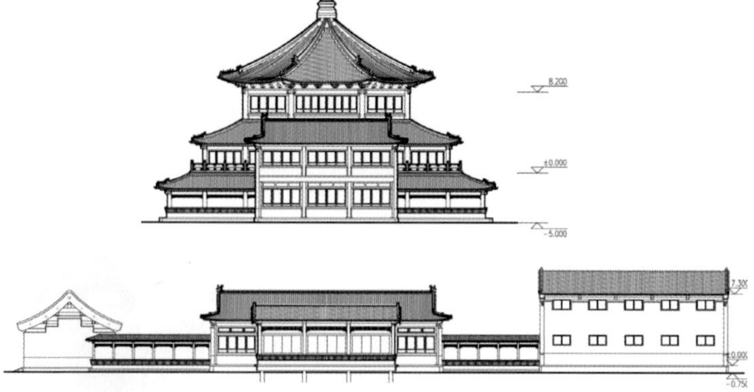

单田芳文化公园博物馆南立面图

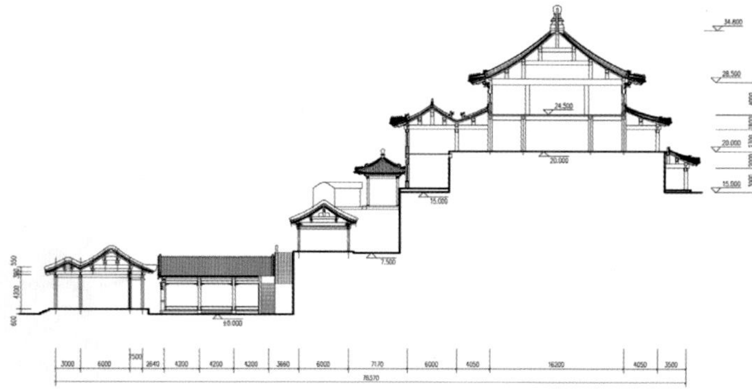

单田芳文化公园博物馆南剖面图

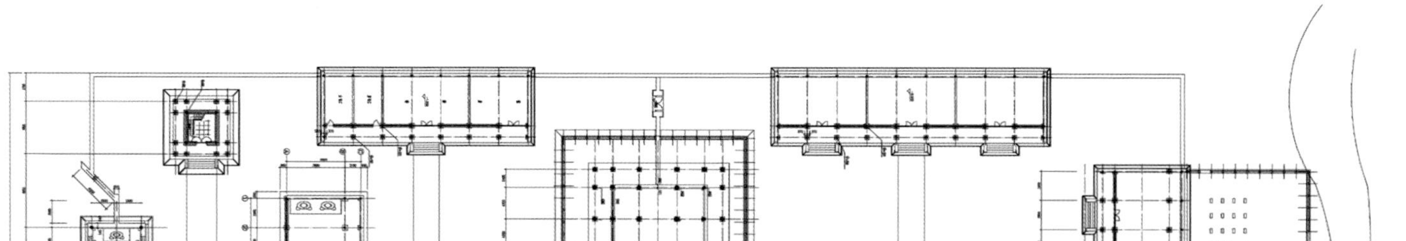

延寿寺平面图

规划总平面图

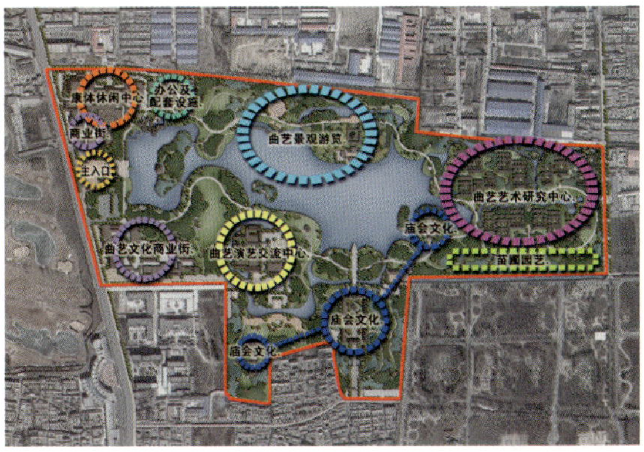

功能分区图

规划方案鸟瞰图

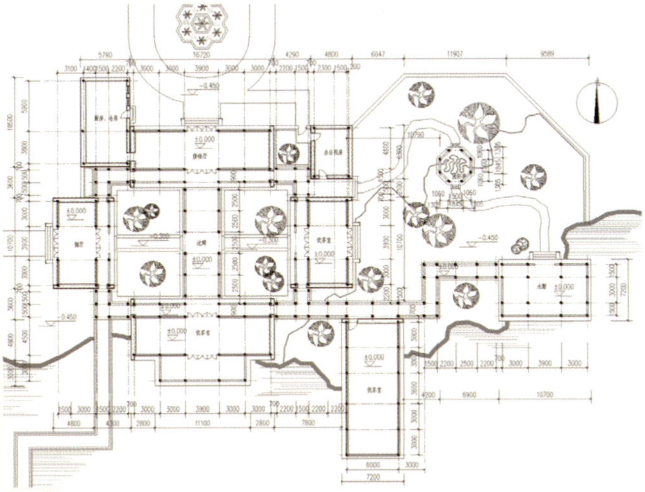
茶室平面图

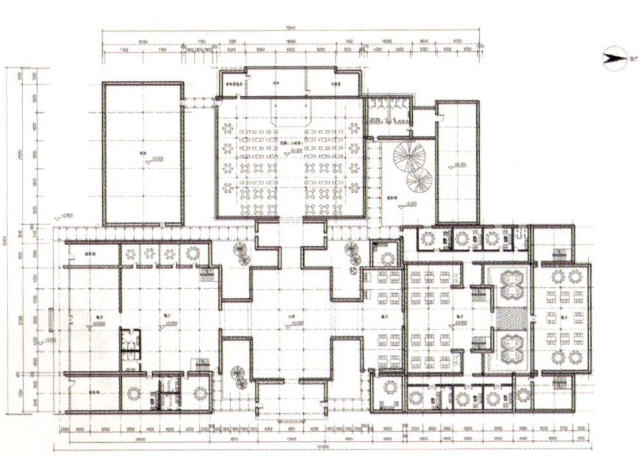
交流中心西院平面图

博物馆鸟瞰效果图

延寿寺鸟瞰效果图

12

山东济南大明湖超然致远景区规划及建筑方案

占地面积：3.06公顷
建筑面积：5160m^2
绿化率：70%
工程主持人：张越
建筑设计：张越、王思萌、李小龙、任一帆

“超然致远”建筑组团是山东济南大明湖风景名胜区综合整治工程的重点项目，位于大明湖风景名胜区的扩建区内，景区面积为3.06公顷，建筑组团占地面积约1800平方米，建筑面积（包括地下部分）5160平方米。

总体采用双轴线、多节点布局，形成多条游览路线。形成以博艺堂和牌楼为节点的东西主轴；以超然楼和戏台为节点的南北主轴，文化广场是两主轴的交汇。保留贺胜25号民居院落，将其补充完整，作为服务用房使用，既满足了功能需要又保留了历史建筑。

单体建筑设计考虑北方建筑特色与南方园林建筑特点的结合、官式做法与地方做法的结合。

景区核心建筑超然楼为八角形的七层楼阁式塔，钢筋混凝土结构，全塔主体高度48米。底层台基部分，结合地形做两层地下室。

博艺堂组团采用北方传统建筑形式，青砖灰瓦，玉阶丹楹。地上建筑一到二层，坐落于高台之上。平面采用合院式布局，中轴对称，室内外采用全隔扇形式分隔，既保留对称格局又有所变化。

本方案设计的基本思路：要与名胜区的总体环境相协调，同时要突出地方特色，使之成为地方文化的载体。

超然楼立面图

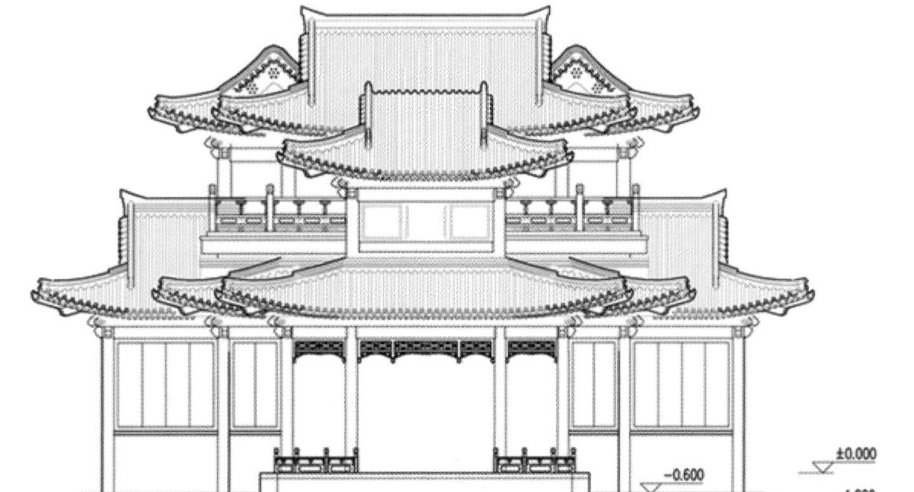

戏台立面图

超然楼效果图

规划总平面图

超然致远景区效果图

博艺堂进深效果图

戏台效果图

13

北京西城区官园市场改造工程方案设计

主要设计人：张越
项目顾问：马炳坚

官园市场位于北京西城区阜成门内大街北部，西二环路以东，属阜内历史文化保护区范围。原为北京造纸十一厂旧址，现为西城区花鸟鱼虫市场。现存建筑为彩色钢板轻质结构大棚，外围为露天市场，嘈杂脏乱，与周边环境极不协调。

本设计方案是通过整体更新改造，将官园市场建设成为集商业、展示、交流、办公为一体的综合设施，使之与该地区环境风貌相协调。

建筑形式以传统建筑风格为主，通过现代手法和材料的使用，使之富于时代气息。

建筑高度，大部2层，局部3层，檐口控制高度9米。并设2层地下空间。

屋顶形式由歇山式、悬山式、盝顶式、平台 朝天栏杆式组合而成，高低错落，富于变化，结构形式为钢筋混凝土结构。

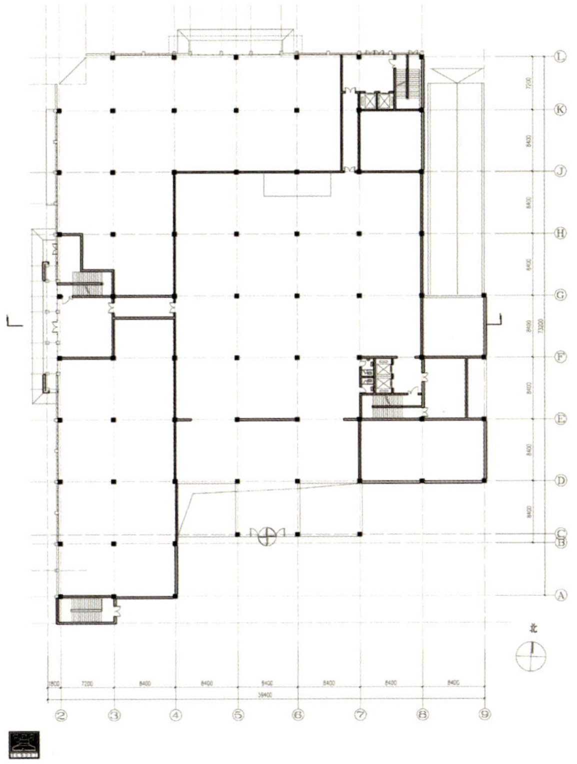

一层平面图

方案二效果图

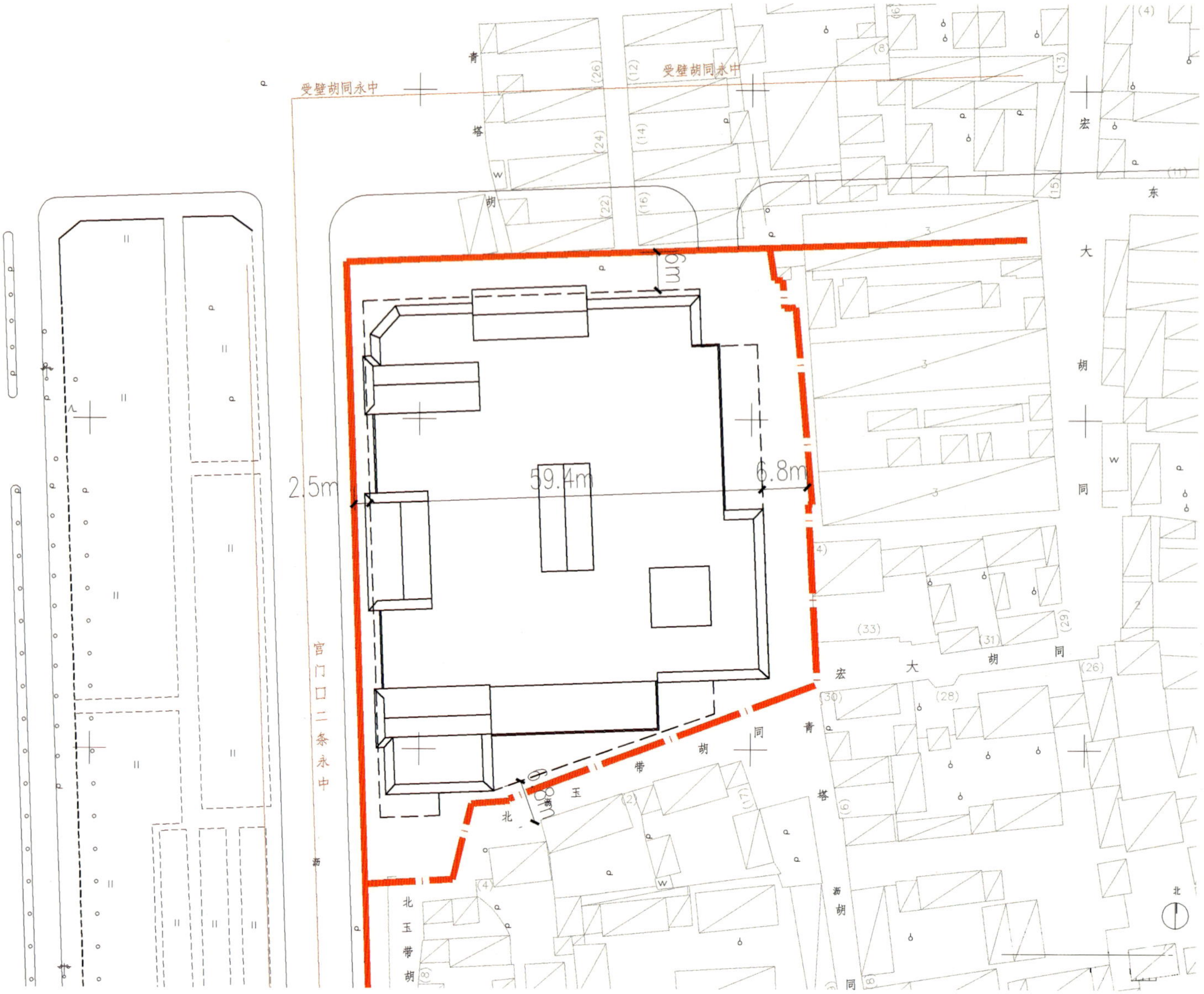

总平面图

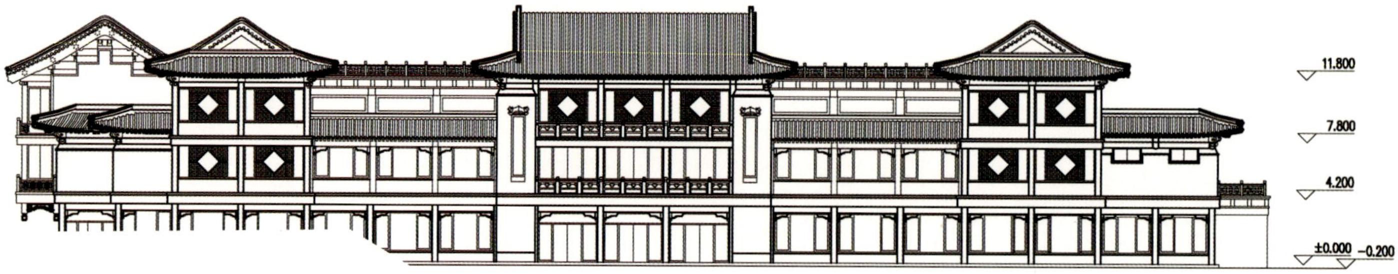

西立面图

14

北京前门东侧历史文化保护区修建性详细规划

主要设计人：张越、朱永生、王思萌、李小龙等
项目顾问：马炳坚

前门东区位于前门东侧路以东，属鲜鱼口保护区，以其特殊的胡同肌理、独特的建筑风貌和丰富的历史信息而被列入北京旧城40片历史文化保护区。

本项目规划范围分A、B两区，A区面积3.64公顷、B区面积5.72公顷。

本地区存在的主要问题有：人口密度过大、私自搭建过多、街巷狭窄、交通拥塞、市政设施老化、房屋危险破旧、群众生存环境极差。

本规划方案坚持"整体保护"原则，充分尊重原有胡同肌理，保护有价值的老建筑，保护历史风貌的真实性和连贯性，在此基础上贯彻保护与更新相结合的原则，对已无任何价值的破旧房屋及与风貌不相协调的建筑进行更新改造，结合前门地区建筑特点和规模，在保留原有院落格局的基础上，将A区重新规划出38个院落，B区规划出63个院落，同时，整理、疏通现有胡同街道，使古老街区焕发出时代光彩。

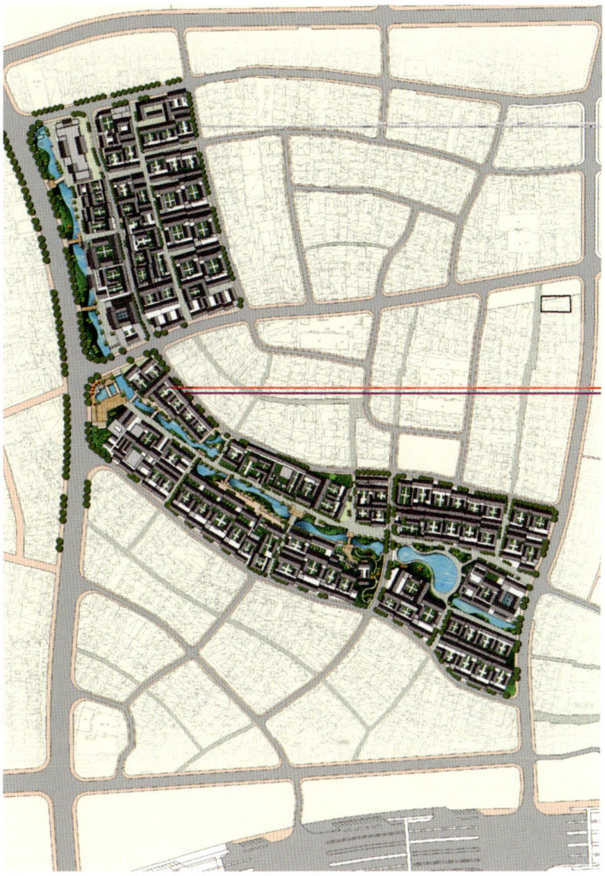

前门总图

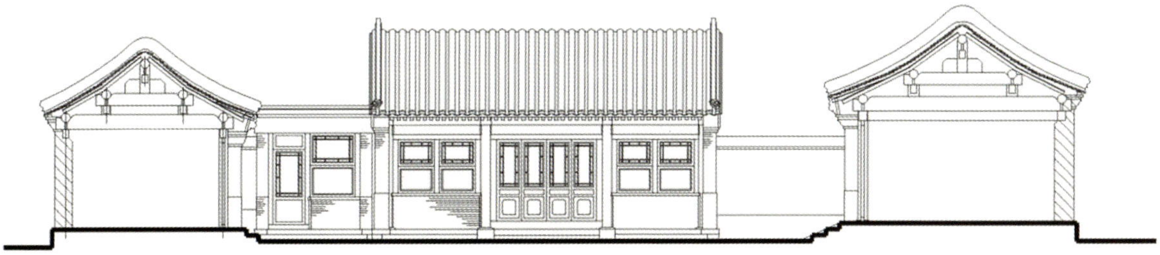

一进单体院落庭院纵剖面

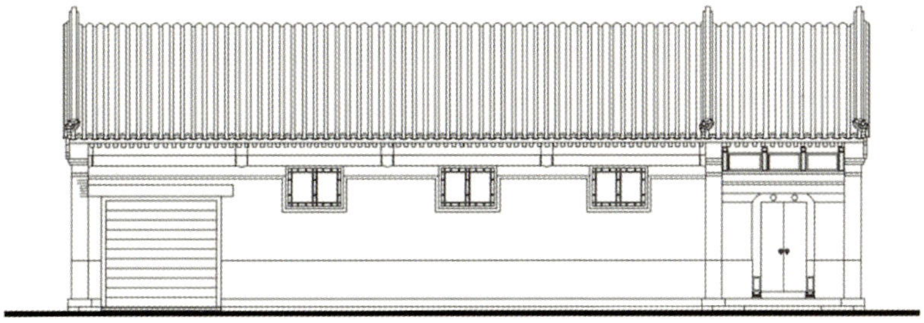

一进单体院落庭院沿街外立面

二层平面分布图

功能结构分布图

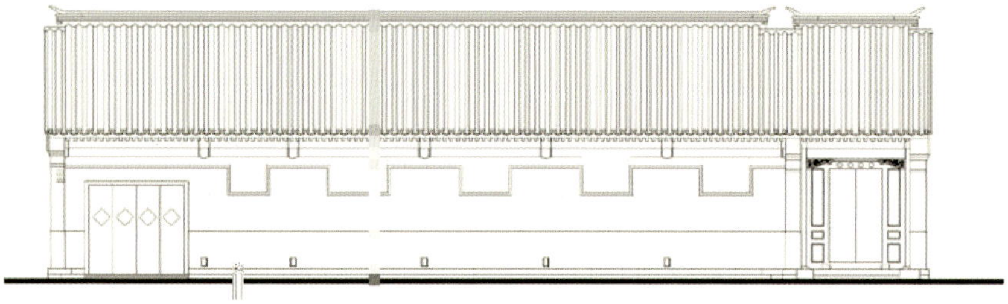

三进单体院落庭院沿街外立面

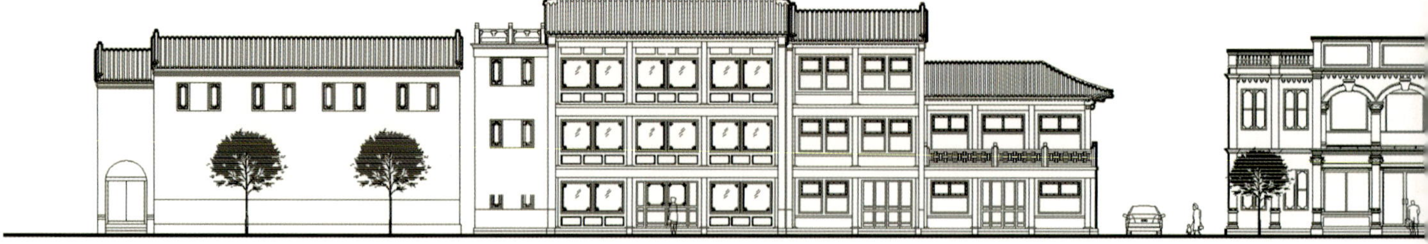

西打磨厂A区南侧沿街立面

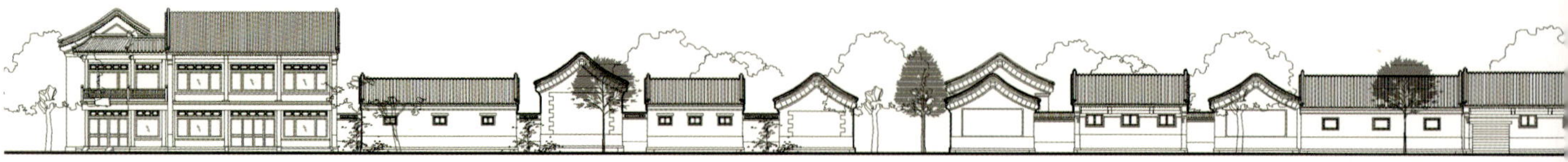

长巷二条A区东侧沿街立面图

二层及三层平面分布图

功能区域规划图

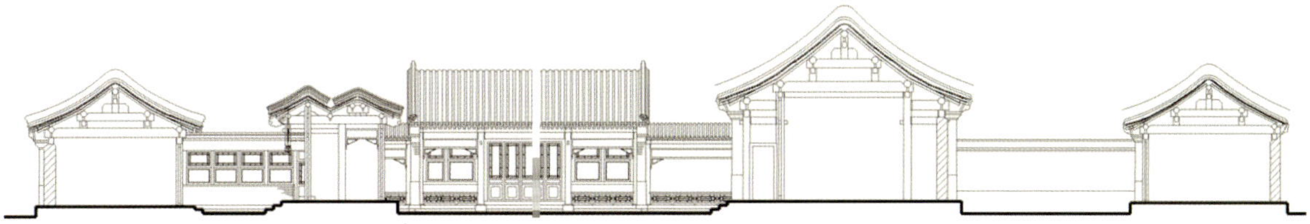
三进单体院落庭院纵剖面

居住区效果图

居住区街头景观效果图

商业建筑效果图

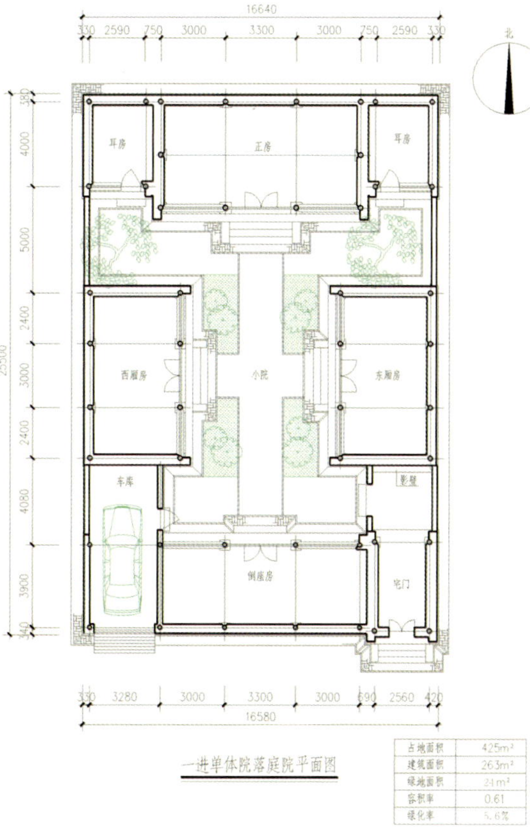

一进院平面图

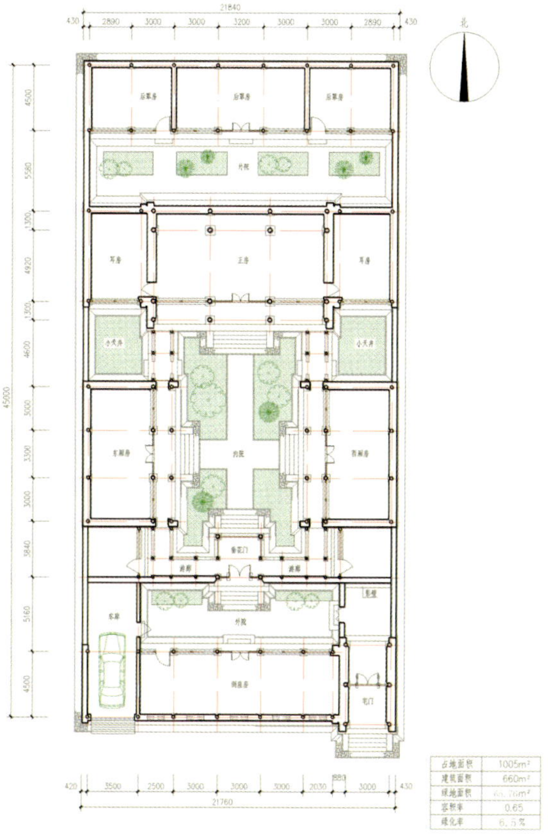

三进院平面图

景观定点透视

15

北京白云观道教学院方案竞标设计

方案设计人：张丽鲜、徐新伟等

项目概况

中国道教协会办公会所及道教学院工程位于北京西城区西便门外白云观内，是国家发改委正式批准立项的工程，批复建筑面积15443平方米，其中道教协会6415平方米，道教学院9028平方米。投资控制额7722万元。根据国家文物局的要求，该项目地面建筑采用传统的合院形式。

为了更好地烘托白云观的主体建筑，本方案将道教协会办公会所放在白云观西侧，道教学院放在东侧；将一些小开间、小进深及使用率高的房间布置在地上，将大开间、大进深及使用频率低的房间布置在地下（如：车库、人防、库房、斋堂、习武堂及辅助用房等）。

交通组织与消防：道教协会、白云观、道教学院虽为三个独立单位，但三者之间又有着密不可分的内部联系，为此，本方案为协会与学院设置了能够通行消防车的环路。

绿化布置采用公共绿地与私密空间小园林相结合的设计手法，让小园林融入大空间中，相互补充，相互衬托，创造出优雅的办公与学习环境。

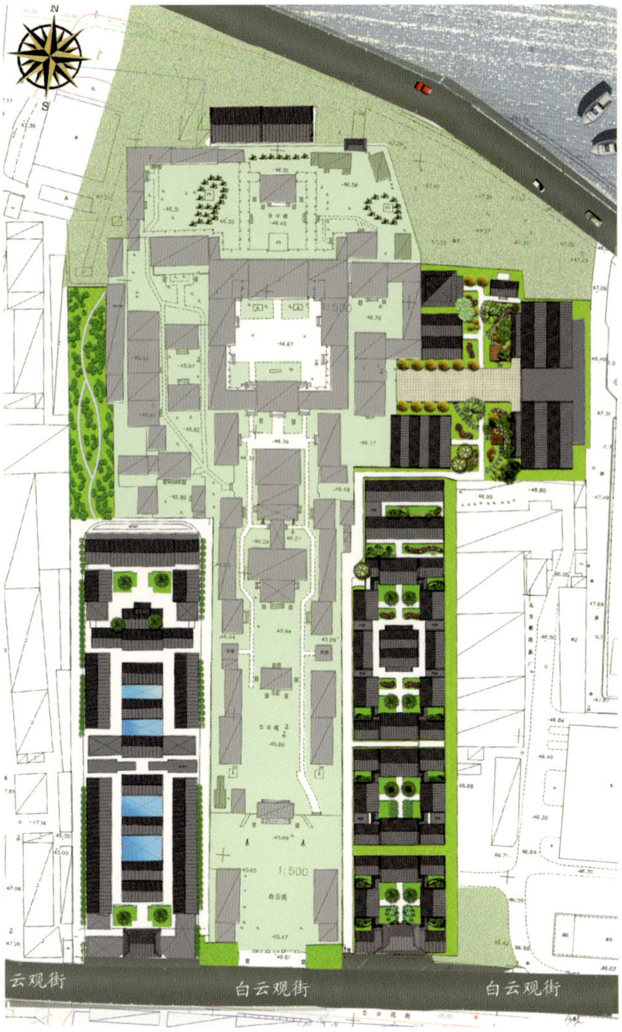

总平面图

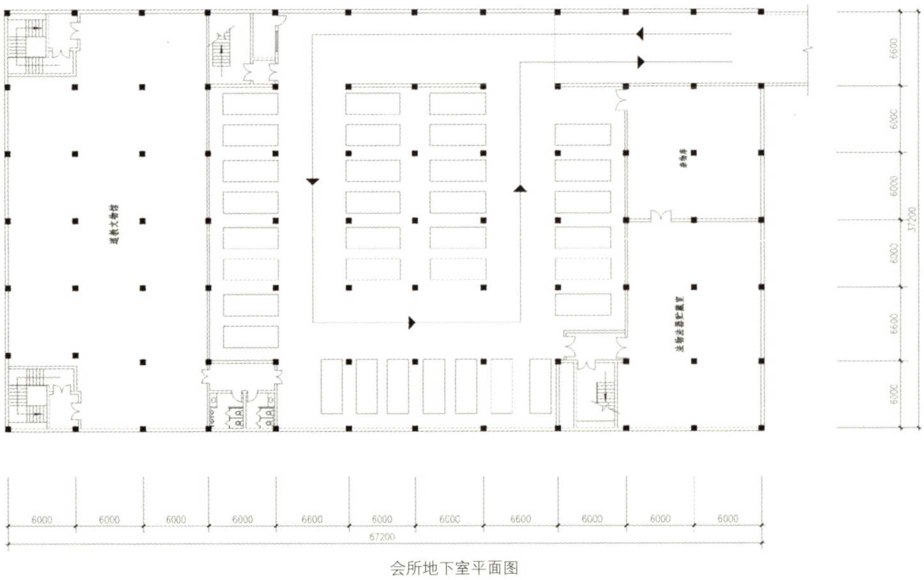

会所地下室平面图

道教协会会长办公室效果图

道教协会办公会所及道教学院方案鸟瞰图

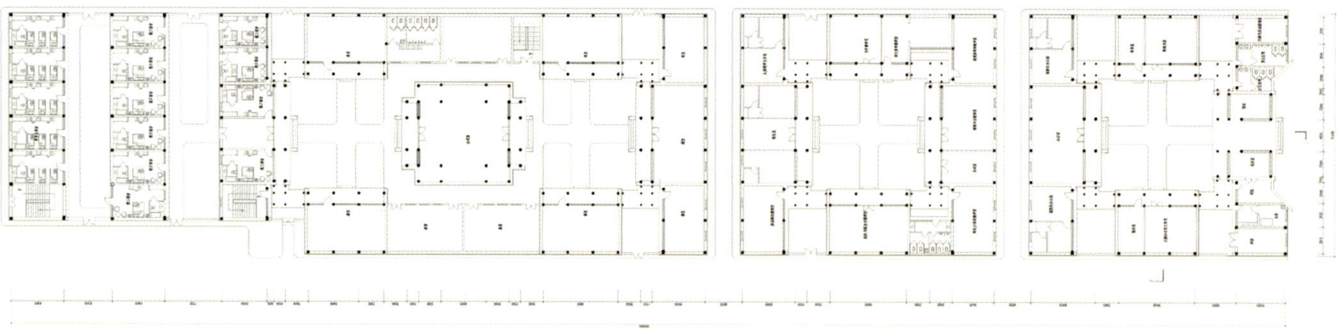

道教学院南部平面图

会所平面图

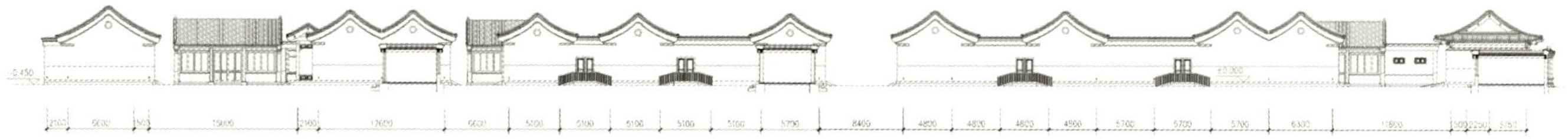

会所剖面图

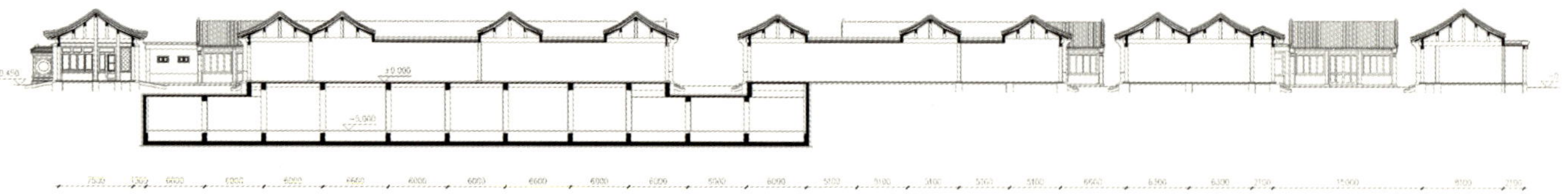

会所剖面图

道教协会会所、白云观、道教学院总南立面图

16

天津大悲院前商业街规划及方案设计

总占地面积：10500m²
总建筑面积：33440m²
主要设计人：张丽鲜、李大雪、雷云、姜嘉慎

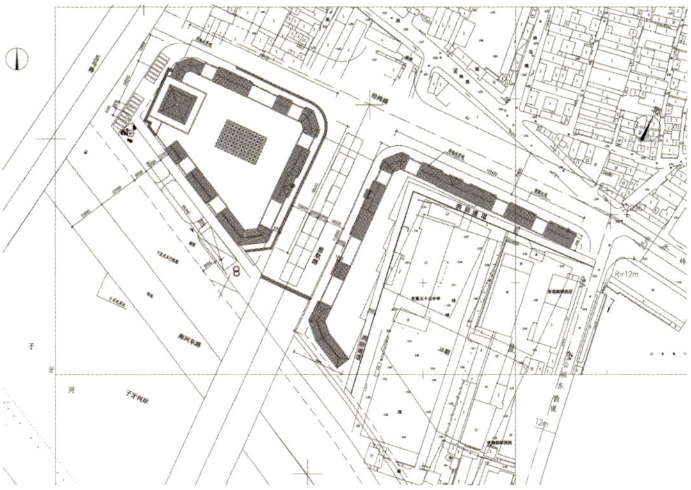

大悲院前商业街位于天津市河北区，南临海河东路，西临五马路，隔经纬路与大悲院相望。慈航路将用地分为东西两部分，西侧占地面积6000平方米，东侧占地面积4500平方米。

本项目地处海河岸边，是海河景观长廊的重要组成部分。根据两块用地形状及规划用地要求，本方案将商场、酒店、商住楼集中放在西侧。东侧以分体经营铺面为主，沿慈航路，经纬路布置商铺，五马路海河东路为宾馆商住楼。

建筑形式：本项目地处天津著名的寺庙大悲院前，寺庙前广场有集市的传统，以经营中国特色商品为主，根据这一特点，商业街沿街商铺门脸以明清传统商业建筑形式为主，穿插部分西洋式店面，高低错落，形式各样。酒店、商住楼以现代建筑为主，加一些中式符号，与商业建筑呼应。

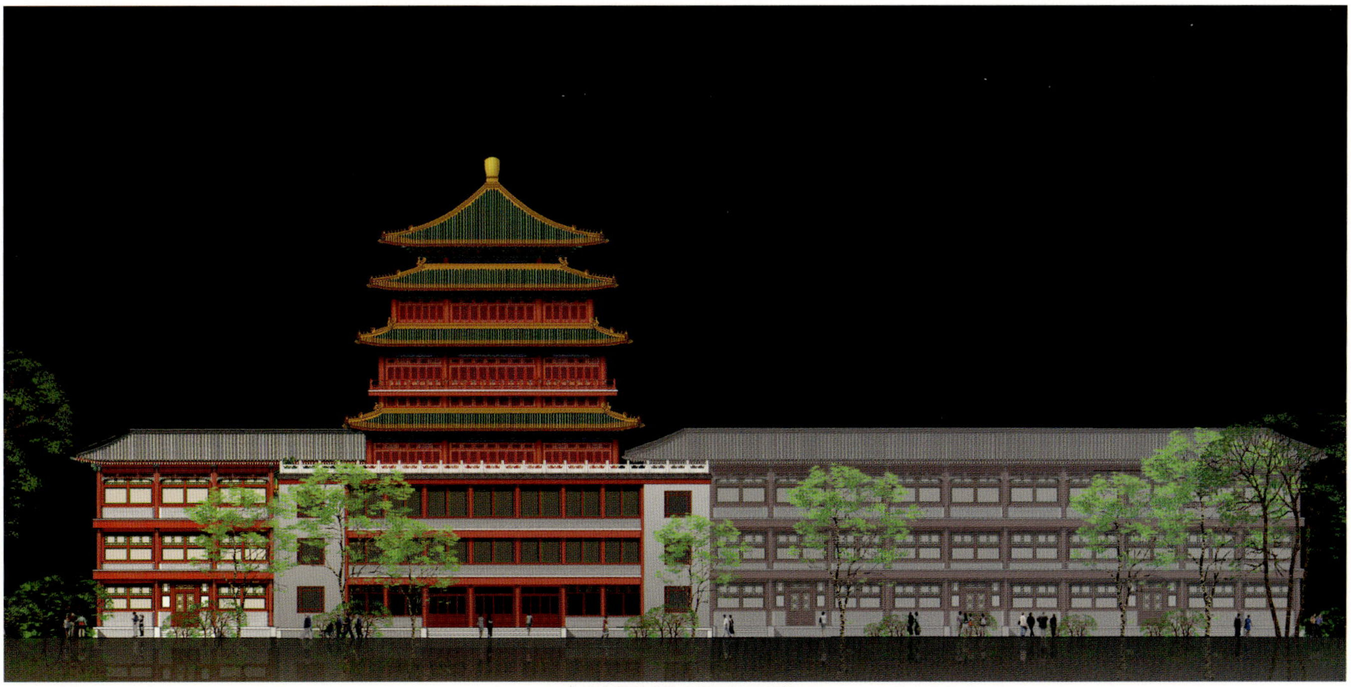

大悲院旅游购物广场西段西立面

大悲院旅游购物广场西段东立面

大悲院旅游购物广场西段南立面

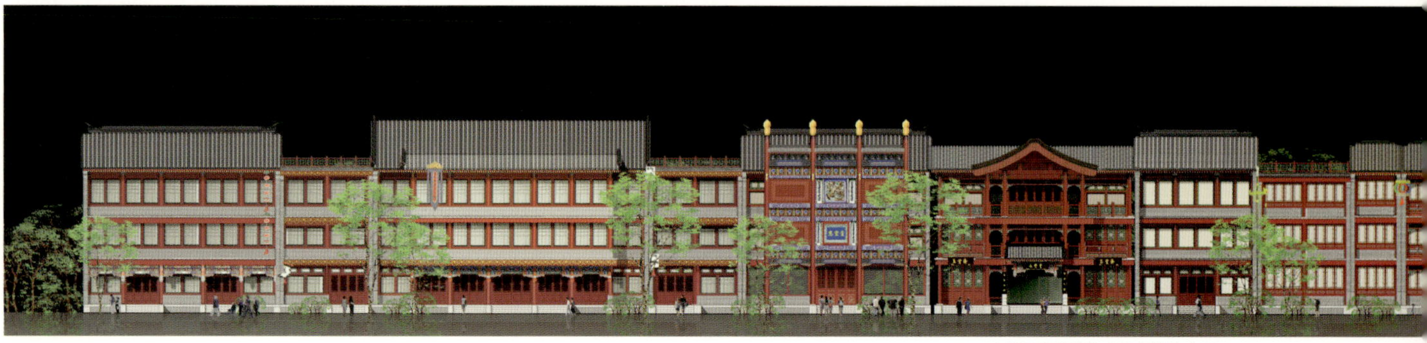

大悲院旅游购物广场东段北立面

17

北京前门商业街改造工程方案设计（北段）

项目负责人：张丽鲜、夏天
主要设计人：张丽鲜、李小龙、姜嘉慎、雷云等

前门大街保护整治工程第二标段包括：前门大街两侧，北起月亮湾，南至大江胡同共计14个地块。

本方案的设计宗旨，是保护好现有老字号，延续老北京市井文化特色，再现老北京传统商业的历史风貌。

本方案在平面布局，立面处理上结合现代商业功能及规范要求，巧妙利用平面轴线变化和凹凸变化，采用硬山式、歇山式、平顶式、盝顶式、店面牌坊、披檐窗饰等多种传统建筑符号，交替使用、变化处理、出入躲闪、高低错落。并采用过街楼、栏杆、店铺招幌等商业建筑元素，营造出丰富多彩的传统商业建筑氛围，基本实现了保护现存老字号，延续老北京市井文化特色的宗旨，是较为成功的传统商业建筑设计实例。

都一处外观改造效果图

街景效果图

B1-1地块鸟瞰图

力力餐厅改造效果图

长春堂外观改造效果图

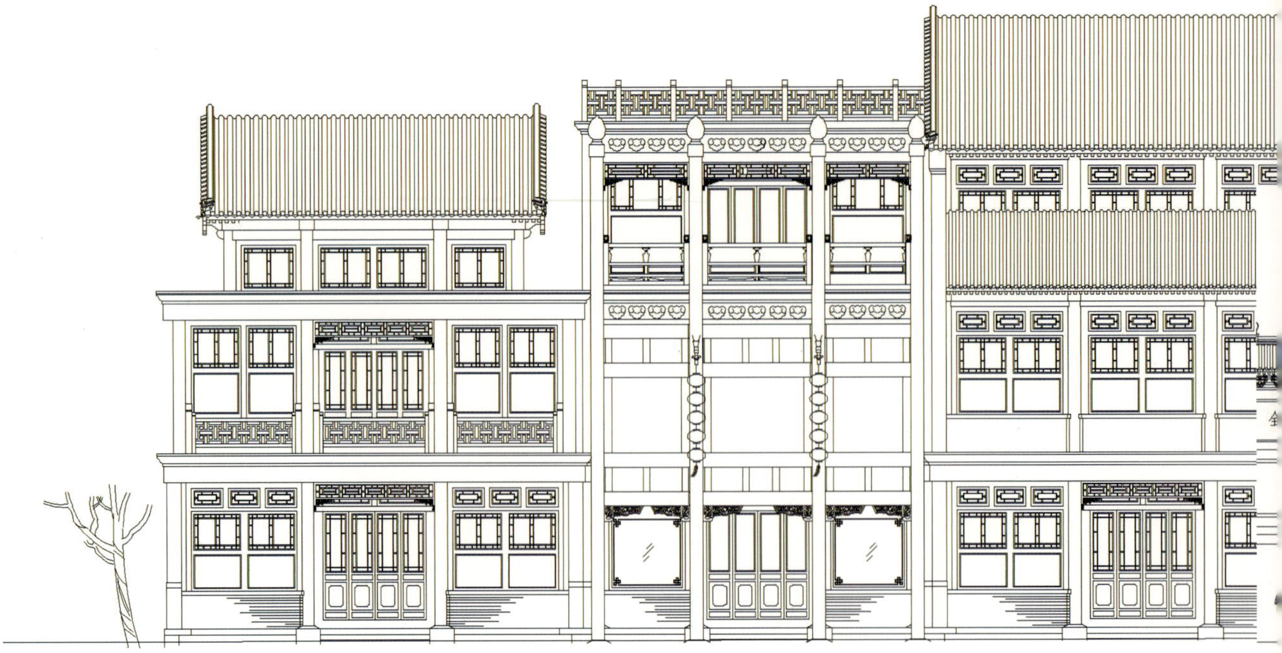

街东北立面-1

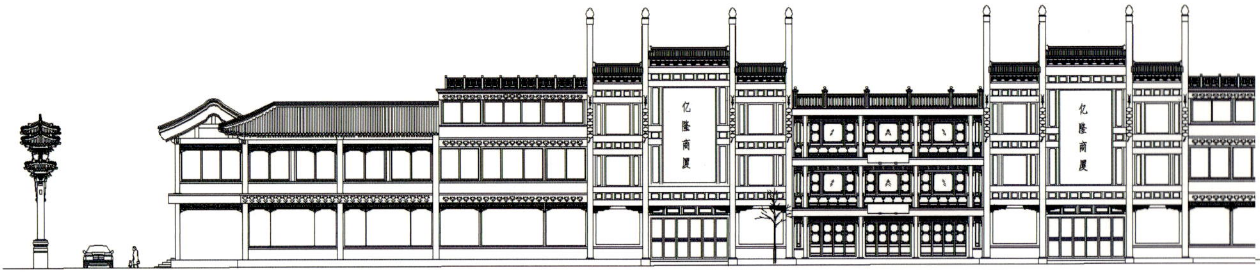

街东北立面-2

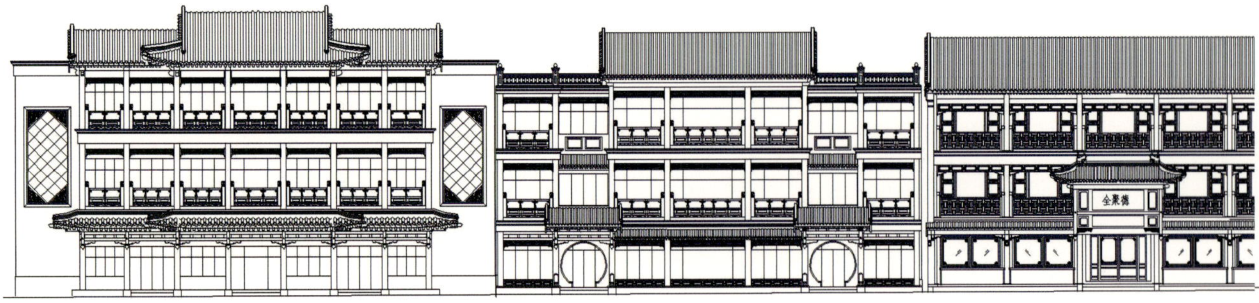

街东北立面-3

街东北立面-4

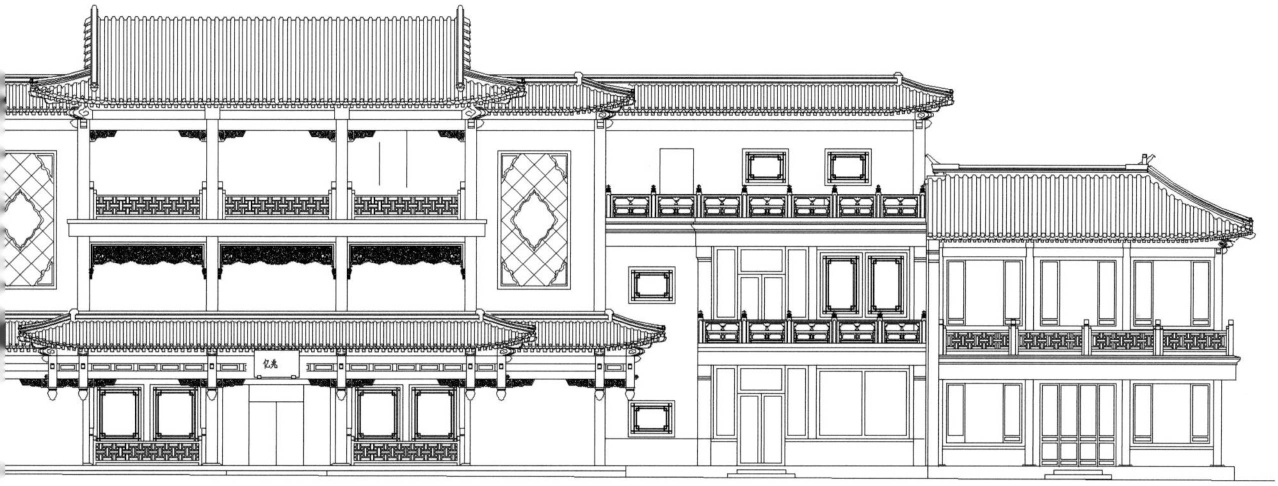

街东北立面-5

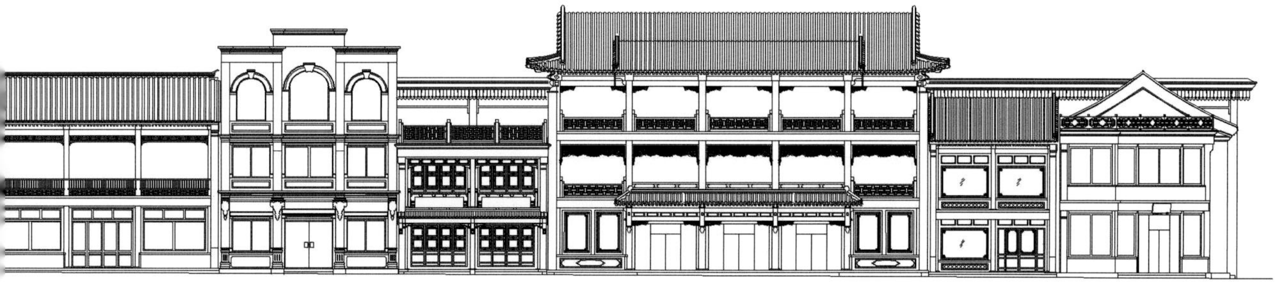

街东北立面-6

18

北京前门商业街改造工程方案设计（南段）

项目负责人：徐新伟
主要设计人：徐新伟、王克刚、夏天等

前门大街及本片保护整治项目是经北京市政府批准、崇文区2006年第一号重点工程。第一标段北起大江胡同，南至珠市口，A13～A21，共计9个地块，其中A20、A21两个地块为方案设计重点。

A20地块原为前门自行车商店，是保留改造项目，地上面积2851平方米；A21地块为翻改建项目，地上面积6150平方米。

根据项目招标书要求，两地块建筑风格定位为清代风格的商业建筑。

本设计方案按商业建筑的要求，结合现代功能与传统风格，综合考虑平面布局，合理设置防火分区、无障碍设施、客梯、货梯位置及功能流线做平面设计；在立面处理上结合平面的凹凸变化，巧妙采用2层、3层、硬山、歇山、平顶、店面牌坊等多种建筑形式做立面设计。

本方案顺利通过专家、领导评价一举中标，但由于种种原因最终没有实施。

果子胡同步行街

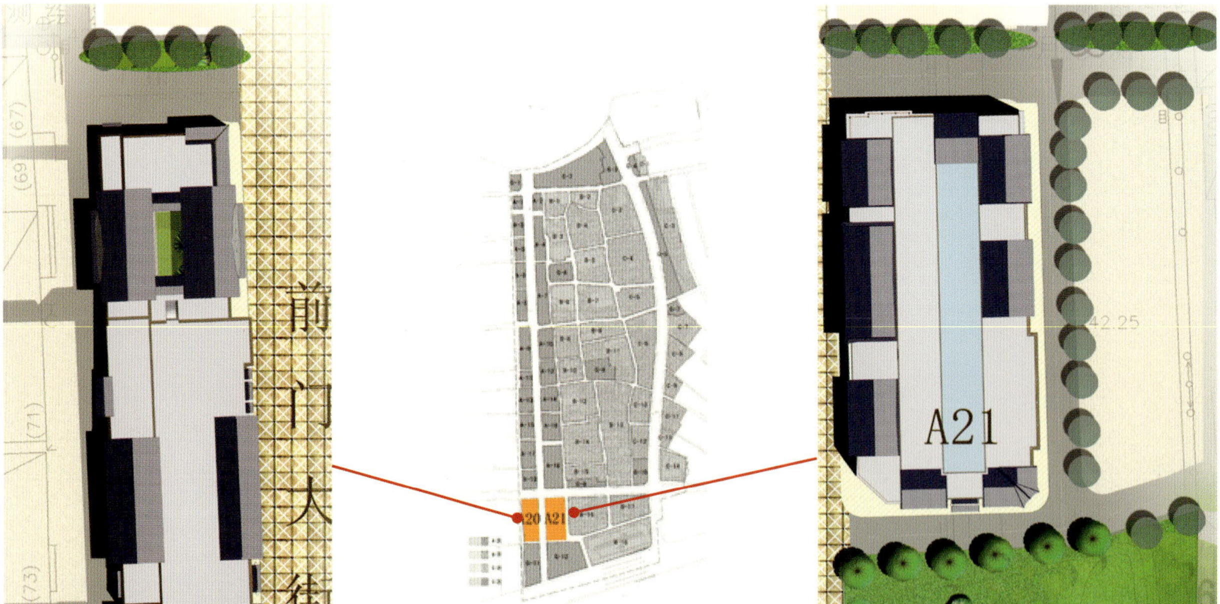

前门大街平面图

商业建筑东北向透视图

商业建筑西南向透视图

商业建筑西南向鸟瞰图

19

北京科技职业学院蒙代尔研究院及住宅方案设计

用地面积：5960m^2　　总建筑面积：4085m^2

绿化面积：2180m^2　　容积率：36.6%

项目负责人：马炳坚

主要设计人：王思萌、张越、李小龙

蒙代尔研究院及宅园是受北京科技职业学院委托，为诺贝尔奖获得者、欧元之父蒙代尔先生设计的在京办公和居住处所，位于北京科技职业学院八达岭校区之内，占地面积5960平方米。

这是一座集居住、办公、研究、学术活动与园林景观为一体的综合性四合院式建筑群。沿东、西方向分为三个部分，西部为居住区，是一座三进四合院，封闭性较强，适合居住，占地面积约1500平方米。东部为研究室及办公室，也是三进四合院式布局，但面积较大，占地约2800平方米，设有办公区，论坛室、工作室、会议厅、休息区、小餐厅、咖啡厅以及高档客房等。建筑面积约2300平方米。

两院中部为景观园林区，布置有假山、湖面、叠石、亭、榭、画舫等园林建筑小品。花园北部为室内游泳池。

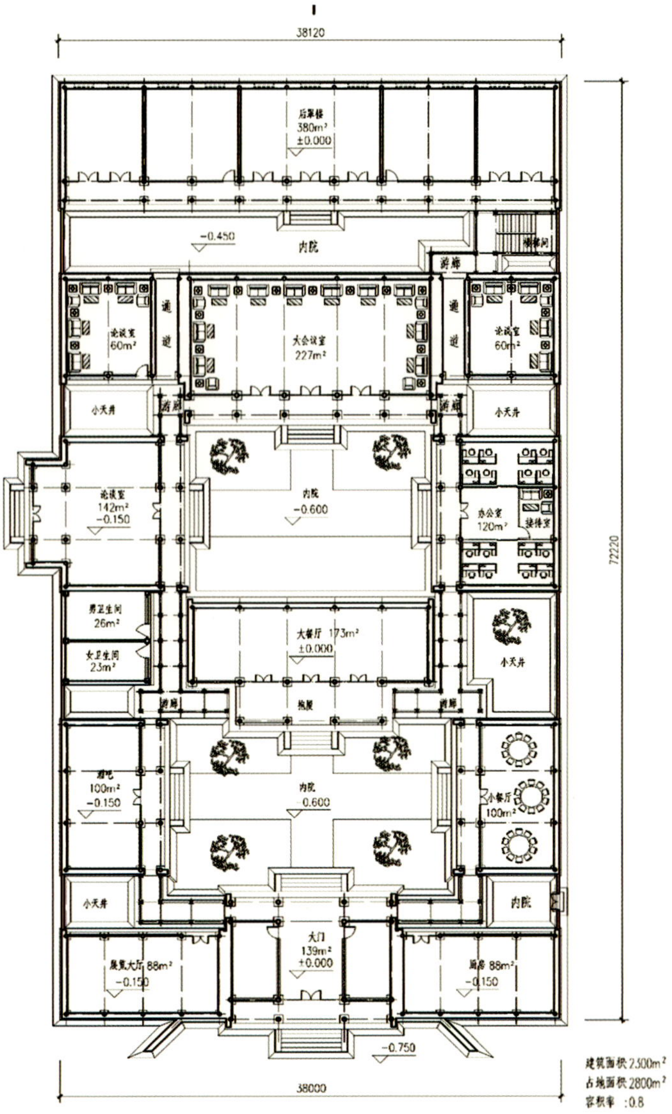

办公区平面图

四合院鸟瞰图

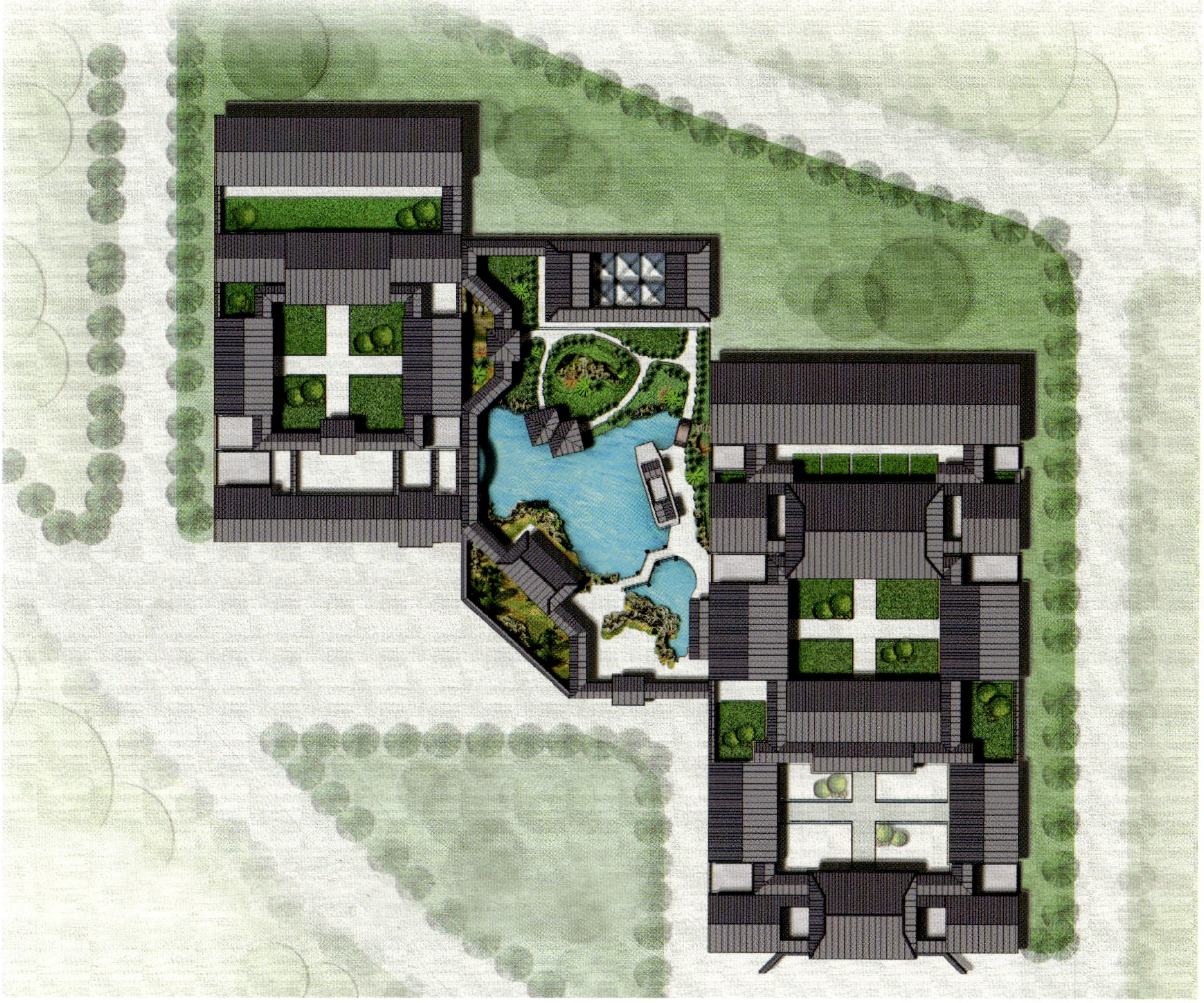

总平面图

办公区沿街外立面图

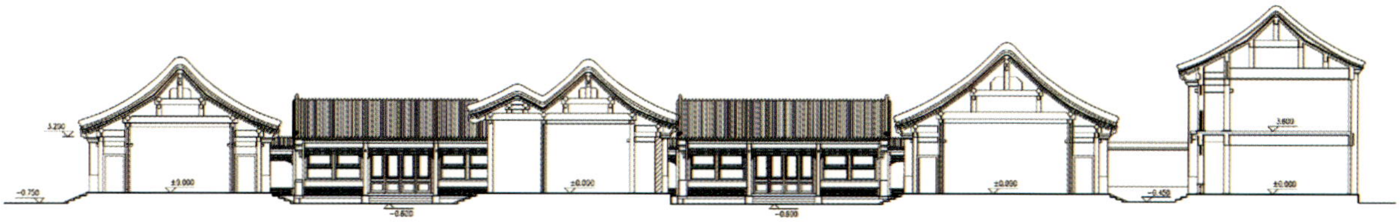

办公区剖面图

20

武汉归元禅寺扩建工程规划

项目负责人：朱永生
主要设计人：谢成涛、任一帆、李琳

归元禅寺位于武汉市汉阳区东部，保护扩建规划用地面积10.3公顷。

归元禅寺经过几百年的不断修建，已经形成独特的寺庙格局，整个寺庙以大雄宝殿为中心，形成四个院落。目前整个归元禅寺的布局中，后部不少加建的建筑与原有格局不符，且建筑质量较差；同时，原普同塔院也因多种原因，改作他用，仅留名而已。

针对归元禅寺的现状，利用对归元禅寺保护扩建，达到完善归元禅寺的佛学、建筑、艺术、文化、旅游等多方位价值，是此次规划的目的。此次归元禅寺保护扩建工程规划突出“保护”与“更新”，注意保护原有归元禅寺的空间格局、建筑艺术形式以及佛教文化，在此基础上，做到不断更新与发展。

规划设计总体原则是“新老相衔、山林相连、游拜方便、交通安全”。

规划目标:充分利用所具有的自然条件、区位条件与交通条件，使归元禅寺发展成为地区佛教文化研究中心和旅游胜地，成为展示楚文化的重要窗口。

本规划力图在保持归元禅寺原有特色的基础上，努力营造新的城市形象，恢复翠微峰下归元禅寺的意境，形成“山－林－古寺”的格局。

根据规划用地的具体情况，合理地配置各类型用地的比例，本着统一规划、分期实施、远近结合的原则进行各类用地的规划布局，将归元禅寺划分为：配套设施区、宗教活动区、佛教研究区、寺庙生活区、归元禅寺保护区及园林景观区。

保护扩建规划策略及建议

本方案中对原有格局遵循保护的原则，对破损的传统建筑进行修复和重建，通过保护、保留、改善、整饰、拆除、重建、新建，在整体上恢复归元禅寺的传统风貌。

禅意空间

竖向规划图

功能结构图

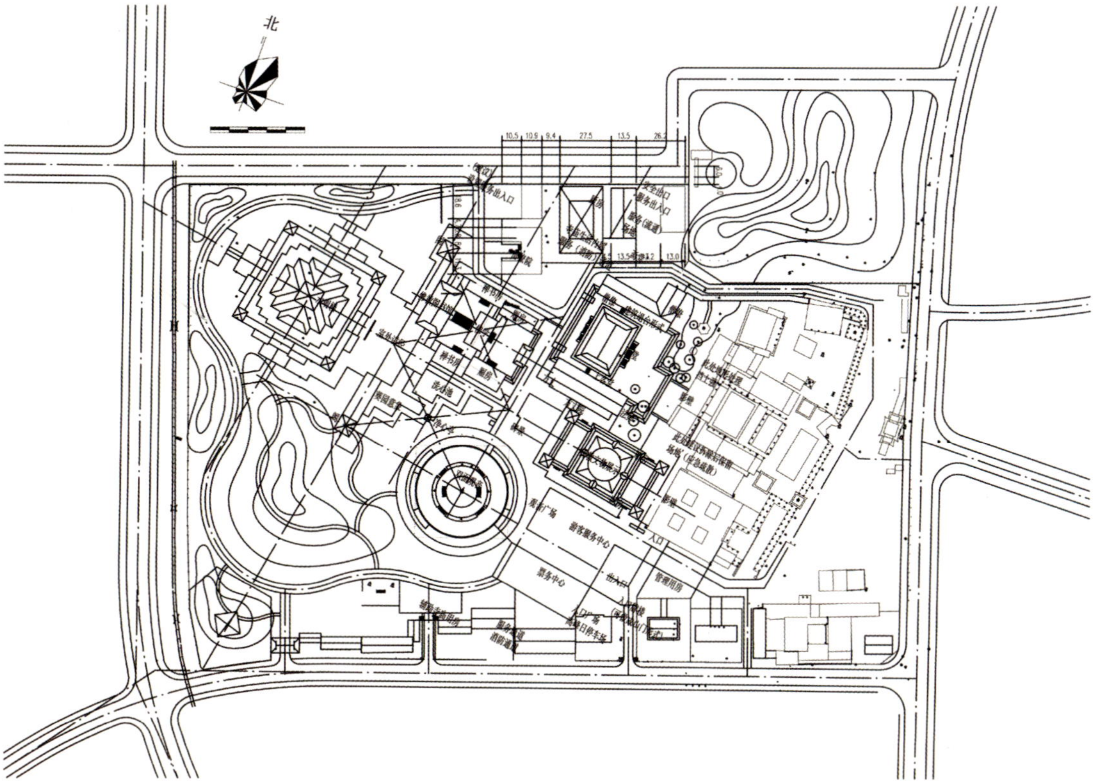
北

01 广场
02 林荫广场
03 服务设施
04 罗汉堂
05 法物流通处
06 三塔院
07 翠微缘
08 放生池
09 韦陀殿
10 大雄宝殿
11 般若堂
12 翠微古井
13 鼓楼
14 钟楼
15 山门
16 翠微古池
17 藏经阁
18 大士阁
19 三圣殿
20 钟亭
21 规划翠微公园
22 翠微密镜
23 普同塔院
24 法堂
25 上客堂、僧像
26 念佛堂
27 大像
28 斋堂
29 保留建筑
30 佛学堂
31 佛教图书馆
32 禅书房
33 报恩阁
34 室外讲经广场
35 云水阁
36 双面观音
37 水明楼
38 财宝天王殿
39 辅助入口
40 临时停车场
北
0 10 20 30 40 50M
墨水湖北路
动物园东路
归元寺路
墨水湖小路

21

北京世界和谐大厦方案设计

项目策划：马玉岭
方案设计：马炳坚、张越

和谐大厦位于北京市朝阳区高碑店乡，东邻兴隆路、西邻兴隆西路，南侧为京通高速路。项目规划用地7.8公顷，建筑占地4公顷。地上19层，地下3层，地上建筑面积约33万平方米，首层建筑面积约23000平方米。

和谐大厦主要功能为文化交流、文化展示、办公、会议、学术研讨等，设有大中型会议厅、展示厅、文化长廊、研究室等。

和谐大厦外形设计充分体现中国建筑的特点，大厦为现代建筑，外观具有浓厚的民族特色，平面采用对称均衡的布局，建筑立面采取传统的三段式构成，大型基座、栏板围绕主体建筑四周。中段为大厦主体，屋顶部分分别设置庑殿式、歇山式、盝顶式等多种传统建筑形式，按照对称布置，跌宕起伏、高低错落、金碧辉煌、蔚为壮观。

和谐大厦设计方案是传统形式与现代功能相结合的设计理念的探索，是梁思成先生主张的“中而新”设计思想的尝试。

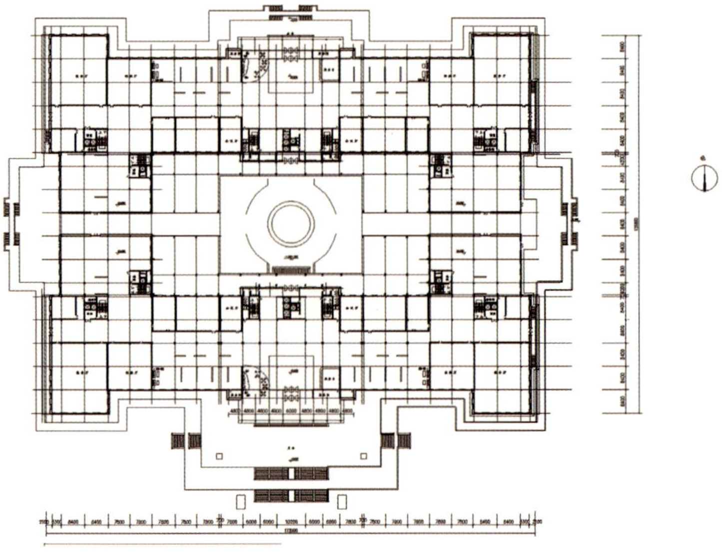

首层平面图

透视效果图

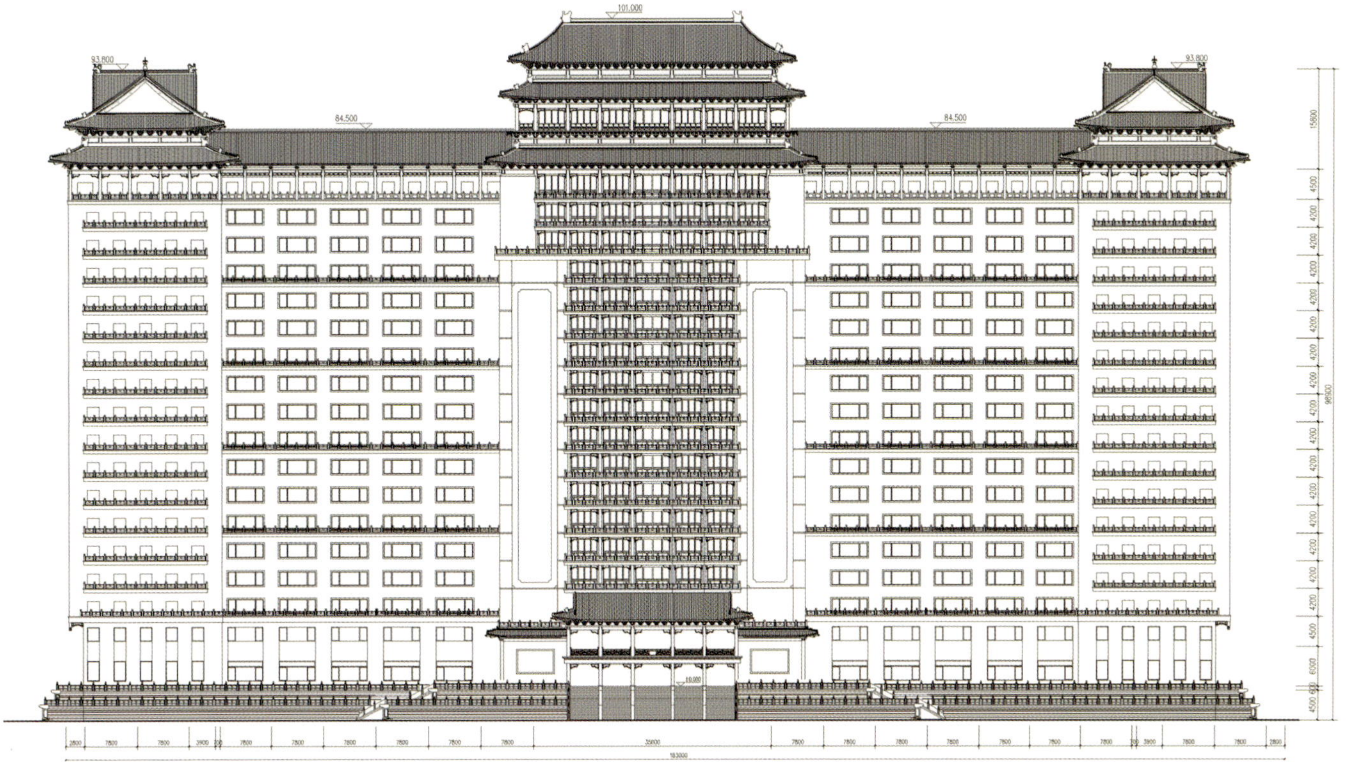

正立面图

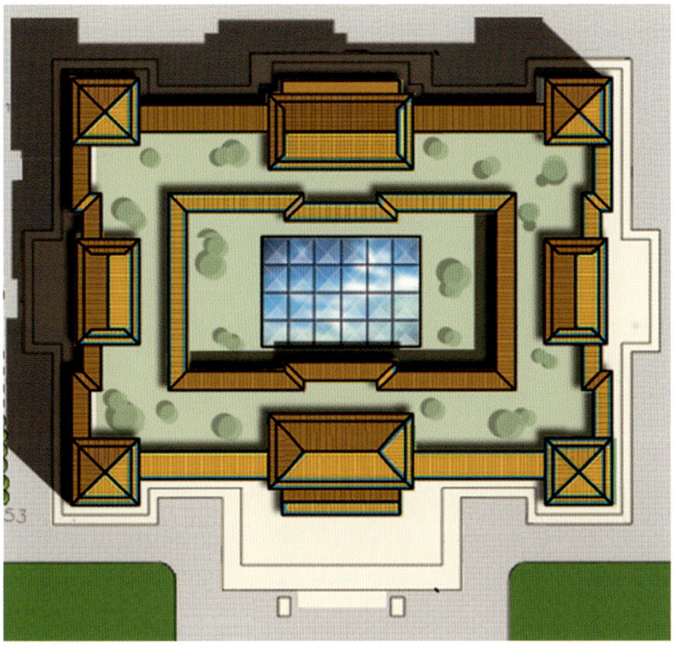

屋顶平面图

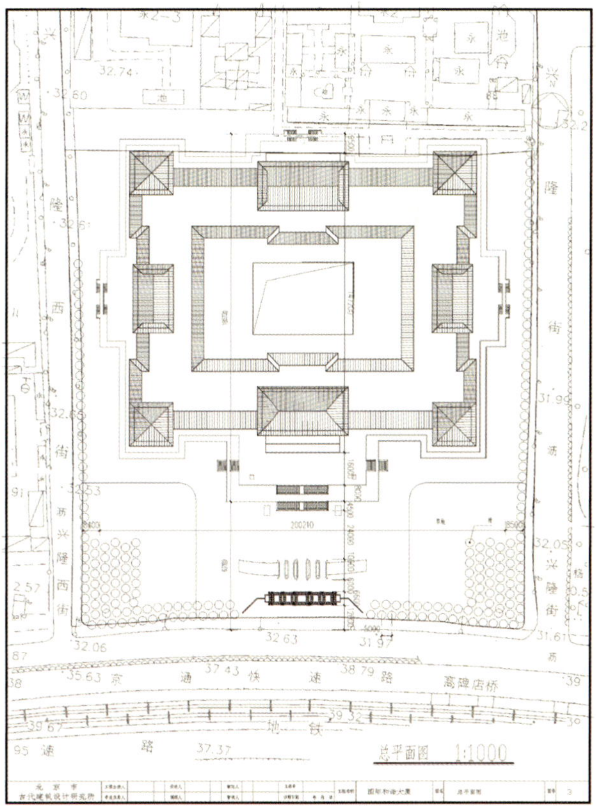

总平面图

22

山海关新六国饭店方案设计

占地面积：1583.54m² 容积率：2.02
地下一层建筑面积：991.31m²
地上一层建筑面积：1118.16m²
地上二层建筑面积：1092.38m² 主要设计人：唐婧持

新六国饭店位于山海关城内东南侧，东三条东口，紧临第一关旅游路，其南侧为山海关长城博物馆；北与天下第一关箭楼遥遥相望。

原山海关六国饭店始建于1902年，系八国联军侵占山海关后所建的接待站，占地面积约为7200平方米。位于火车站东南侧工人街，今为铁路小学校址。现存建筑呈“丁”字形布局，为前出廊，青砖墙，木构坡顶绿铁瓦的中西合璧式两层楼房。

此次拟建的新六国饭店仅沿袭原有名称，建筑形制参照了北京六国饭店旧址建筑和原山海关六国饭店的特点。在满足基本功能需要的同时，力争与古城风貌保持协调一致，同时体现当今的审美品位和特色。

本工程占地面积1583.54m²。地下一层是厨房和设备用房。地上两层，一层是旅游团队餐厅和婚宴大厅；二层为雅间包房。总建筑面积3201.85m²。整幢建筑布局紧凑，功能合理，充分满足餐饮功能的需要。

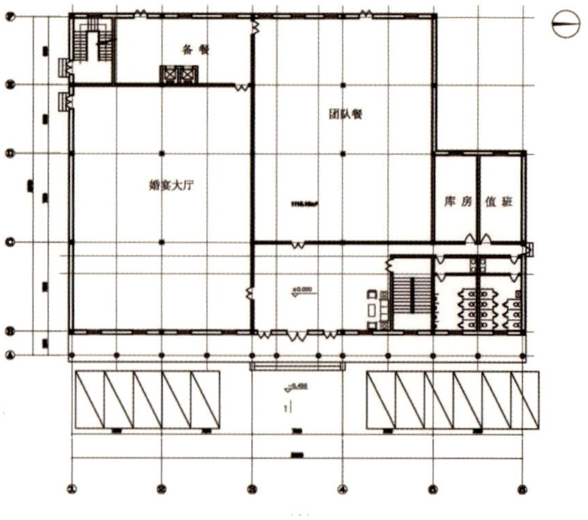

一层平面图

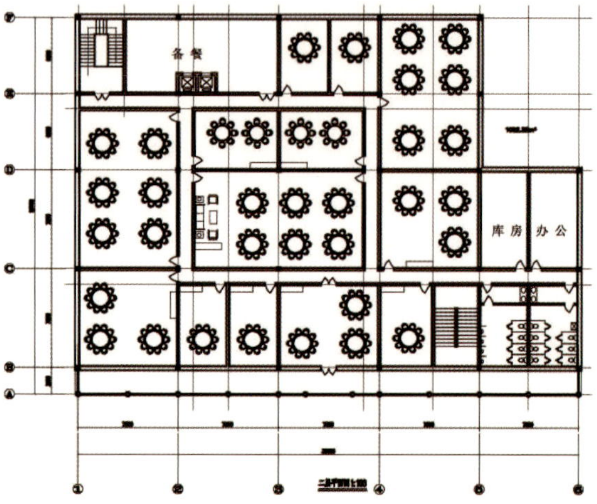

二层平面图

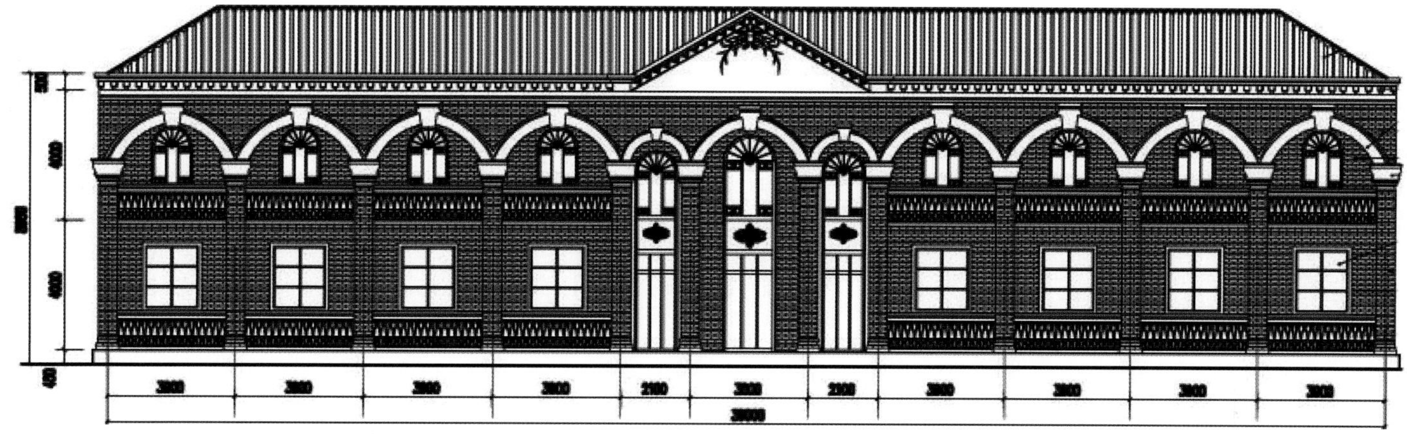

正立面图

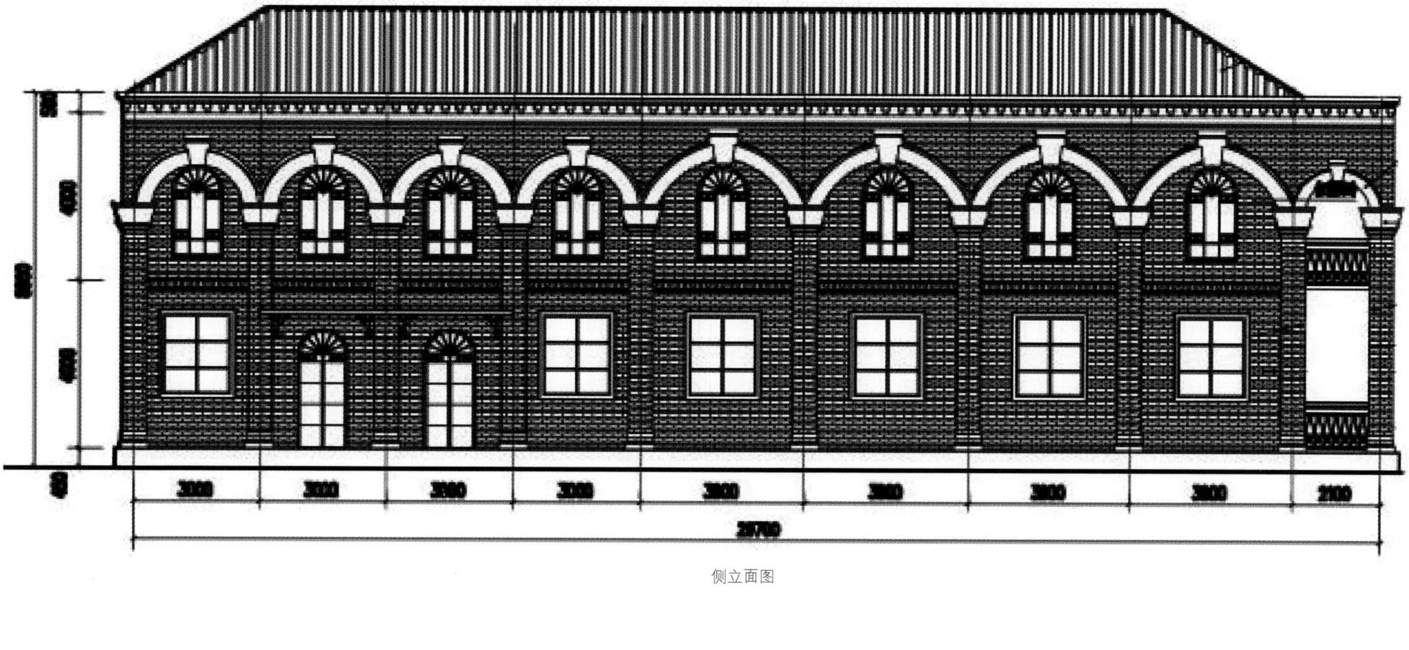

侧立面图

2

公共建筑设计

01 北京中国紫檀博物馆

工程主持人：胥蜀辉
建筑设计：张丽鲜、刘爱平、李大雪、崔建航、李越等
结构设计：王大欣等
设备、电气设计：单成福、王培杰、周启玲等

中国紫檀博物馆位于北京市朝阳区高碑店京通快速路北侧，是一座传统与现代相结合的建筑，功能为紫檀家具展览陈列。地下一层，地上三层，局部四层，总建筑面积9549m^2，展馆主体采用框架剪力墙结构，基础采用梁式整体式筏基。

屋顶部分，主楼为重檐歇山顶，分别施三踩和五踩斗拱；两翼为单檐歇山顶，其余为盝顶。屋面覆绿色黄剪边琉璃瓦，檐下绘旋子彩画，外墙面干挂石材，局部线角镶挂，面砖采用粘贴工艺。

紫檀博物馆于1997年设计，1998年施工，是我所将传统建筑风格与现代建筑功能及材料、技术相结合的一个实例。

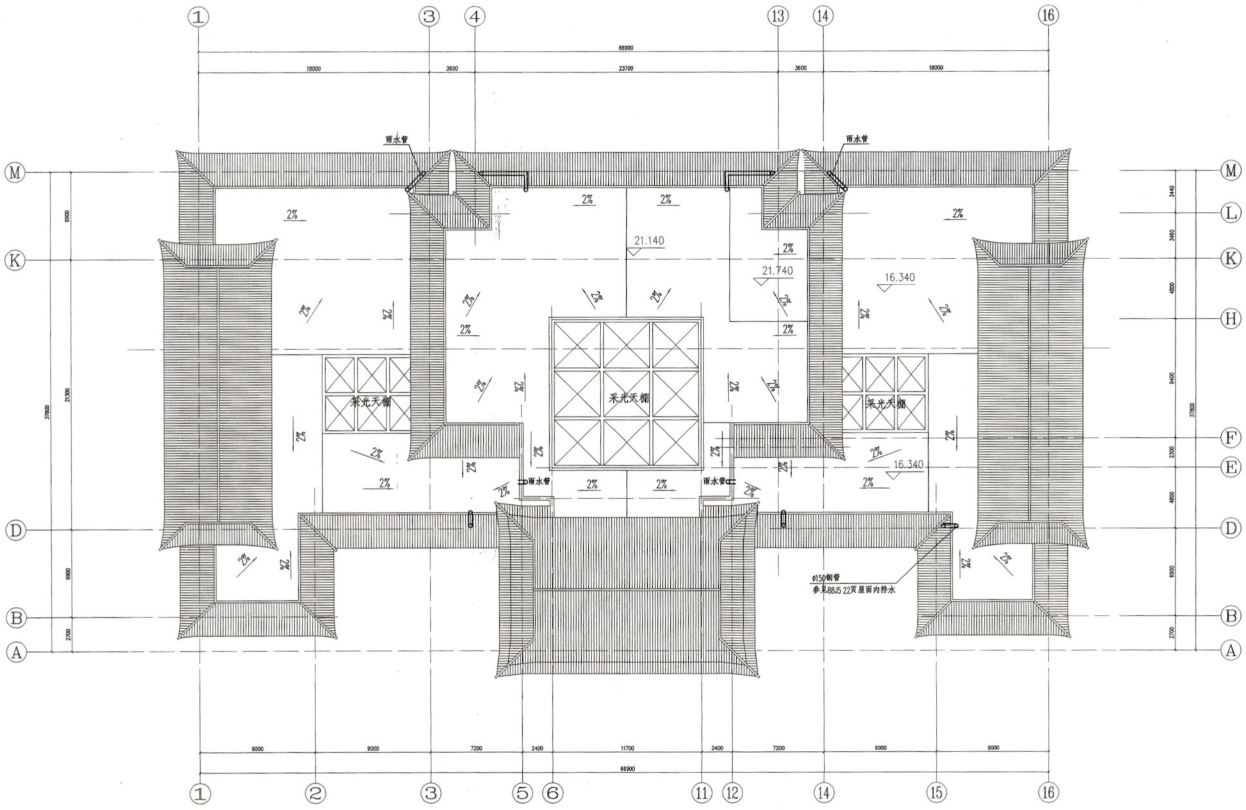

屋顶平面图 1:200

屋顶平面图

02

河北邯郸邺城博物馆

建筑用地面积：25253m²　　建筑总面积：5228m²
主楼建筑总高：23.10m
工程主持人：徐新伟
建筑：徐新伟　　结构：王大欣
暖通：周启玲　　电气：李　栋
给水排水：单成福

邺城博物馆为综合性公共建筑，具有介绍古邺城历史与文化，收藏整理、展示邺城出土文物等功能，同时也是邺城考古工作站。建于河北省临漳县王村以北。

博物馆为主体二层、局部三层汉代风格城楼式建筑，钢筋混凝土框架结构。

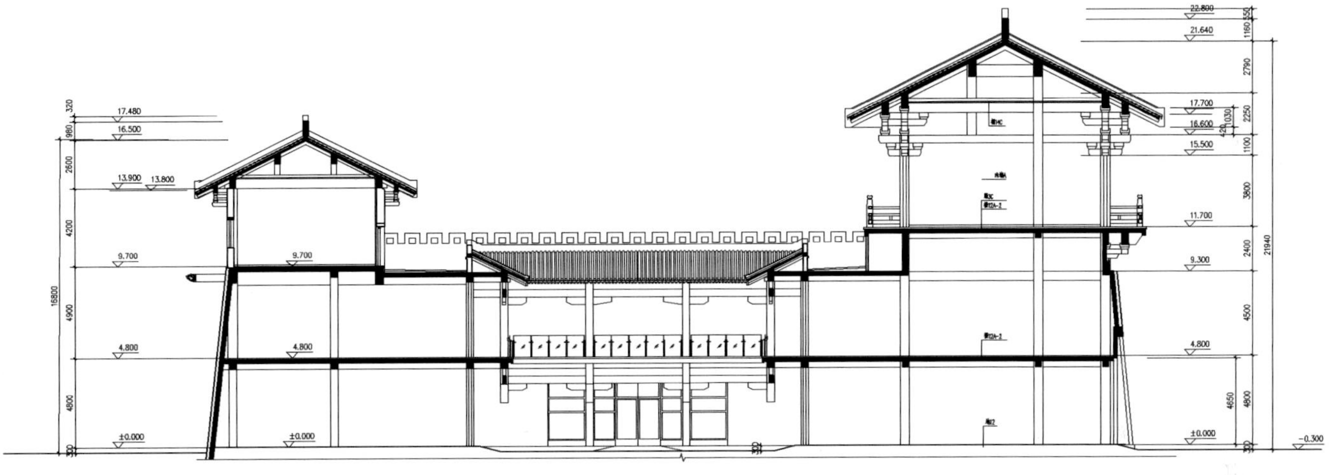

侧面图

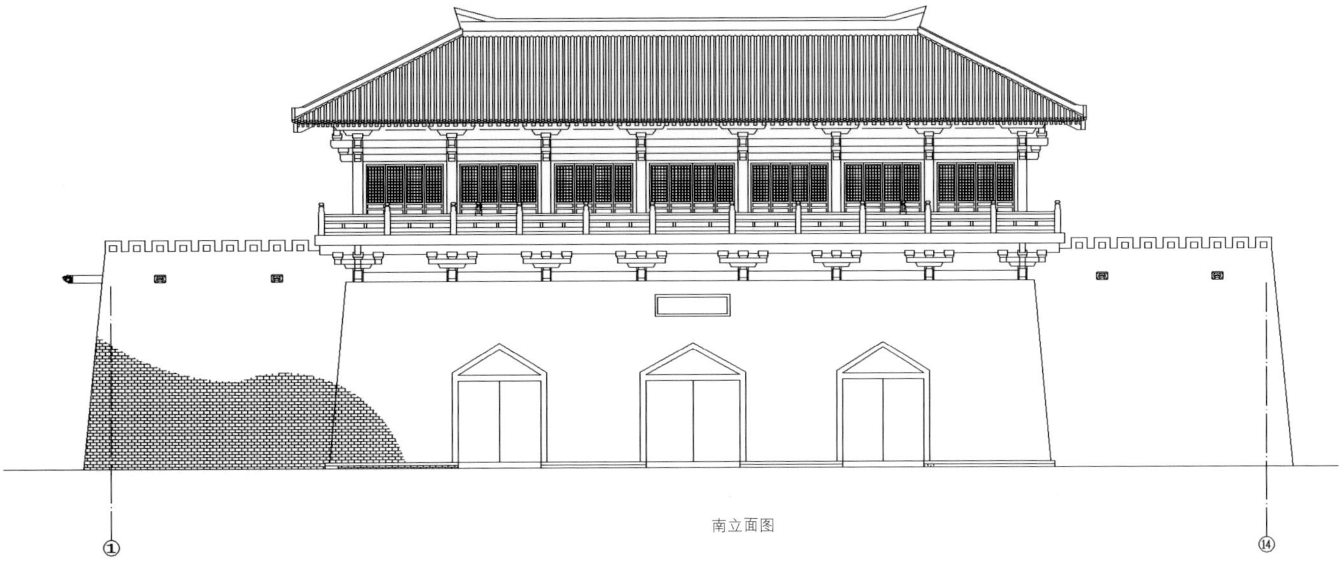

南立面图

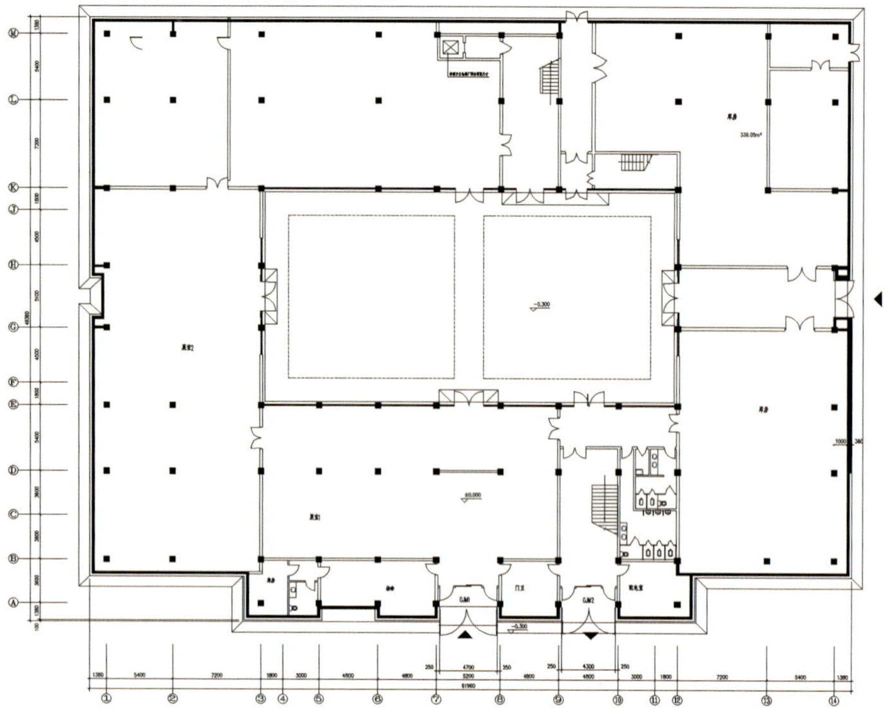

邺城博物馆鸟瞰图

03

北京大学经济研究中心

主要设计人：崔建航、李大雪、姜津、王大欣、单成福、周启玲、王培杰等

北京大学中国经济研究中心——万众苑设计完成于2001年，是我所的重点设计工程之一，万众苑建筑面积6000余平方米，由中心主楼（二层）和其他附属建筑组成。万众苑外部采用中国传统建筑形式，内部功能完全现代化，符合高端经济研究机构的使用要求，这组建筑古色古香，环境优雅，是一处别具特色的研究处所，深受北京大学专家学者的青睐。

"万众苑"名称的由来，是由于该中心为台商、国际金融家等万众捐资兴建而得名。

南立面图

万众楼全景

万众苑全景

04

北京大学国际数学研究中心

规划用地面积：27800m² 总建筑面积：14294m²
项目负责人：张丽鲜 建筑设计：李大雪等
结构设计：王大欣 文物古建筑保护顾问：马炳坚
设备电气设计：单成福、周启玲、李栋

北京大学国际数学研究中心是经国务院、中组部、高教部批准，为国际著名数学家田刚先生及其研究团队回国工作而建，选址在北京大学未名湖北岸朗润园和镜春园地区。是结合现有环境风貌而建设的独具特色的中国古典园林式数学研究中心。

数学中心所在区域，曾是历史上的名园，历经百余年的沧桑变化，已经面目全非，幸存于镜春园及鸣鹤园内的清代建筑分布散乱，所剩无几，但地形地貌，冈阜水系、树木植被尚较完整。本次规划设计的数学中心所在水系，属国家级文物保护单位。因此，本规划设计同时还担负着既做好朗镜区的保护规划，同时又要搞好数学中心建设双重责任。

本规划项目占地面积10.69公顷，在此范围内，拆除所有近年来搭建的与环境风貌严重不符的破旧房屋和红机砖房，保留清代留下来的老建筑并加以修缮利用，赋予相应功能，同时，根据历史资料提供的原清代建筑格局和20世纪20年代前后燕园建筑存留状况，有根据地复建些建筑物。这种恢复，紧密结合数学中心对建筑的功能要求，结合对现存山形水系的保护整治，恢复被损毁的部分园路及绿化种植，使这一地区再现清代鼎盛时期的环境风貌，同时赋予其新的生命。

总平面

方案一效果图

78号院鸟瞰效果图

东侧立面图

南（正）立面图

西侧立面图

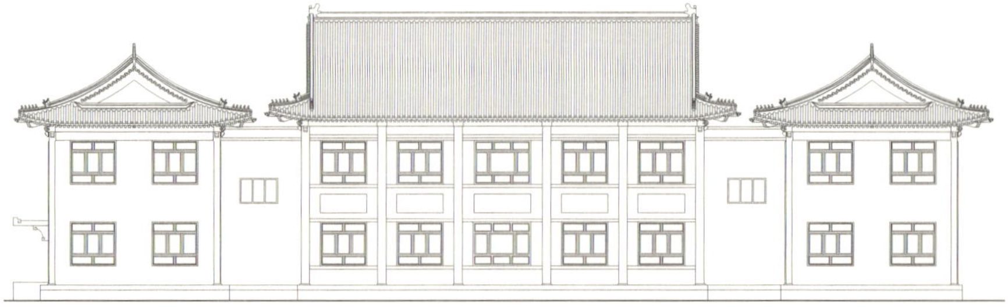

北立面图

05

无锡中央电视台影视基地吴王宫

项目负责人：张丽鲜
主要设计人：张丽鲜、吴爽、李大雪、苏英、倪原、崔健航、易斌、王大欣、姜津

吴王宫工程是中央电视台为拍摄电视剧《三国演义》在中央电视台无锡外景基地投资兴建的一座汉城，它地处太湖岸边依山傍水，占地面积庞大，建筑形式宏伟壮观。建筑面积约为6000平方米。

吴王宫这组建筑主要包括：主殿、配殿、翼亭、聚贤堂、正宫门、侧宫门、金水桥、后宫、水榭、四方亭、八方亭、大小阙楼各两座，走出后宫拾阶而上，还有甘露寺及砖塔。

为了体现宫殿建筑庄严、稳重的气氛，吴王宫在建筑色彩上选用了深棕色和白色，即柱子、斗栱、门窗、边框以及外露的梁架、椽子、吊顶的枝条为深棕色，墙心、天花板为白色。

吴王宫的主要建筑主殿、聚贤堂、后宫水榭、正侧宫门、甘露寺山门、正侧佛殿等自檩以下柱子、斗栱、梁、檩均为钢筋混凝结构。檩以上椽子、望板、角梁为木结构，其他建筑如廊子、四方亭、八方亭、为纯木结构，金水桥为纯钢混结构，塔为砖混结构。

吴王宫建筑以砖、木、混凝土材料为主，在用石材的地方：如金水桥、主殿高殿上的栏杆、聚贤堂前平台上的石栏杆、阶条石、台明石等均用混凝土代替，表面为剁斧石。

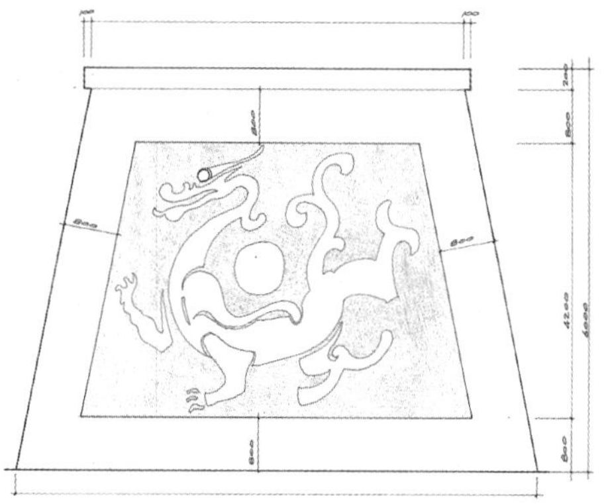

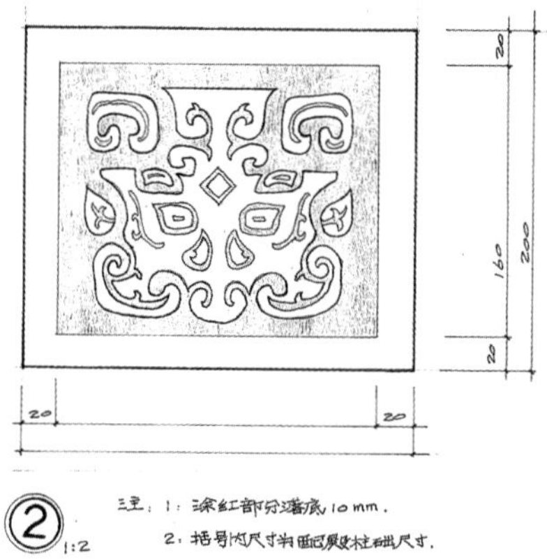

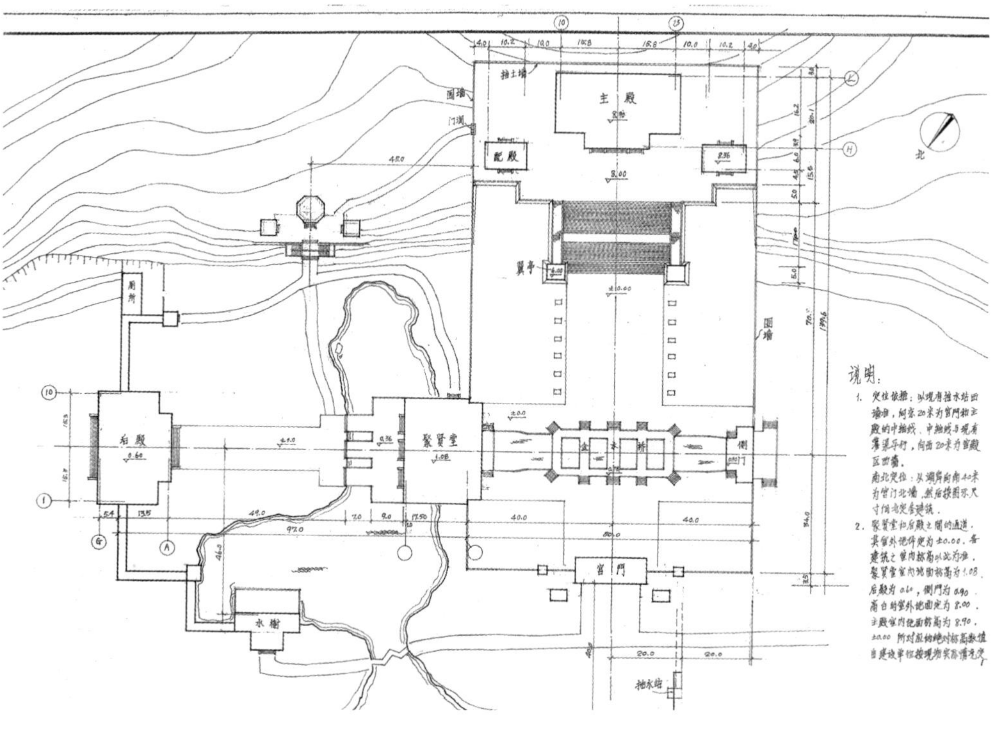

吴王宫

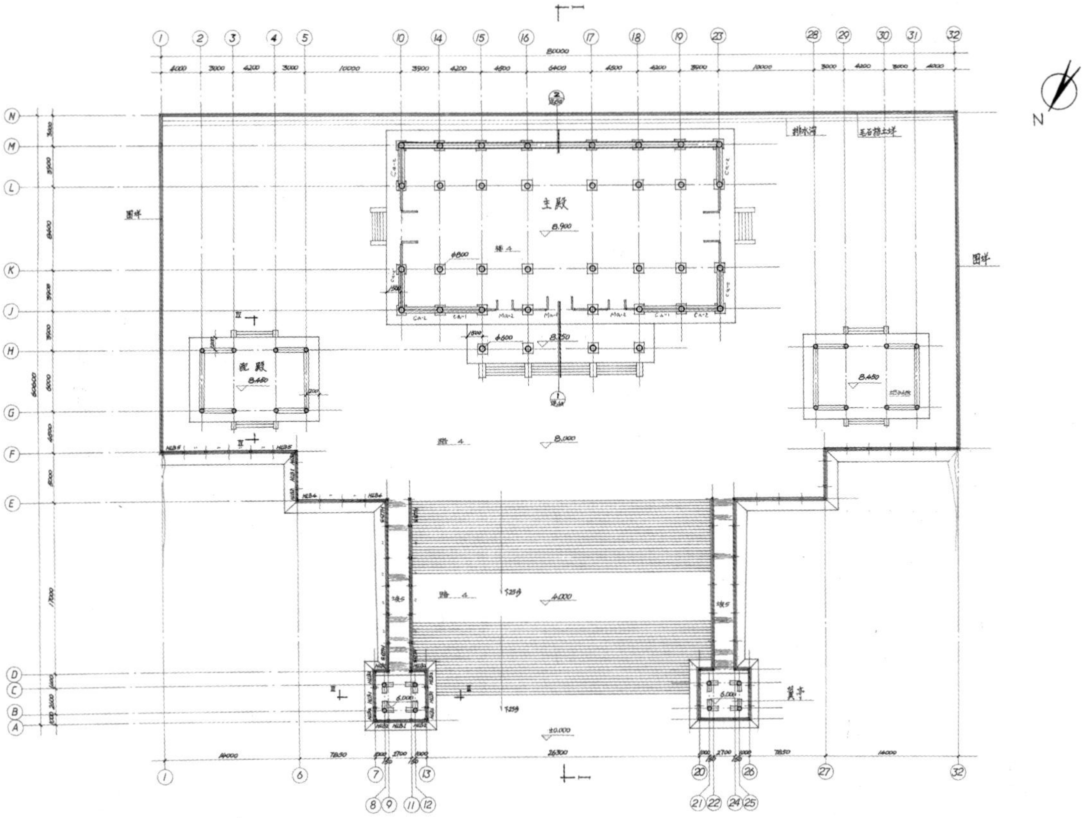

主殿平面图

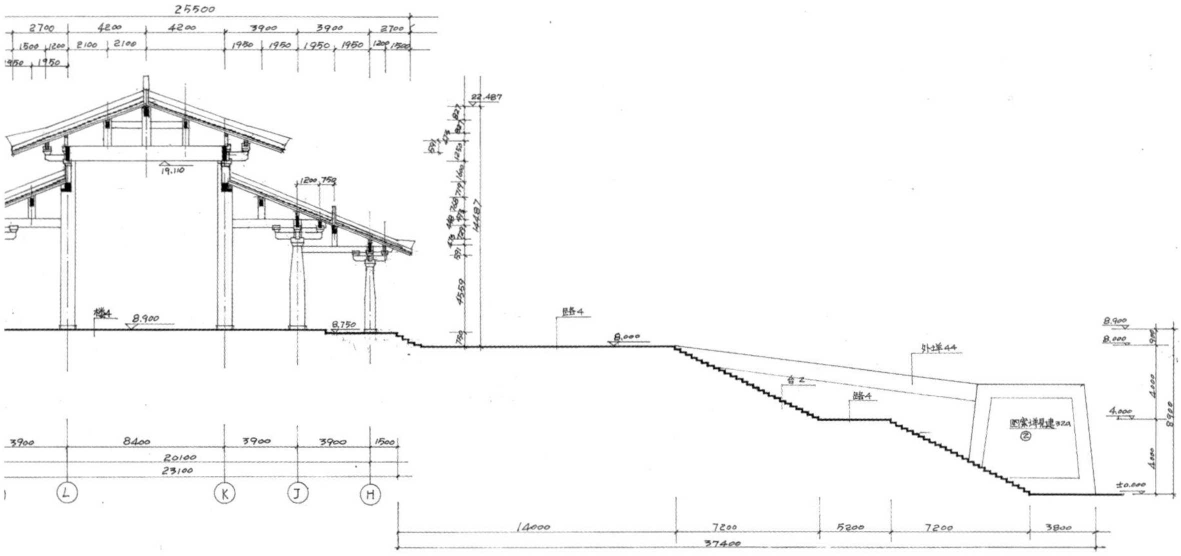

剖面图

正立面图

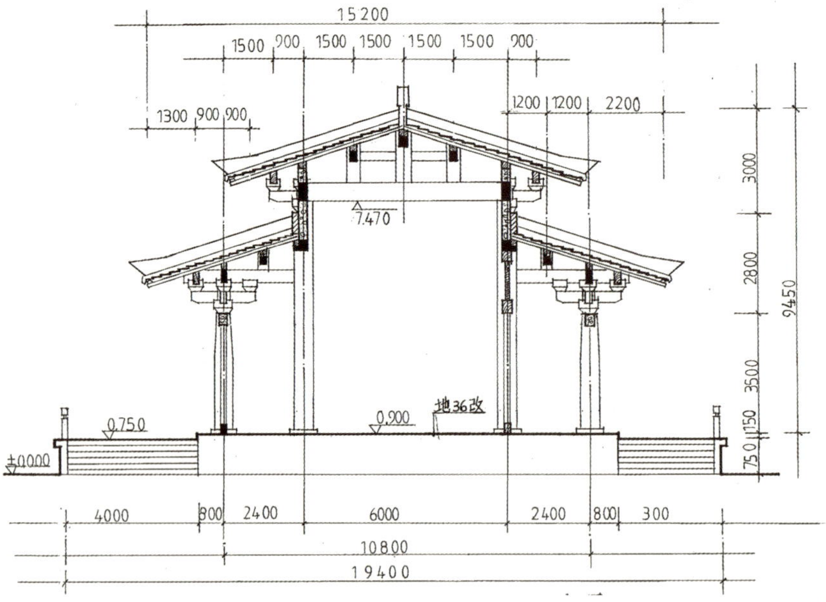

剖面图

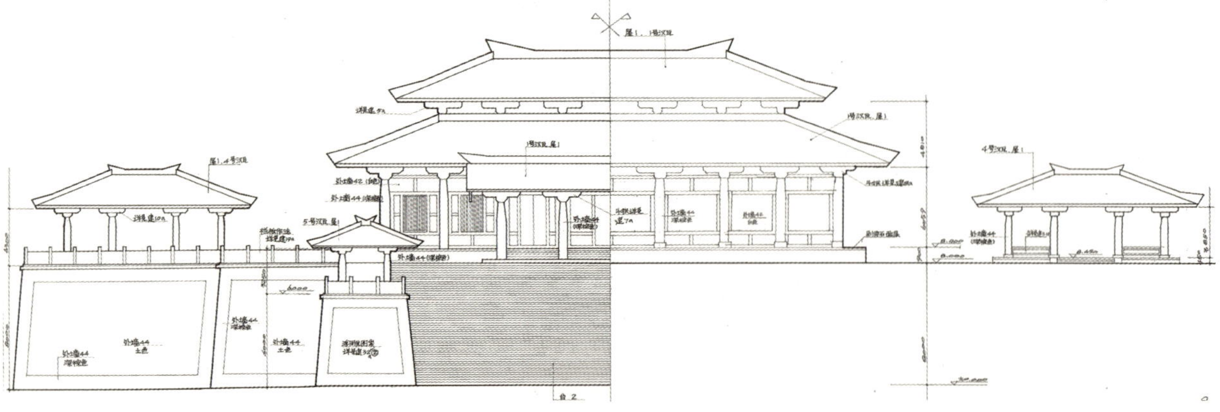

主殿正立面图　　　　主殿背立面图

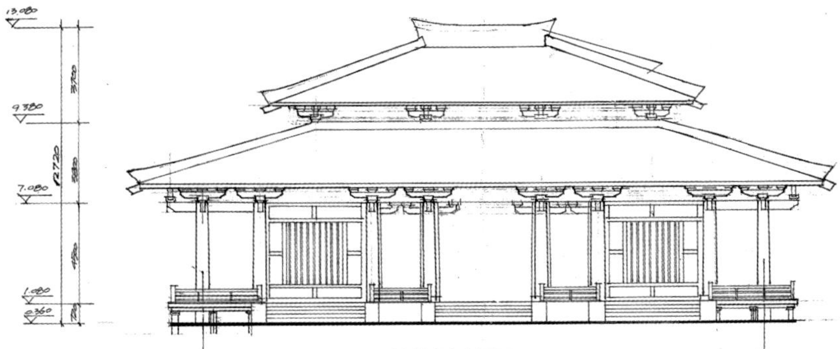

聚贤堂东立面图

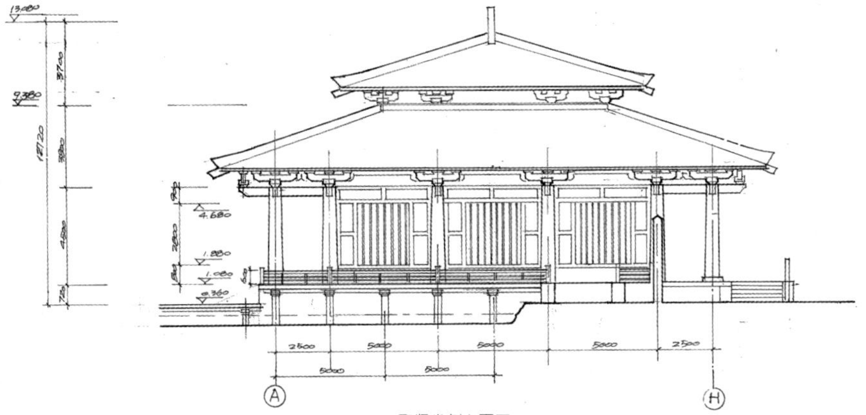

聚贤堂侧立面图

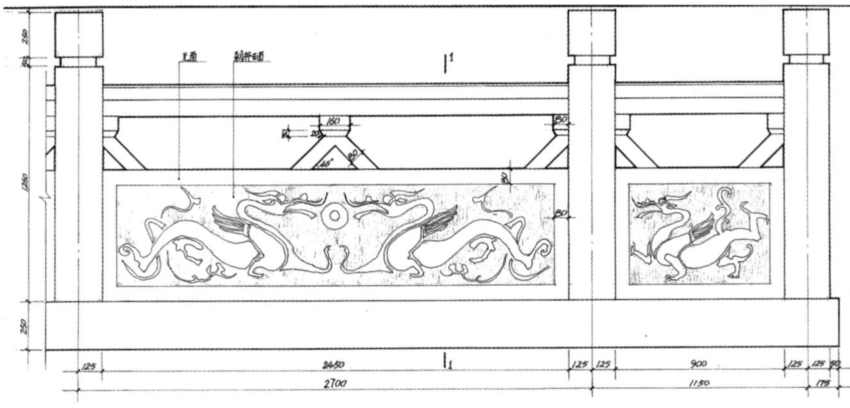

HLB1 HLB2 1:10

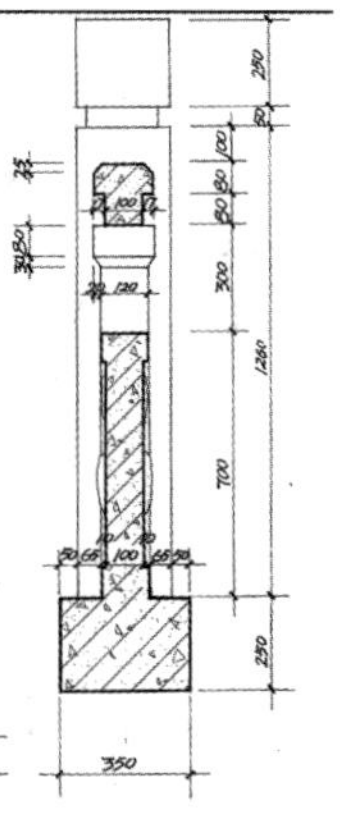

1-1 剖面 1:10

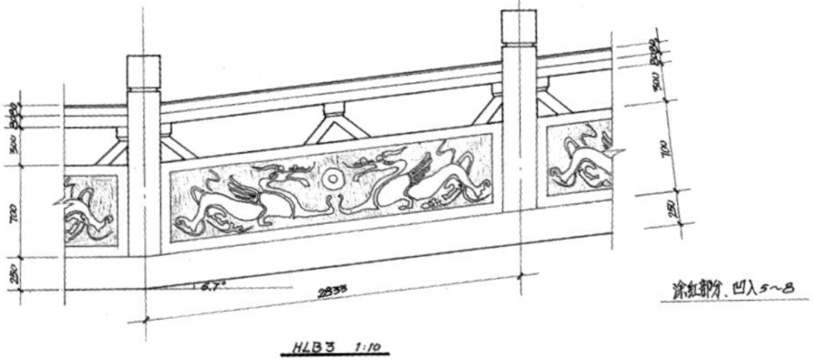

HLB3 1:10

06

无锡中央电视台影视基地
水浒城

工程主持人：张丽鲜
建筑设计：张丽鲜、崔建航、李大雪、李越
　　　　　苏英、姜嘉慎等
结构设计：蒋保华、王大欣、易斌、姜津

水浒城是中央电视台为拍摄大型电视连续剧《水浒传》而投资兴建的影视基地，地处风景秀丽的太湖边。

水浒城总占地面积300亩，分为京城区和州县区，我所承担京城区的设计任务。京城区占地面积约180亩，建筑面积12000平方米左右。分为皇宫、御街、寺庙及清明上河图四个分区。

水浒城的建筑风格为宋式风格，设计方案是在查阅了大量的历史资料并考察了一些历史遗留的实物后，与电视连续剧《水浒传》的总美术钱运选老师共同研究论证而确定的。

结构形式为钢筋混凝土框架结构。

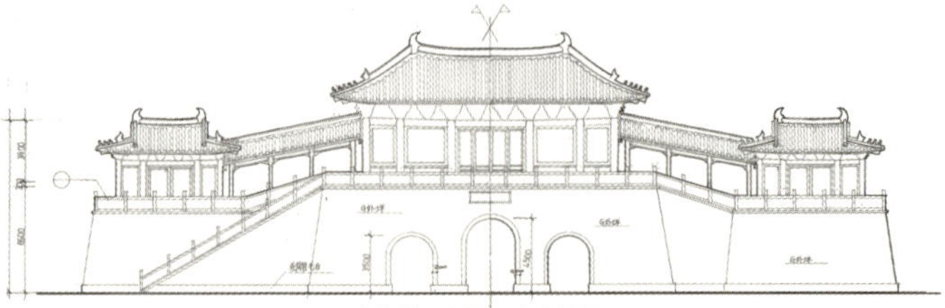
宣德楼正立面及背立面图

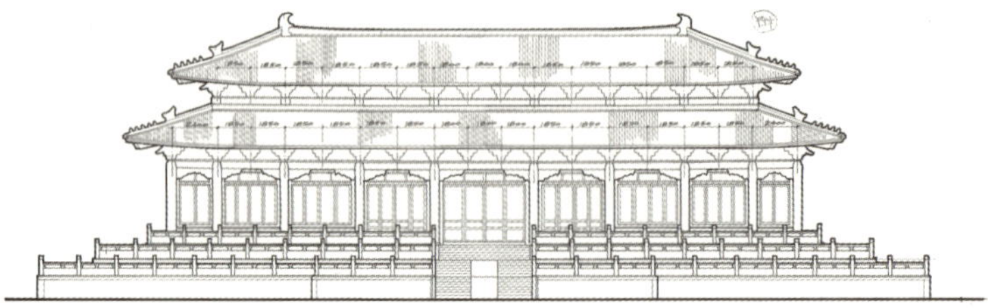
主殿正立面图

无锡中央电视台影视基地

大庆殿

樊楼

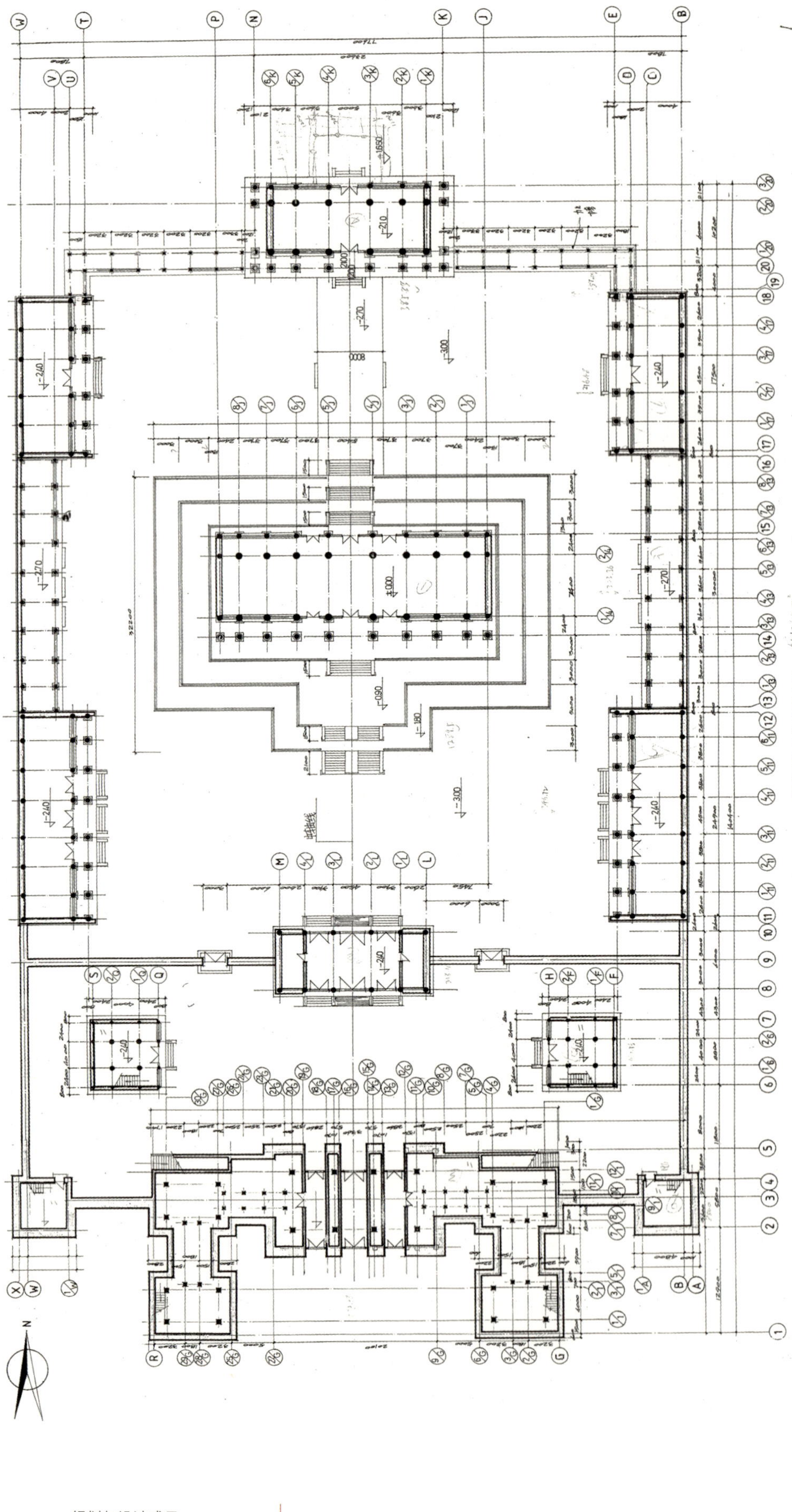

京城区皇宫总平面布置

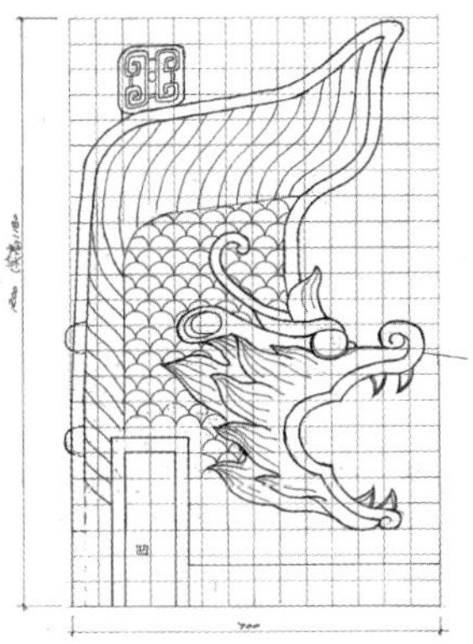

吻A大样

吻B大样

6号琉璃吻大样

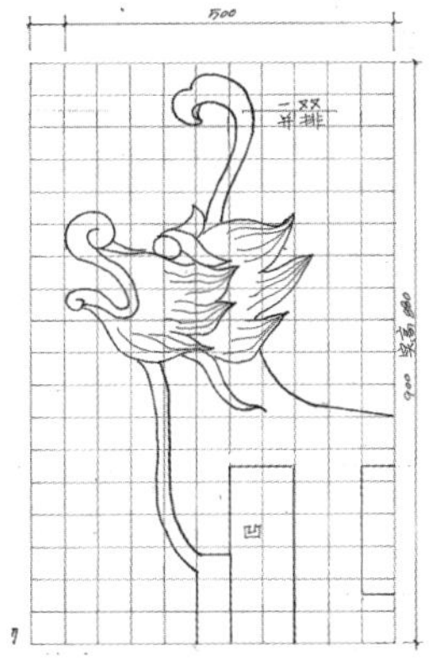

吻D大样

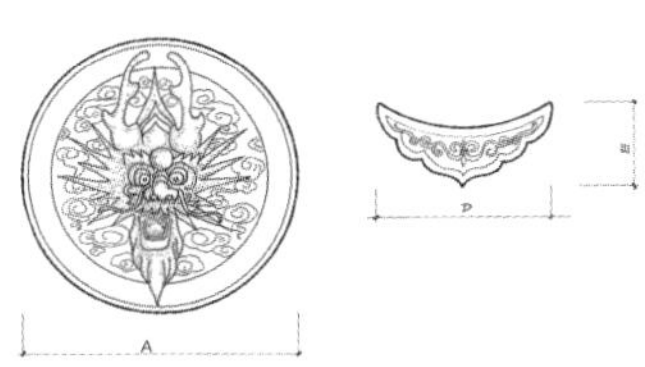

皇宫琉璃勾头滴水大样

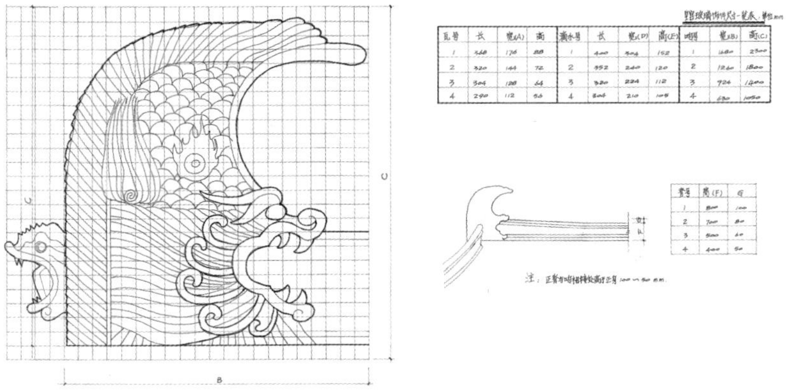

1-4号吻大样(皇宫用)

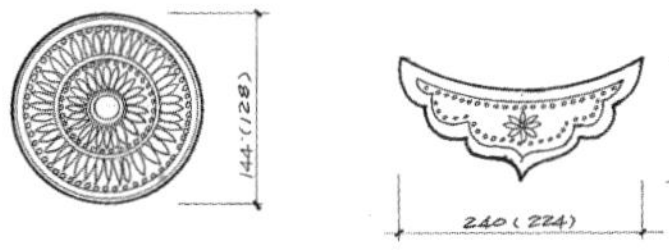

相国寺5号、6号琉璃勾头滴水大样

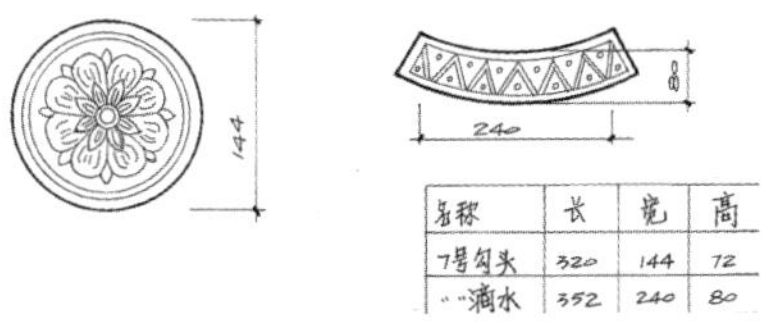

御街7号琉璃勾头滴水大样

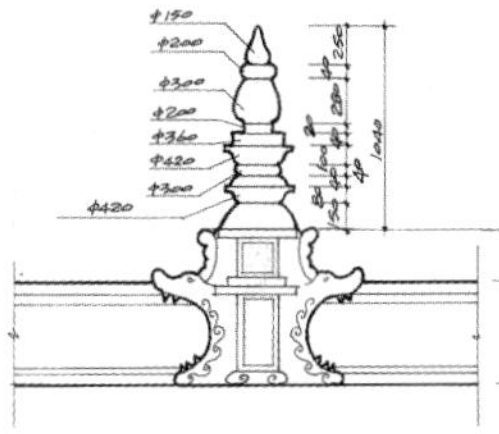

相国寺大雄宝殿正脊正中用

建筑单体使用琉璃瓦一览表

建筑单体名称	瓦号	正吻号	脊号	琉璃瓦颜色	建筑单体名称	瓦号	正吻号	脊号	琉璃瓦颜色
大庆殿（H_1）	1号	1号	1号	黄色	连廊（H_7）	3号	3号	3号	黄色
大庆门（H_2）	3号	3号	3号	黄色	钟鼓楼（H_8）	3号	3号	3号	黄色
宣德楼主楼（H_3）	2号	2号	2号	黄色	角楼（H_9）	4号	4号	4号	黄心绿剪边
宣德楼配楼（H_3）	3号	3号	3号	黄色	六角亭游廊（H_{10}）	4号	4号	4号	黄心绿剪边
宣德楼连楼（H_3）	4号	4号	4号	黄心绿剪边	大雄宝殿（X_1）	5号	5号	2号	黄瓦绿瓦花铺
紫环殿（H_4）	2号	2号	2号	黄心绿剪边	观音阁（X_2）	6号	6号	3号	绿色
前配楼（H_5）	3号	3号	3号	黄色	樊楼（Y_1）	7号	2号	2号	黄心绿剪边
后配楼（H_6）	3号	3号	3号	黄色	御街6号（Y_6）	7号	2号	2号	黄心绿剪边

说明：编号为H的皇宫区建筑；编号为X的是相国寺区建筑；编号为Y的是御街区的建筑

07

山东宏济堂生产基地建筑设计

一、办公楼

建筑面积：5121m^2　　方案设计：张越

建筑设计：李琳、任一帆、张郁

结构设计：姜津

二、博物馆

建筑面积：2442m^2　　方案设计：徐新伟

建筑设计：徐新伟、王克刚

结构设计：王大欣

三、研究院

建筑面积：3650m^2　　方案设计：徐新伟

建筑设计：李大雪　　结构设计：李晶

设备电气：单成福、周启玲、李栋

山东宏济堂生产基地项目位于济南经十路力诺科技园内，由办公楼、博物馆、研究院等10余个子项以及园林、水系等构成。总建筑面积约13600平方米。

一、办公楼

办公楼位于园区东北，平面采用口字形中轴对称布局，内侧以玻璃走廊围合成内庭院。主入口设在北侧正中，门厅外做三间抱厦，两侧设弧形车道，门厅南部做一、二层贯通的中庭，与内庭院空间相互渗透。

办公楼外立面采用中国传统与现代相结合的建筑形式，墙身分别采用冷色和暖色花岗岩饰面，区分出墙体的下碱和上身，与屋顶共同构成三段式立面形式；墙体局部做外廊，形成立面的虚实对比；屋顶采用歇山、悬山、盝顶等多种形式，以求风格的统一和变化。

二、博物馆

博物馆是宏济堂生产基地主要建设内容之一，功能主要用于展示宏济堂百余年的历史和中药研制成果。设计是在参照宏济堂老照片的基础上进行的，展馆共分8个展室和4个辅助用房。本设计因地制宜，随坡就势，将中轴对称，主次有序等设计理念贯穿于设计当中，并结合现代功能要求，将无障碍设计、共享空间、屋顶采光、空间流动、竖铜雕装饰等现代理念和手法巧妙运用于设计当中，并将接待、展示、文物整理等功能用房进行了合理布局。

三、研究院

研究院是宏济堂生产基地主要建设项目之一，其功能为研究开发中药品种和先进技术，它与办公楼、博物馆呈三足鼎立之势，位于中心广场南侧。研究院的平面设计没有像办公楼、博物馆那样采取轴对称布局，而是结合环境，采用了自由组合形式，以两座歇山式建筑与一栋盝顶建筑组合而成。主建筑三层，面向中心广场，其他两栋分列东侧与南侧，三栋建筑间由玻璃幕墙的走廊连接，以融入现代建筑元素。两种不同风格的结合使整组建筑显得轻灵，体现了传统与现代的结合。

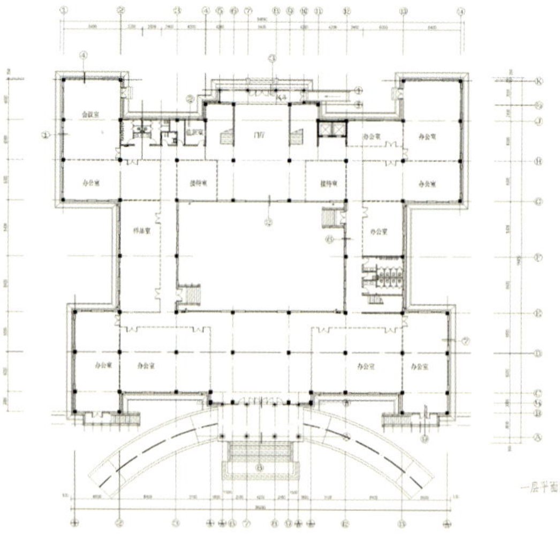

办公楼一层平面图

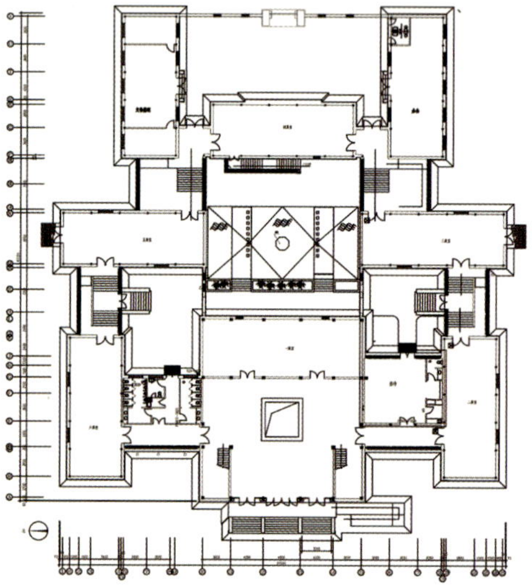

博物馆首层平面图

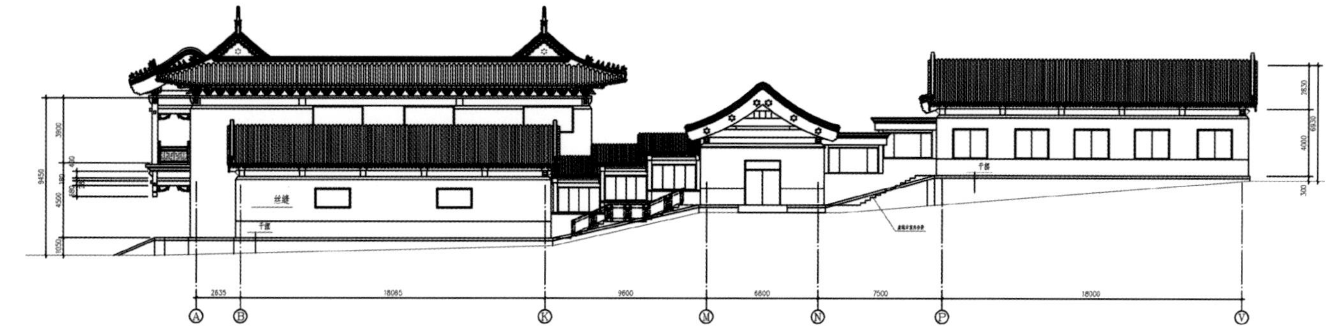
博物馆南立面图

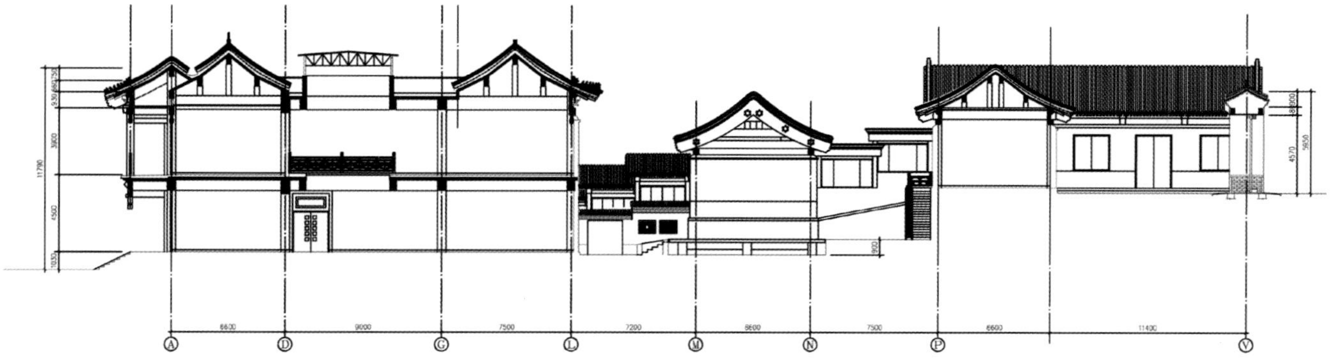
博物馆剖面图

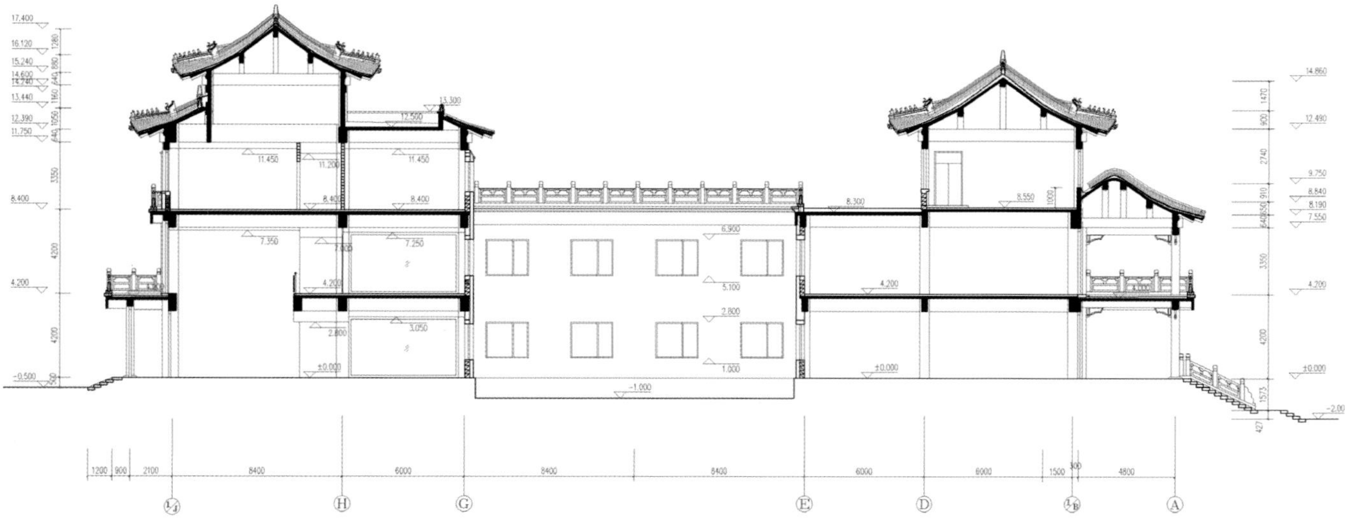
办公楼剖面图

办公楼屋顶鸟瞰图

办公楼北立面图

研究院效果图

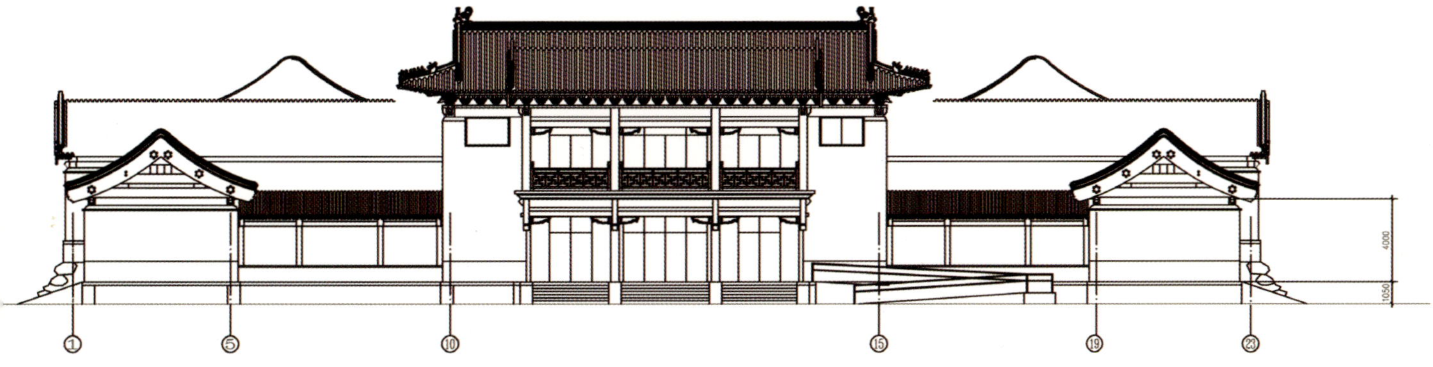

博物馆西立面图

08

北京西客站主楼设计（古建部分）

建筑设计：徐新伟、姜嘉慎等
结构设计：易斌、蒋保华等

北京西客站是我所与北京市建筑设计研究院合作设计的项目，由北京院做总体、主结构及设备电气设计，我所负责屋顶等古建部分设计。工程范围包括主楼、副楼及西站对面的中裕瑞海酒店。

传统建筑风格如何在大型现代公共建筑中体现，一直是建筑师们探索的一个课题。我所设计人员根据西客站方案要求，创造性地工作，使中式大屋顶在这组大型公建上得到了比较完善的体现。同时，在保持总体风格不变的前提下，对细部作了改良和简化。如主楼檐下斗栱改为仿球形网架形式，从而简化了斗栱，与现代墙体更趋协调，在柱梁等彩画的色彩上也作了调整，将大青大绿改为浅粉色，使整体色彩更加统一。为减轻主楼荷载，主楼屋面采用了彩板作底瓦，与琉璃筒瓦相结合的技术，既保持了大屋顶的固有外形，又减轻了屋面重量。

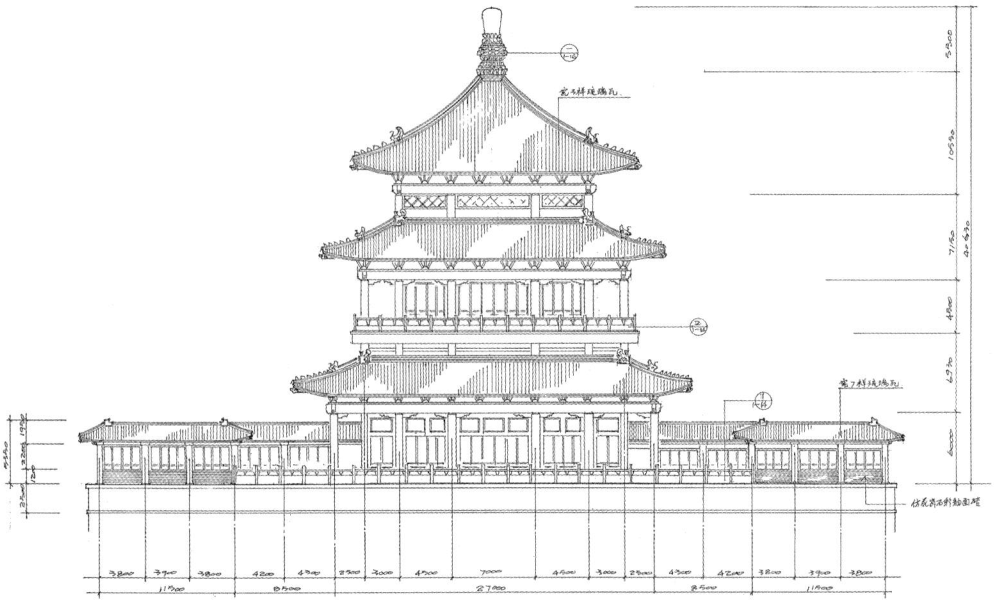

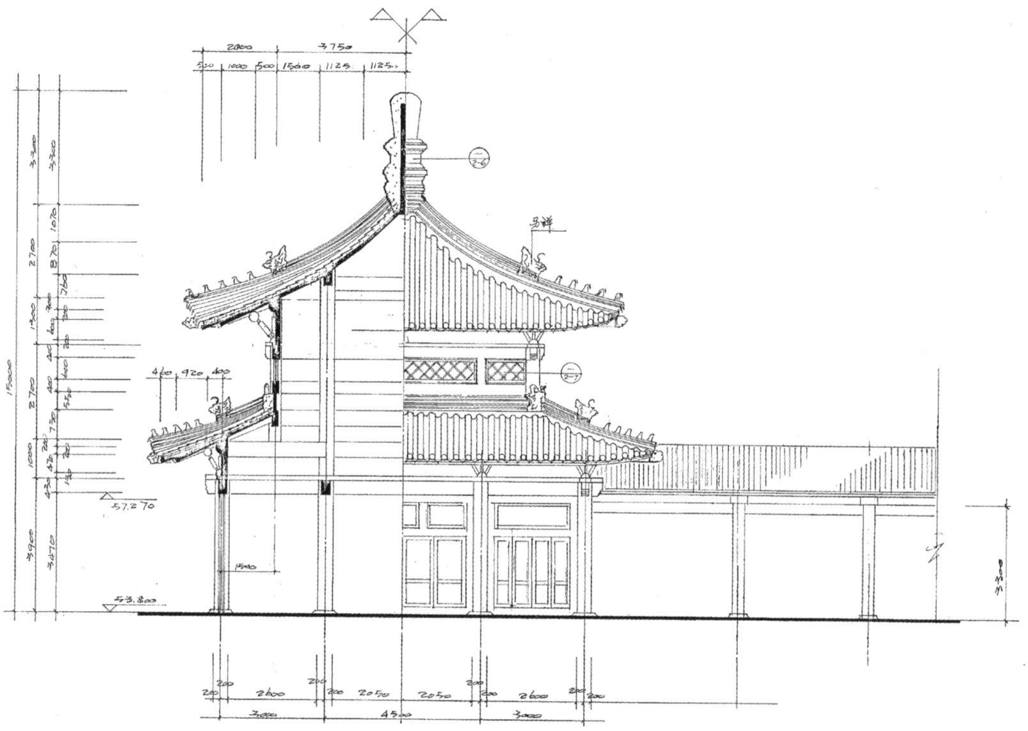

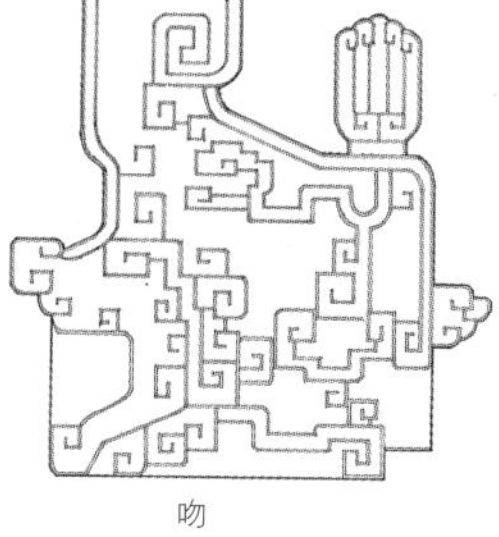
吻

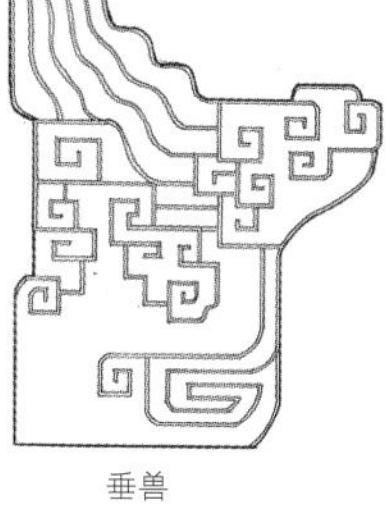
垂兽

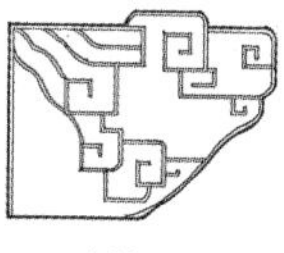
套兽

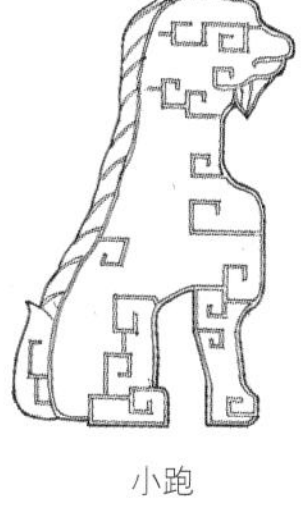
小跑

09

北京八宝山殡仪馆吊唁大厅（古建部分）

工程主持人：徐新伟

建筑：徐新伟、王克刚　　　　结构：王大欣、李晶

八宝山殡仪馆吊唁大厅是我所与北京市建筑设计研究院合作设计的项目，北京院承担主体和设备电器部分，我所承担古建筑部分。大厅为逝世的党和国家领导人举行告别仪式专用，于2008年落成。

吊唁大厅由告别厅、休息厅以及告别等待长廊及主楼组成，建筑面积1500平方米，主楼高22.80米，是八宝山殡仪馆的主要建筑。建筑外形为明清官式建筑风格，檐下施五踩斗栱，屋面为靛蓝色琉璃瓦。传统的建筑形式充分彰显中国殡葬的文化特色。

吊唁大厅入口

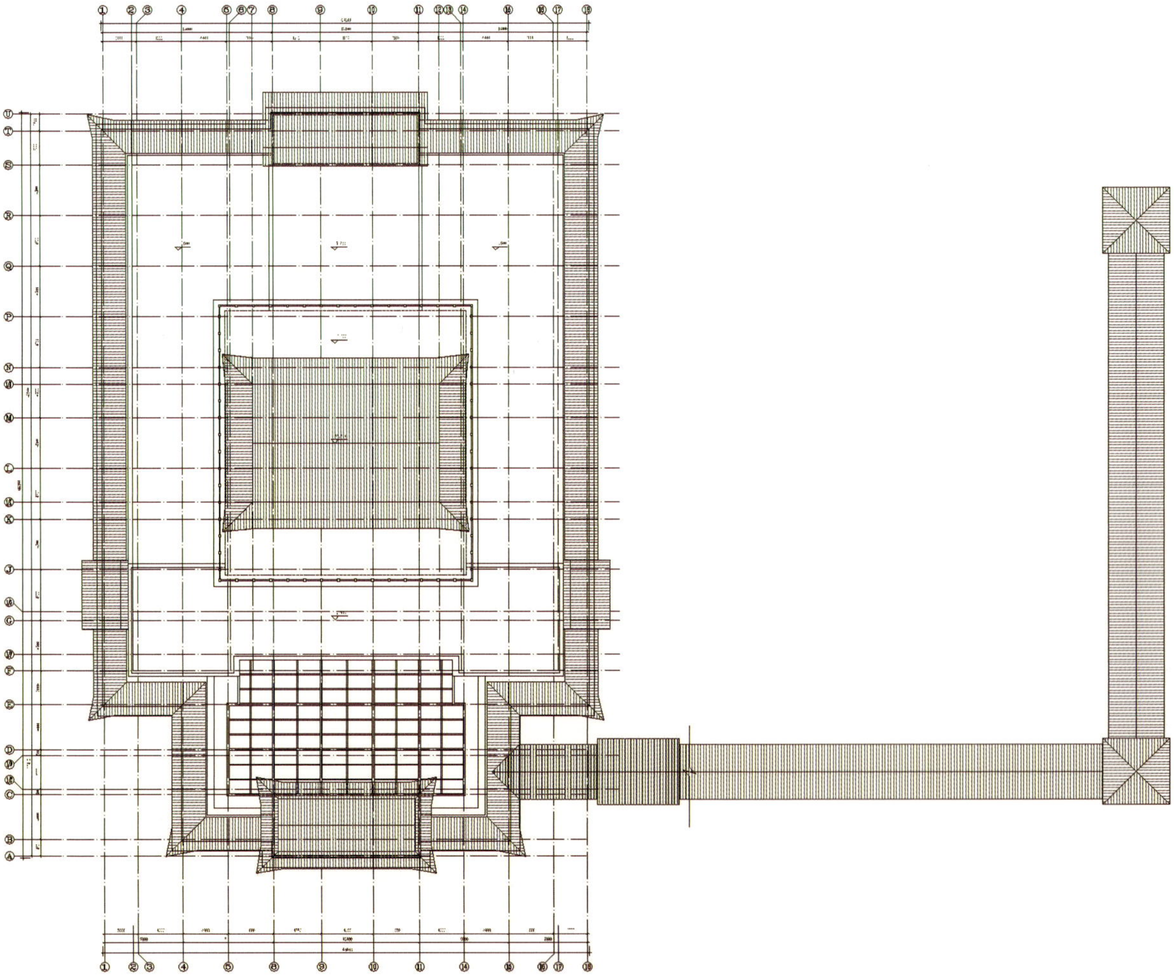

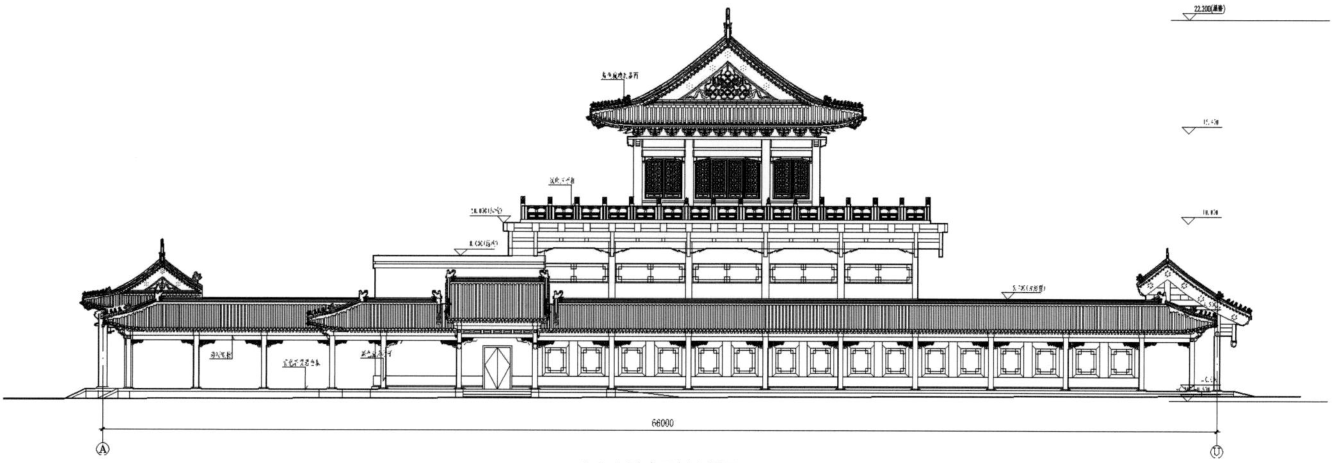

八宝山吊唁厅侧立面图

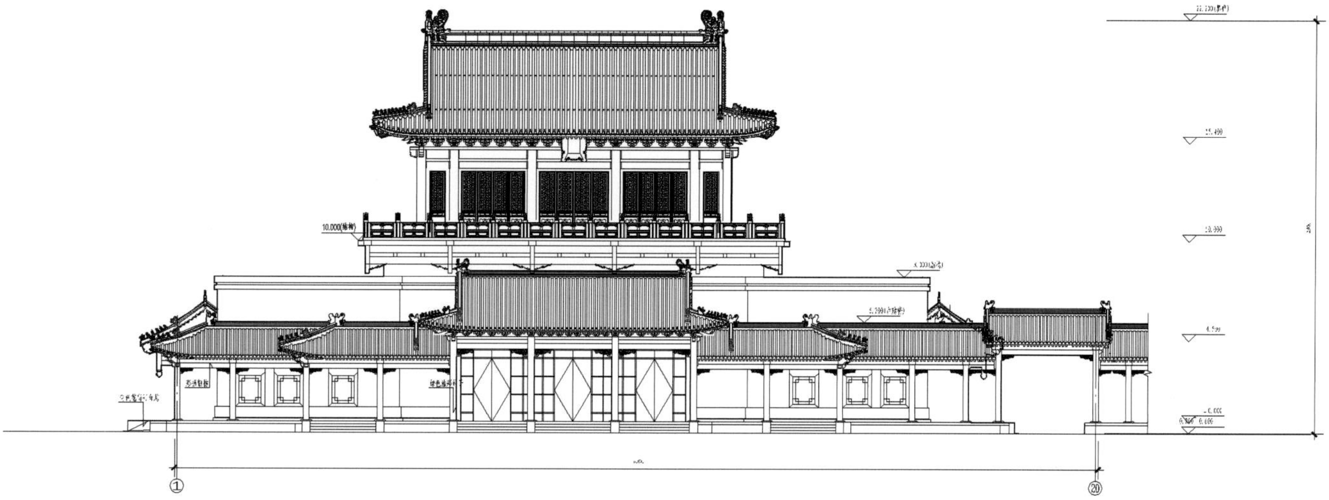

南立面图

10

北京万佛华侨陵园

项目负责人：马炳坚
方案设计：马炳坚、冯世怀
建筑设计：马炳坚、相炳哲、唐婧持、蒋涛
彩画设计：王仲杰、蒋广全、冯世怀、张秀芬
结构设计：易斌
设备电气设计：陈继昌、王志杰

北京万佛华侨陵园（简称万佛园）是一座以中华传统文化与佛教文化为主题，兼有陵园与旅游功能的高档次陵园，建于京郊门头沟区，距戒台寺6公里，该陵园占地面积600亩，背山面川，龙脉环抱，是一块难得的风水宝地。

万佛园的门前区是陵园规划的三组重要建筑的第一组，由主殿、东西配殿、东西掖门、广场、浴佛池及石桥组成，是中轴线上最宏伟的建筑群。

万佛园建筑采取明清官式传统建筑形式，钢筋混凝土结构。主殿为七开间重檐歇山，地上二层，地下一层；东、西配殿为单檐歇山与盝顶相结合的形式，飞檐翼角，琉璃屋面，贴金彩绘，庄严肃穆。墙面灰白相间，门窗通透明亮，既有传统建筑风格，又有浓郁的现代气息。

门前区主要功能为：办公、业务商洽、吊唁、祭祀、商品流通以及锅炉房配电、设备间等配套设施。建筑面积4014平方米。

北京万佛华侨陵园

北京万佛华侨陵园正殿

北京万佛华侨陵园正殿及配殿

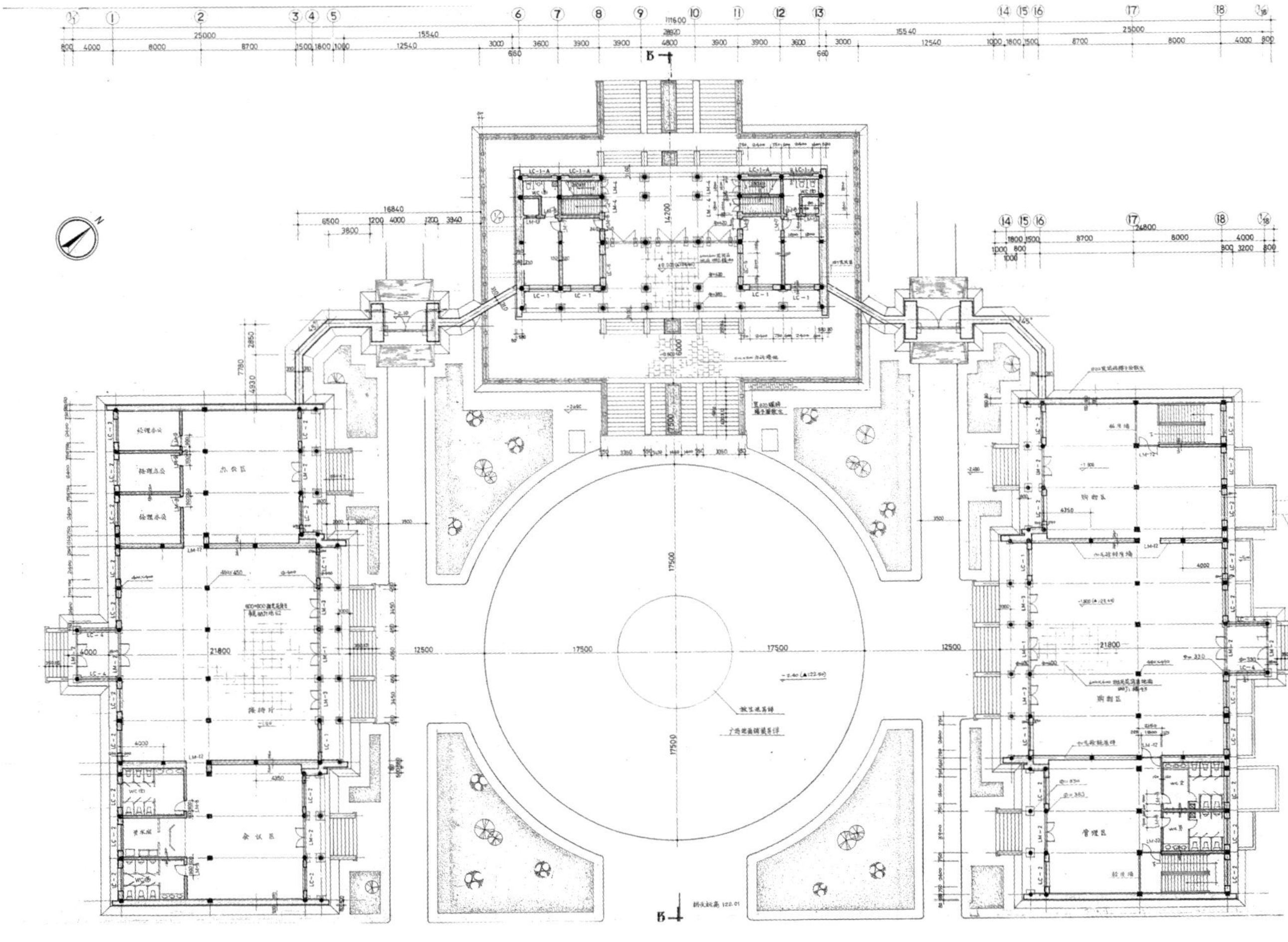

门前区平面图

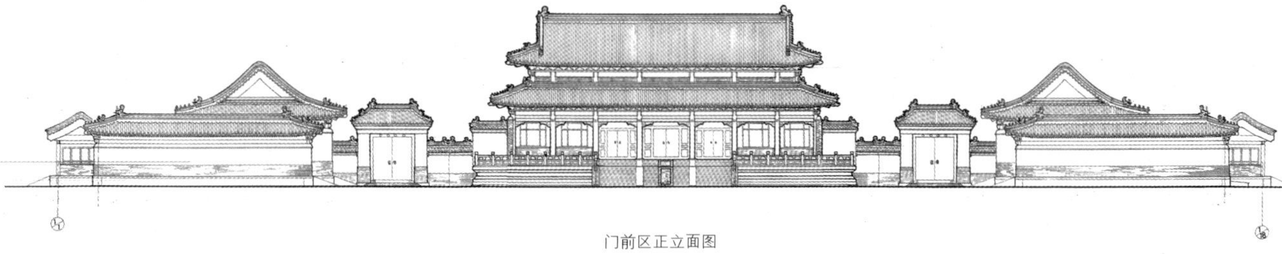

门前区正立面图

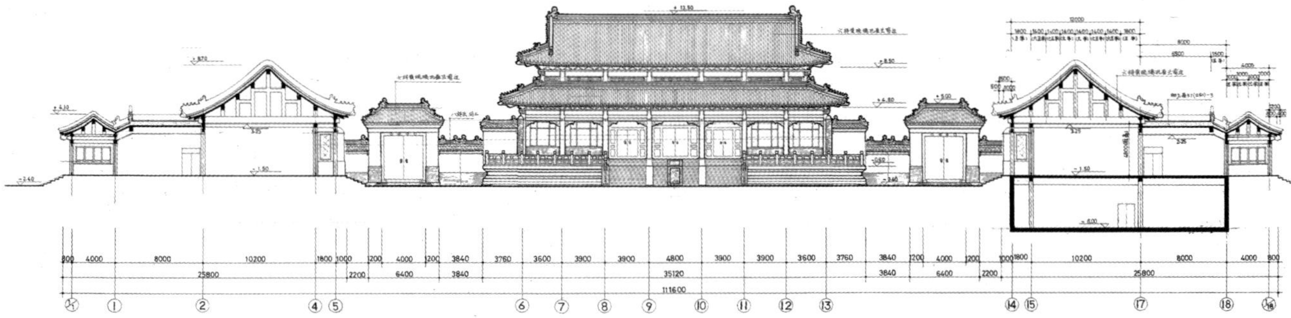

剖面图

11 北京天寿陵园

项目主持人：马炳坚
建筑设计：马炳坚、相炳哲、蒋涛、唐婧持、张越
结构设计：易斌、王大欣
设备、电气设计：陈继昌、王志杰

天寿陵园位于北京昌平区天寿山麓，是一座古典式、园林化高档陵园。占地面积600余亩。是继万佛华侨陵园之后，我所在北京地区设计的又一座高档次墓园，园区总体规划及园林设计由北京创新园林景观设计公司承担，我所负责门前区建筑群的设计。

门前区占地面积约36000平方米，由石桥、园门、正殿及东西配殿等建筑组成，功能为接待、洽谈、办公、举行祭奠仪式和出售殡葬纪念品等功能。

门前区建筑采用我国明清官式建筑风格，红墙黄瓦、玉阶丹楹、金碧辉煌、庄严肃穆。建筑主体为钢筋混凝土结构，仿木构外形。与其他相关工程一样，这种仿木结构不是一般性的模仿，而是精仿、高仿。虽然是采用现代钢筋水泥材料，却能达到乱真的效果。

精心的规划、园林设计和古典风格建筑设计，使天寿陵园不仅成为有名的陵园，也成为环境优美的浏览凭吊胜地。

效果图

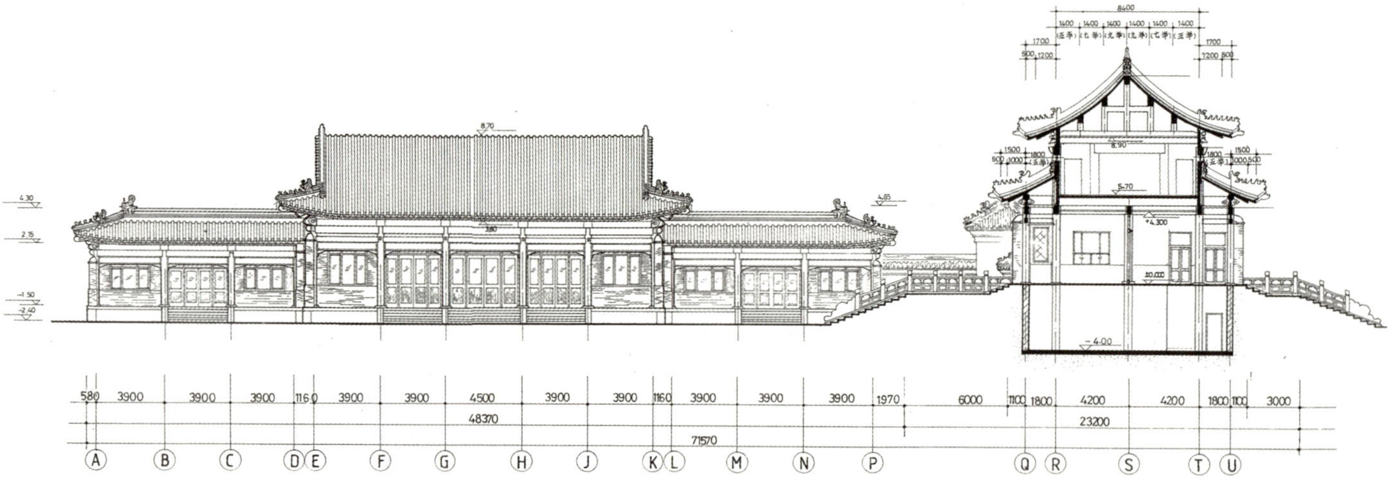

剖面图

门前区侧立面图

天寿陵园大门

天寿陵园彩画

12

北京什刹海荷花市场

建筑面积：3752.3m^2　　建筑造价：1200万元
方案设计：徐新伟　　工程主持人：王克刚
建筑专业：王克刚、姜嘉慎、王 颖
结构专业：蒋宝华、王大欣、姜 津
设备电气专业：单成福、周启玲、李 栋
设计时间：2000年

什刹海风景区位于北京西城区，历史悠久，明清时期水域宽阔，景色优美，船运通达，呈现一片繁荣景象。荷花市场是什刹海的重要组成部分，是售卖河鲜、冰碗等食品摊点集中的地方。

2000年由我所设计的“荷花市场”，是在什刹海地区恢复的具有传统特色餐饮文化街。其建筑立面采用明清商业建筑风格，鳞次栉比，错落有致，连绵三百多米。由著名书法家启功先生书写的“荷花市场”名匾，悬挂在西街口的牌坊上。

所有房屋均青砖灰瓦，朱漆门窗，雕梁画栋，粉饰彩绘。这里的一部分二层建筑设有露台。游人可面对水中的碧绿荷花，坐拥水景秀色，景色和氛围十分别致，该组建筑已成为什刹海边的一处崭新景致，深受游客欢迎。

荷花市场局部

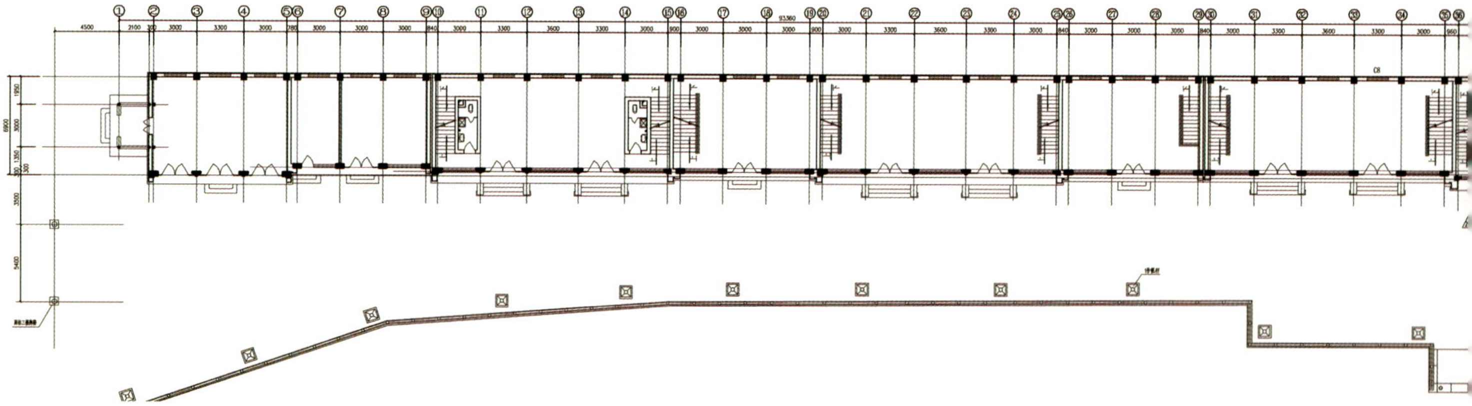

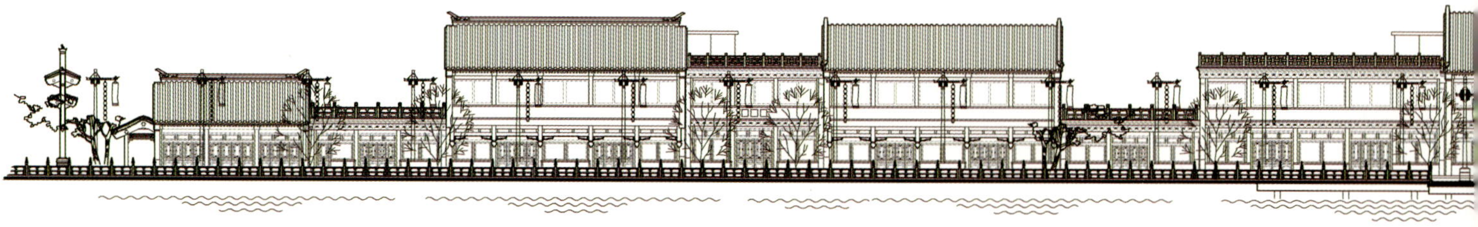

荷花市场沿街立面图

荷花市场入口牌坊

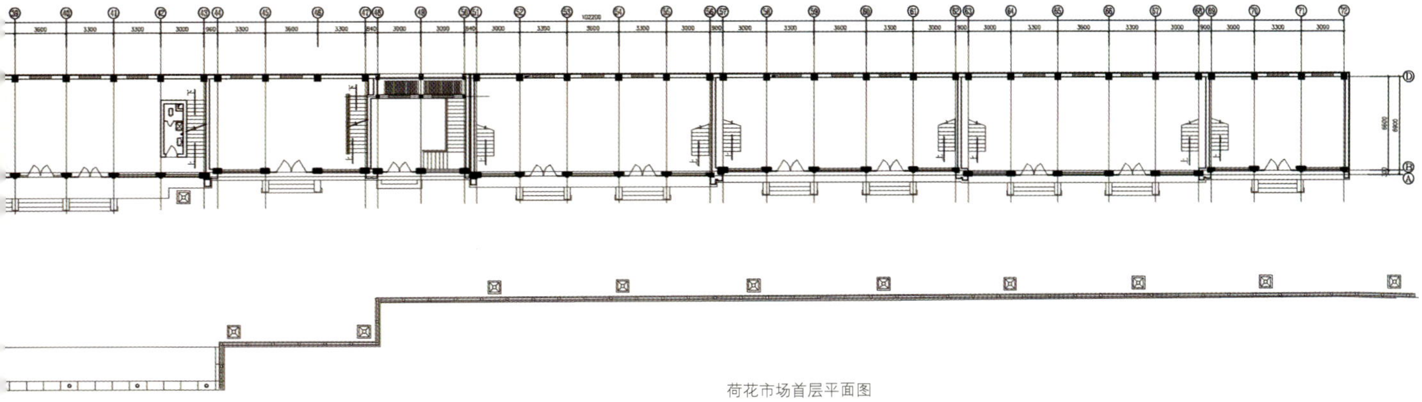

荷花市场首层平面图

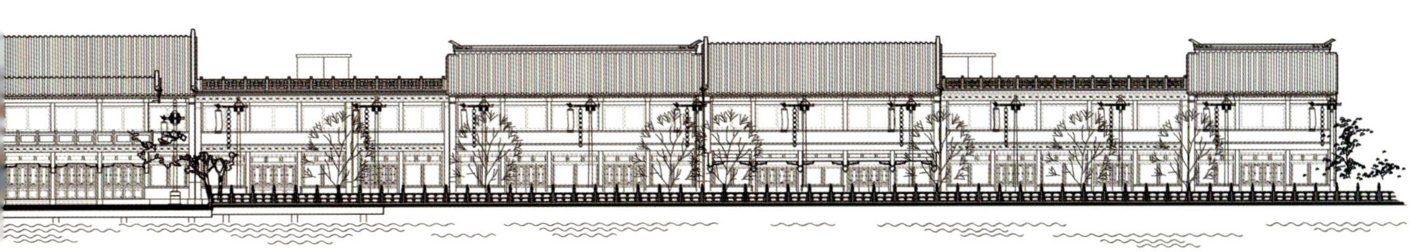

13

北京前门大街A9–A13

总建筑面积：6372m²
工程主持人：张越
建筑设计：张郁、李琳、张越、任一帆、唐婧持
结构设计：姜津、蒋保华、王大欣、李晶
电气设备：单成福、周启玲、李栋

本工程位于崇文区前门大街西侧，为前门大街保护整治项目的组成部分，属餐饮商业建筑。北侧至大栅栏街，南侧至蔡家胡同。建筑坐西向东，基地总长约69.5米，最大进深24米左右，共有12幢建筑，地上2–3层，地下 1层，总建筑面积约6372m²。

该项目由伍德佳帕设计咨询有限公司负责方案设计，甲方委托我所进行扩大初步设计阶段的设计配合和报批，并进行单体建筑的工程设计。建筑共分两类，其中A9—1，A13—1为新建建筑，其他为装修改造。新建建筑采用钢筋混凝土框架，清末民初商业店铺的建筑形式；装修改造工程中的A9—4到A9—7，A11—1，A13—2为保留建筑改造，保持原有外形和结构并进行修缮加固。A9—3，A11—1，A13—3在对原有结构进行加固，同时对外立面重新设计改造，把这些现代建筑改造成传统式样的商业店铺，使之与前门大街的整体风貌相协调。

这种改造和新建，是古典建筑与现代商业需求结合的一次尝试。

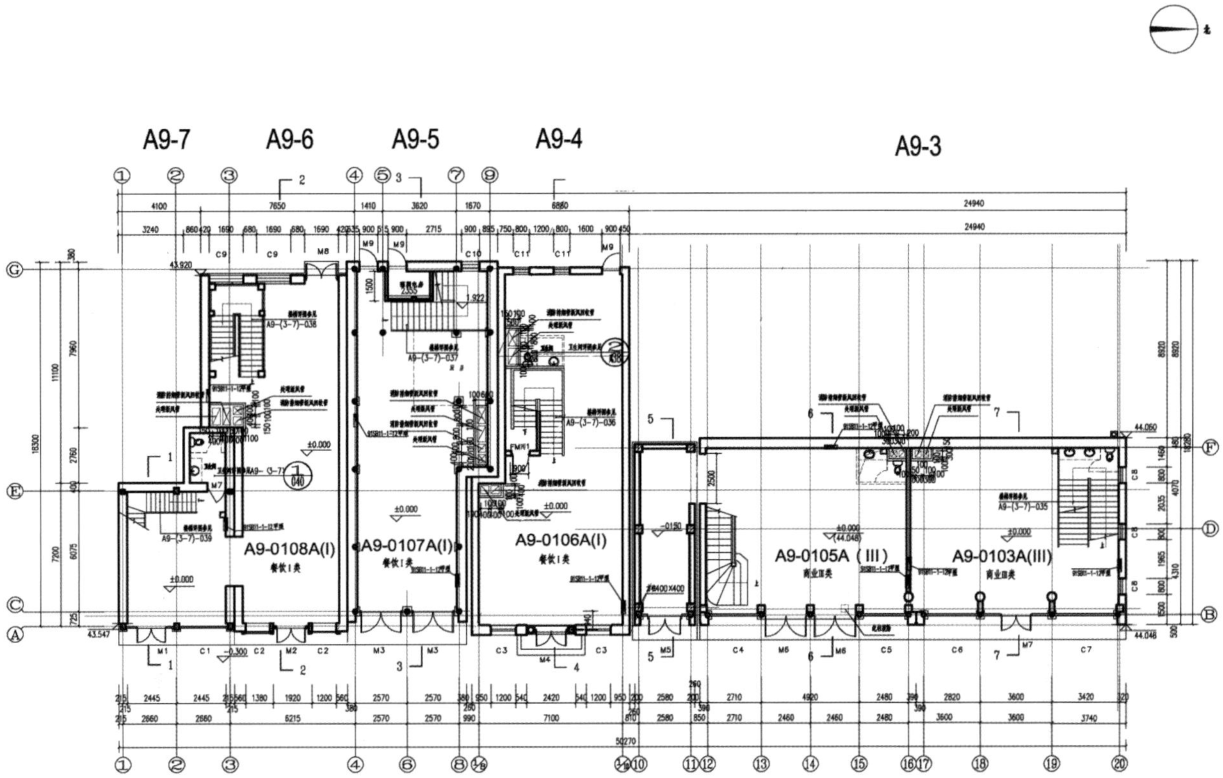
A9-7
A9-6
A9-5
A9-4
A9-3
A9-0108A(I)
餐饮I类
A9-0107A(I)
餐饮I类
A9-0106A(I)
餐饮I类
A9-0105A（III）
商业III类
A9-0103A(III)
商业III类

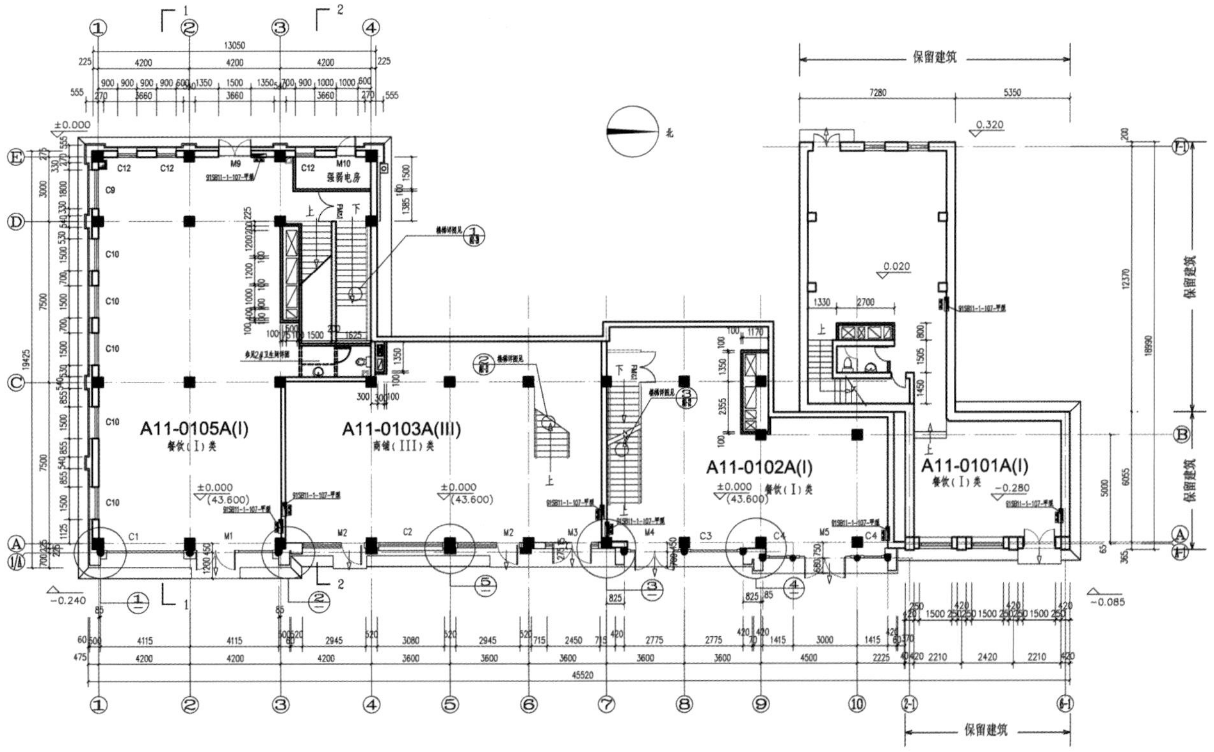
保留建筑
A11-0105A(I)
餐饮（I）类
A11-0103A(III)
商铺（III）类
A11-0102A(I)
餐饮（I）类
A11-0101A(I)
餐饮（I）类
强弱电房

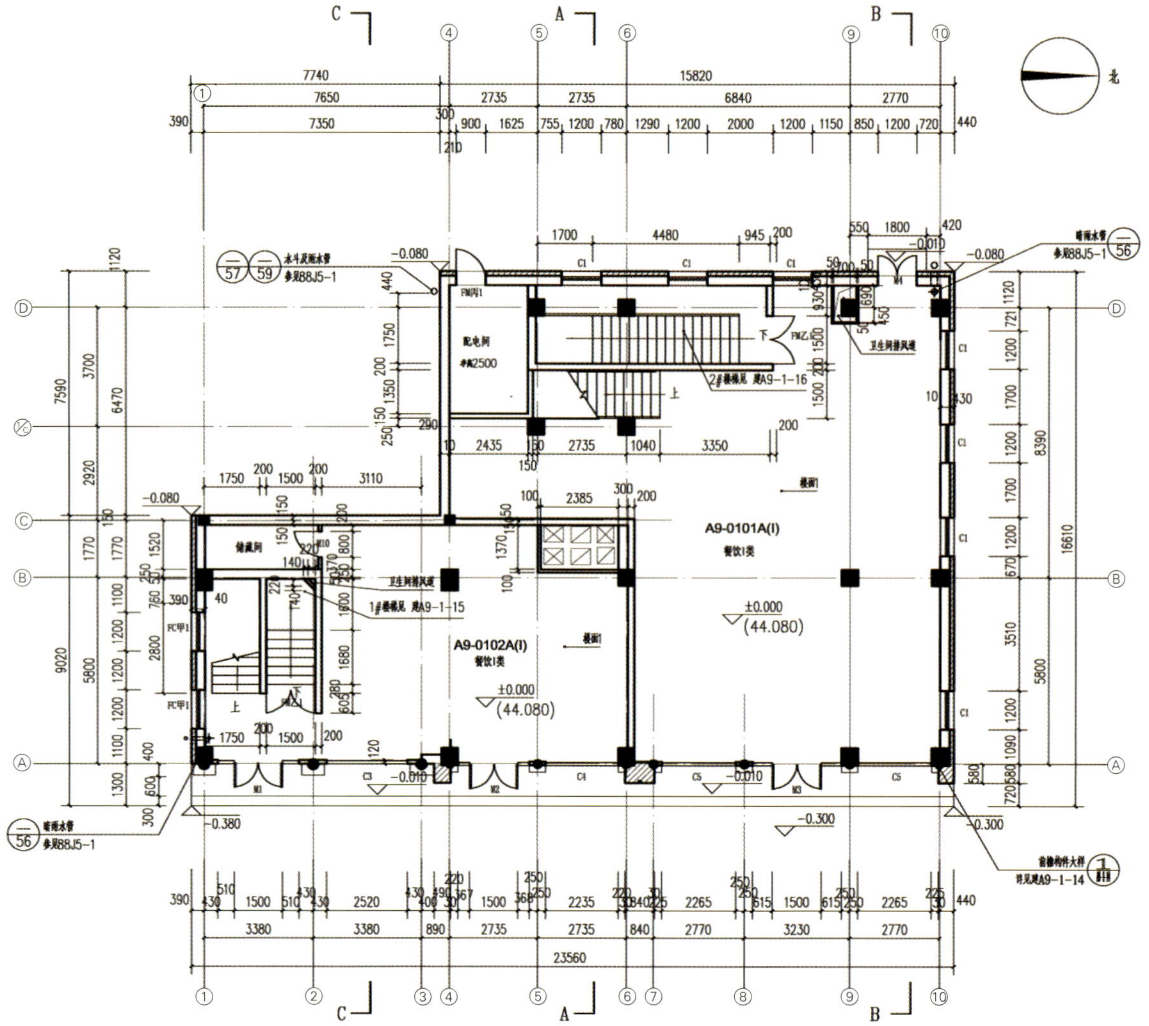
A9-0101A(I)
餐饮1类
A9-0102A(I)
餐饮1类
配电间
储藏间
卫生间排风道
±0.000
(44.080)
北

首层平面图

红谷
和合谷

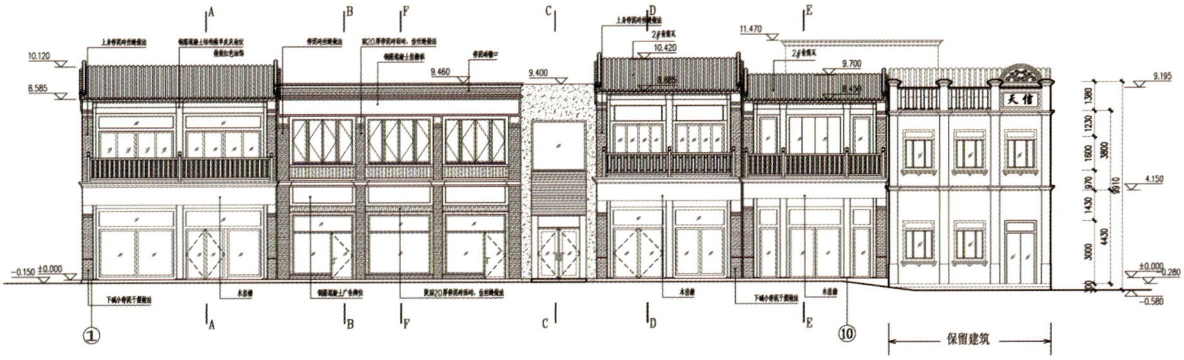

A9-7 A9-6 A9-5 A9-4 A9-3

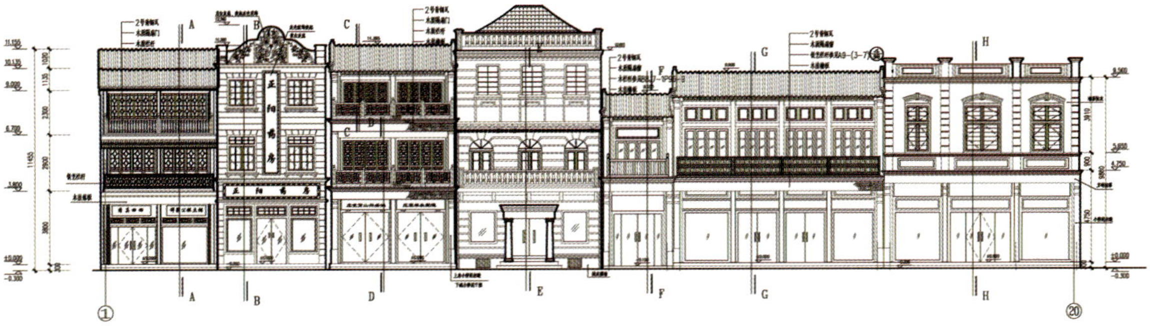

东立面图

14

北京丰台区宛平城东西街改造

项目负责人：张丽鲜、崔健航
工程主持人：张丽鲜

规划设计思想：整治环境，恢复古城面貌，扩展旅游内涵。大街改造整治与宛平城的总体规划相一致。丰富卢沟桥宛平城的文化内容。

功能分析：规划范围：东西长640米，南北宽50米。高度控制不超过6米。

功能布局：贯穿东西城门是20宽的步行街，道路中间铺旧石块，充分体现古道沧桑。南北两侧是栉比鳞次的商业建筑，形式各异。其中设置一些小广场丰富空间，举办展卖，杂耍等民间活动。

高品质的绿化环境是本次规划的特点，四季常绿，三季有花。小品点缀其间，反映北京的市井文化。

市政设施完善，先进，现代化的通信，灯光，音响。

单体设计：明清风格民间店铺建筑，大方精细中带着简朴，一、二层建筑，体量不宜过大，合瓦，素装修。各建筑根据用途配以相应的招幌。

沿街南立面效果图

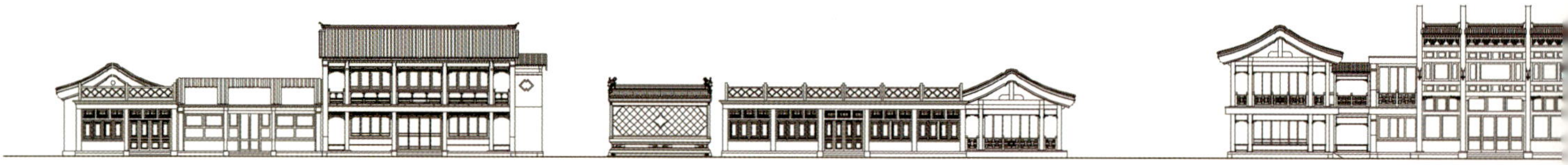

东段南立面图

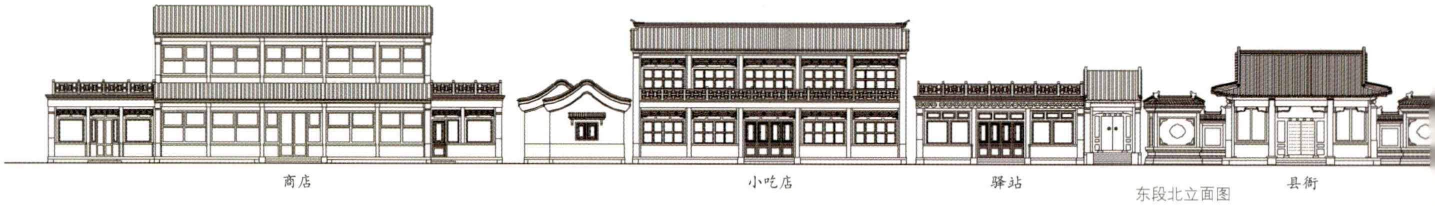

东段北立面图

西段北立面图

北立面效果图图

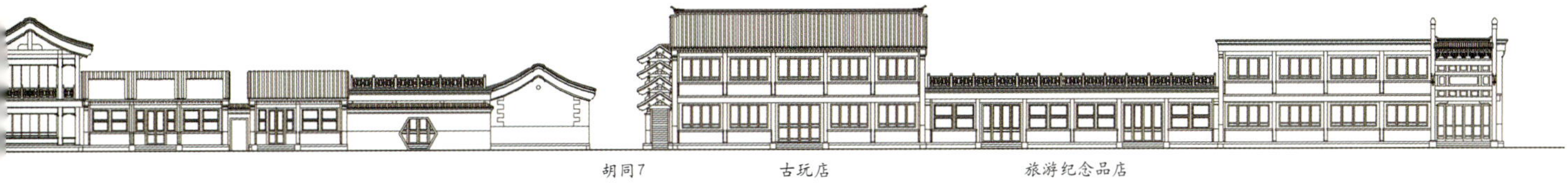
胡同7
古玩店
旅游纪念品店

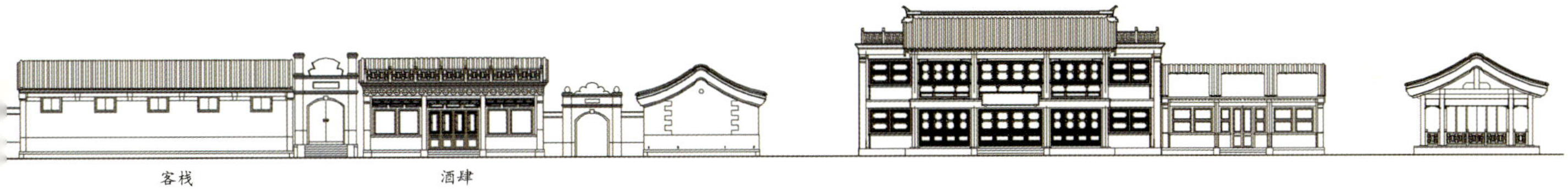
客栈
酒肆

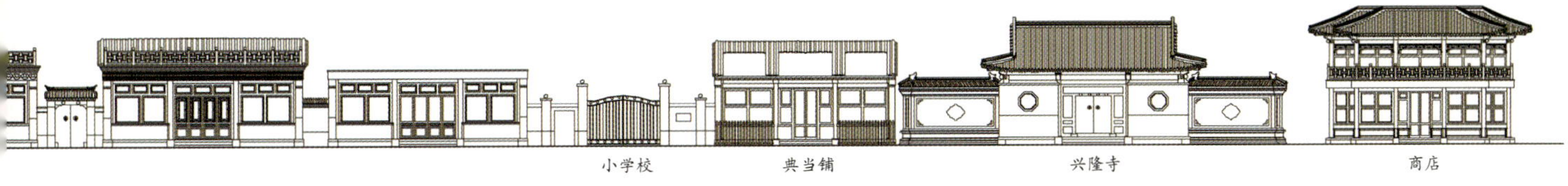
小学校
典当铺
兴隆寺
商店

15

北京西城区什刹海“西海渔生”

工程主持人：徐新伟

建筑设计：徐新伟　　　　　　结构设计：蒋保华

设备电气：周启玲、单成福、李栋

什刹海西海渔生工程位于什刹海西海南岸与西岸转角处，是一组明清风格建筑，功能为餐饮，地上一层，局部设地下室，总建筑面积1256平方米；于2007年建成。

西海渔生所处位置为一狭长的L型地块，边长190余米，最宽处22米，最窄处12米，一面临水，另一面是道路，设计餐馆具有一定难度。本设计将中间稍宽地带作为餐饮入口，入口的南北两侧留有一定空间，入口西侧设后厨，东侧为散座大餐厅，后厨北侧设服务台及通道，连接西侧的6个包间，包间面湖，临路一面设内廊通道；这种设计一方面使餐厅都面向北侧湖面，具有极佳的观景条件；另一方面后厨位于大餐厅与单间之间，服务半径最短；北侧临水处设通道平台，南侧通道又可通达各个餐厅，使用十分便利。

由于建筑被分隔成三块，其间用平台建筑连接沿湖岸展开，分散且错落有致，加之配以影壁、石栏板等观赏元素，使建筑颇具观赏价值，是一处景观不错的用餐之所。

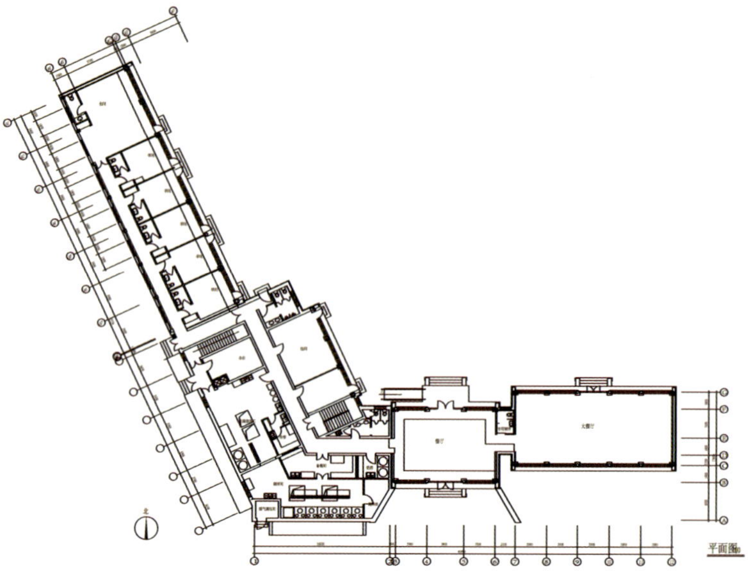

平面图

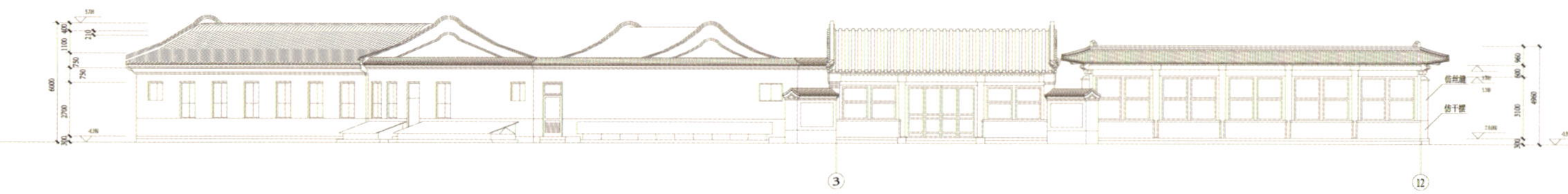

南立面图

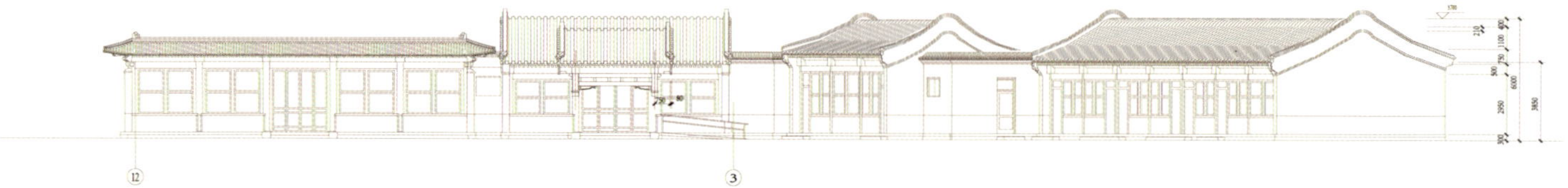

北立面图

西海渔生入口

由东侧西望

16

北京顺义国家计委培训中心

建筑与装修设计；徐新伟　　结构设计：王大欣
电气设计：李 栋　　给排水：单成福
暖通设计：周启玲

培训中心四合院入口

国家计委培训中心由若干不同风格的建筑组成，坐落在温榆河西岸。其中的四合院是一组典型的中式建筑，占地2165平方米，建筑面积1509平方米；单体建筑除廊子、垂花门为木结构外，其他均为钢筋混凝土结构；室内的空调、地板采暖、卫生间等现代设施一应俱全。

室内装修尤为考究，大量地运用了北京地区传统工艺和材料进行装饰，如：雕漆的太师壁、景泰蓝的天花枝条燕尾、岫玉的装饰卡子花以及由双玻夹双面绣组成的隔扇和双玻夹富贵牡丹刺绣的采光天花等，这些传统材料与现代手法相结合的做法，使整组建筑在满足人们现代生活需要的同时表现出传统装饰的优雅、高贵、大气的风格。

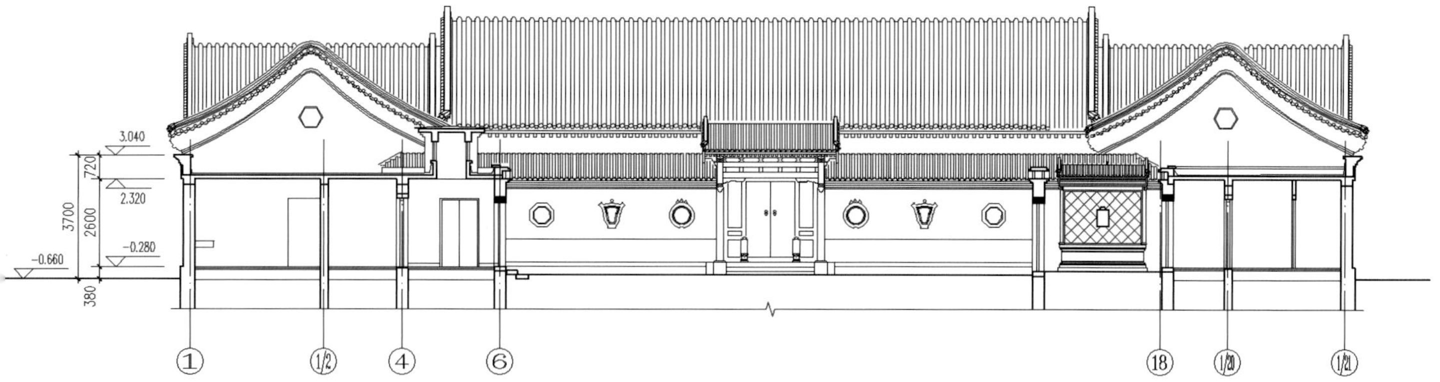

剖面图

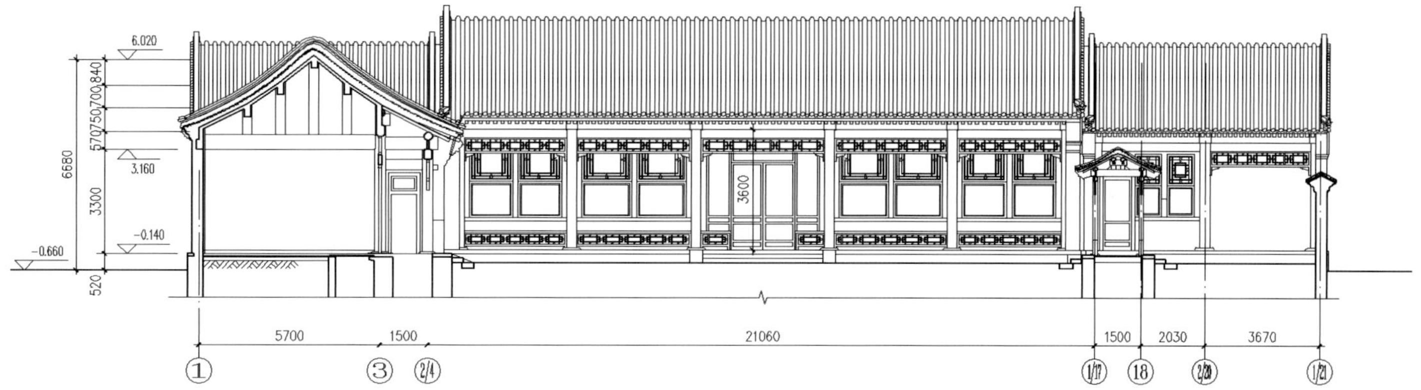

剖面图

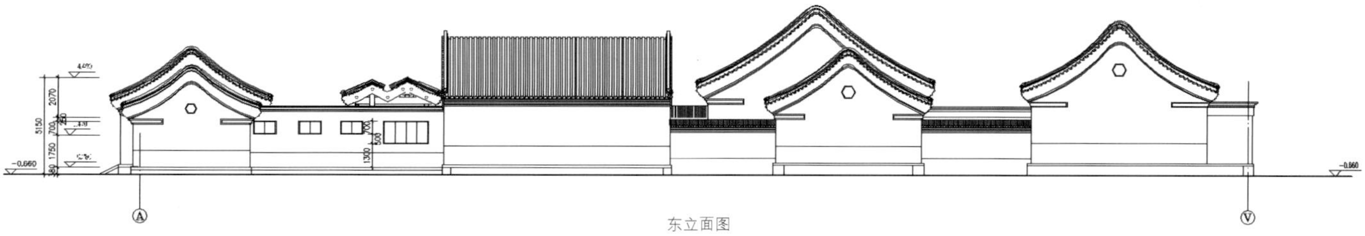

东立面图

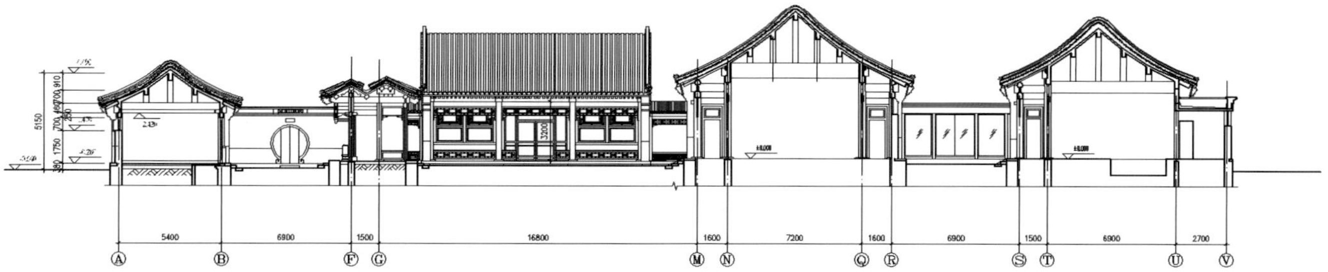

剖面图

17 山西太原迎泽公园大门设计

方案设计：马炳坚　　建筑设计：李小龙
结构设计：易斌　　电气设计：李栋

太原迎泽公园是太原市最大的公园，原公园大门建于20世纪70年代，是一座没有特色的建筑。现大门设计是应太原市委市政府委托所作。迎泽公园大门位于原大门位置，尺度、体量参照原大门，建筑立面采用明清传统四柱三间七楼牌楼形式，但体量加大，并增加了进深，以适应迎泽公园门区的环境空间。

牌楼主框架为钢筋混凝土结构，斗栱、檐楼为木结构，凭铁件结合为一个整体。

牌楼施黄色琉璃瓦屋面，庄重、大气；梁枋彩画采用传统的大点金旋子彩画，雍容而华贵。檐楼分施五踩和七踩斗栱。

牌楼正面（临街面）题额为“迎泽公园”，背面为“锦绣太原”。

牌楼两侧辅以平台式青砖雕房各一座，作为牌楼的陪衬。雕房墙面青砖摆砌，墙心贴方砖心，刻中心四岔牡丹花图案，与主牌楼形成主次、虚实、华（丽）朴（素）的对比，起到烘云托月的作用。雕房内侧留出入口，内部空间可安排小卖或储藏等功能。

迎泽公园新大门设计方案，充分考虑了太原市民对原大门空间、体量、尺度的视觉感受，最大限度地尊重原有空间尺度，对所采用的传统形式既有继承又有创新。该大门堂皇富丽，庄重大方，文化内涵丰厚，建成之后已成为太原市的一个新亮点。

牌楼侧立面图

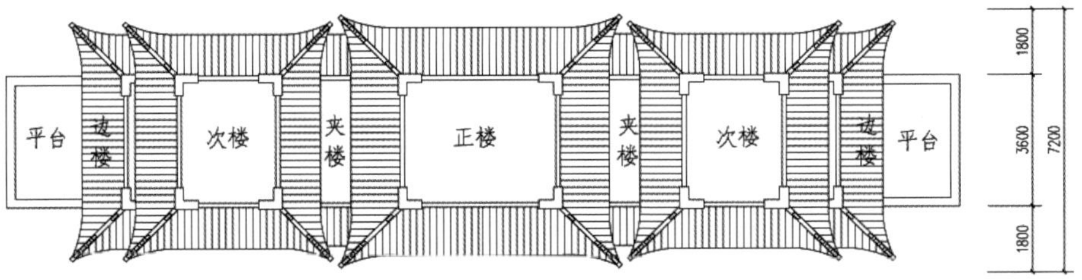

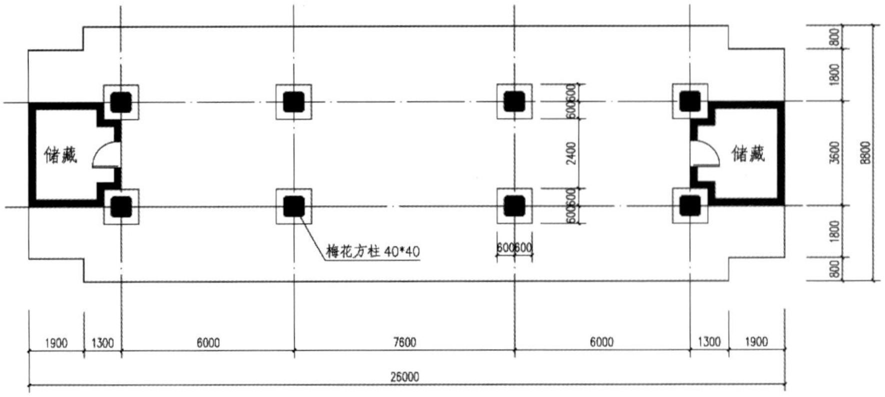

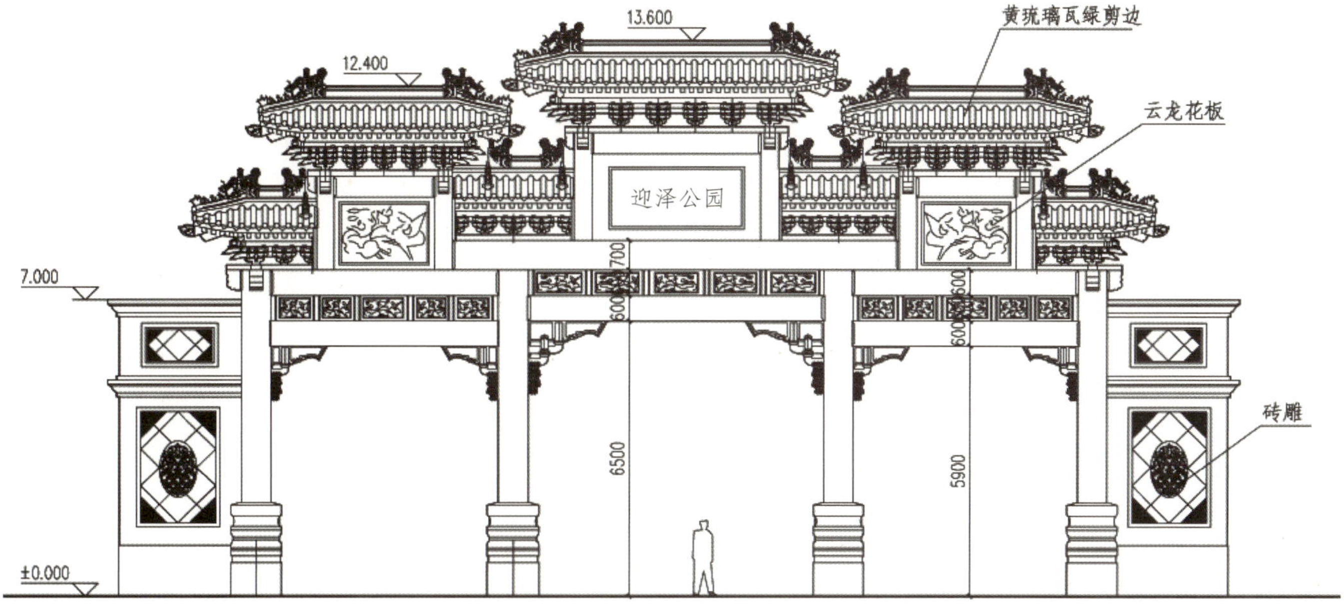

新大门立面图

迎泽公园原大门

从园内看大门

18

内蒙古通辽孝庄园达尔罕王府

工程主持人：马炳坚　　　　方案设计：马炳坚
建筑设计：张郁、李小龙、王颖、姜家慎、王刿
　　　　　杨国莉、张惠芳 等
结构设计：易斌、蒋宝华
设备电器设计：单成福、周启玲、李栋

达尔罕王府位于内蒙古通辽古科尔沁左翼中旗花吐古拉镇浩日彦艾力嘎查，东西宽182米，南北深321米，占地面积58422平方米，加上府前广场，共占地71199.05平方米。

达尔罕王府原为清代蒙古王府，它是清代孝庄皇太后的出生地，这里曾经出过四位皇后，乾隆皇帝还曾经亲临王府驻跸，政治地位十分显赫，后被毁。本次建设为重建。

达尔罕王府为通辽市特色旅游项目孝庄园旅游区的重点工程。王府分为中、东、西三路，中路建筑依次为府门、仪门、大堂、银安殿；后寝部分为寝门、垂花门、寝殿、后罩楼等。东路建筑有旗梅林卫队、后花园、公主府、书塾书院、仓廪；西路建筑有扎萨克衙门、内务府衙门、王爷习武场、马厩等。整座王府有大小建筑66幢，总建筑面积12761.85平方米，为全木结构，规模宏大，气势雄伟，是自清中后期至今的二百余年中建设的第一座大型王府建筑。建成后将辟为王府博物馆。

通辽市委市政府对该项目十分重视，主要领导成员亲自抓，我所精心设计、创造精品，努力做到造福当代、惠泽后人。项目建设将于2011年全部完工。

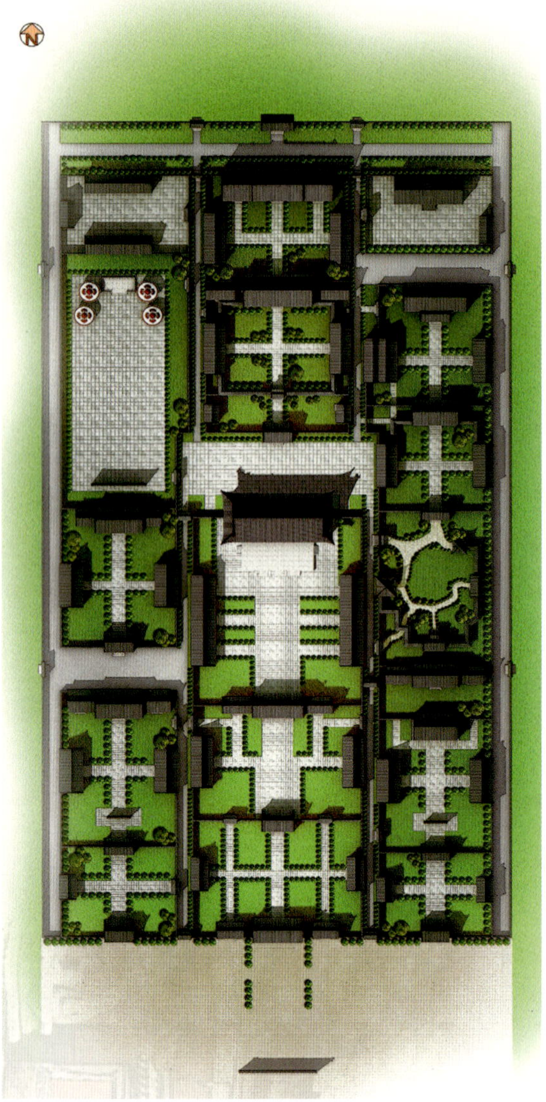

总平面渲染图

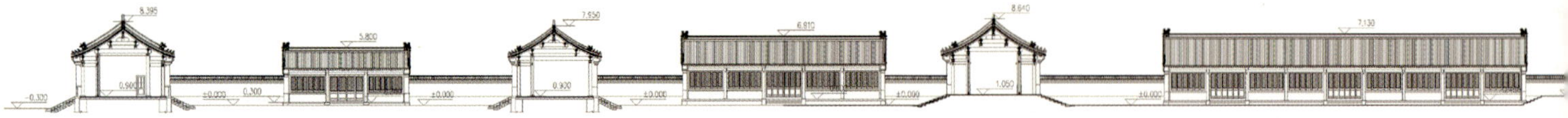

中路剖面图（方案一）

中路剖面图（方案二）

内宅

银安殿

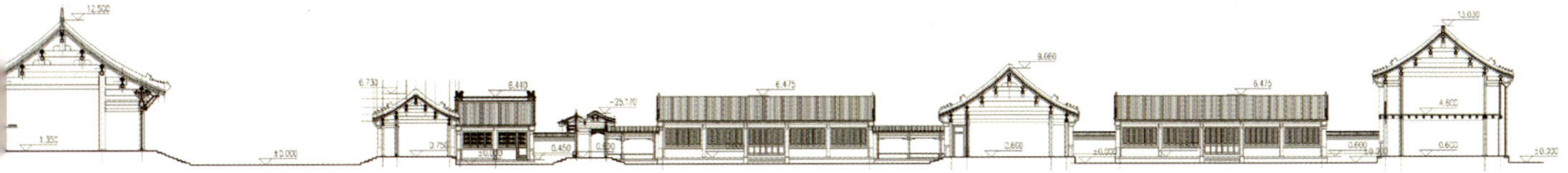

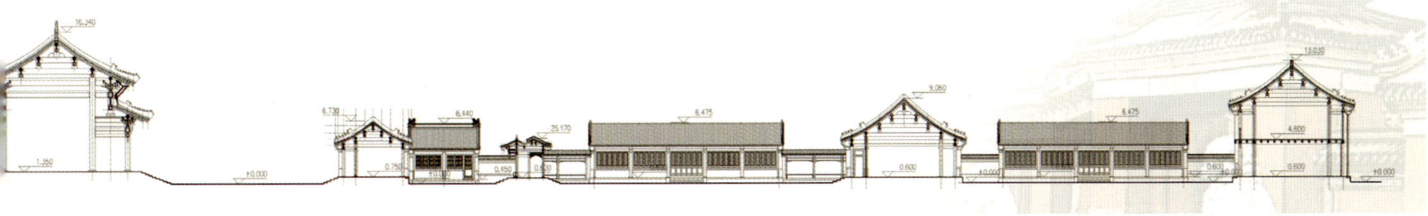

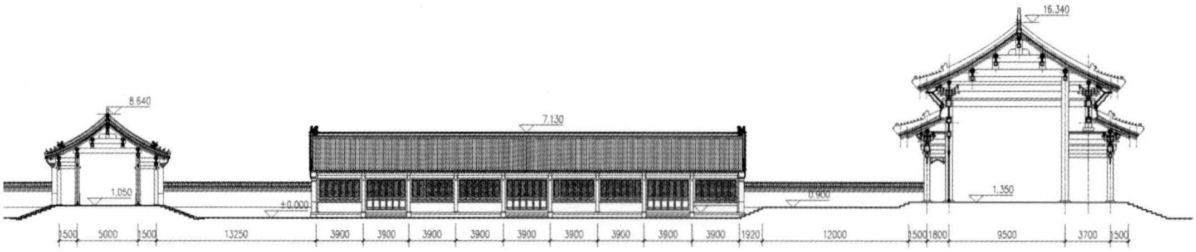

纵剖面图

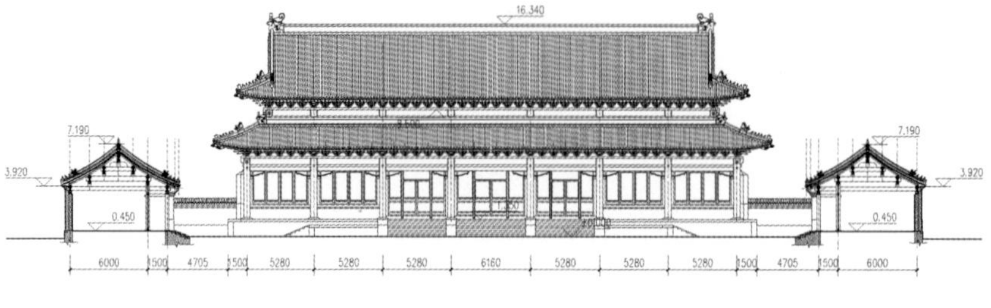

银安殿立面图

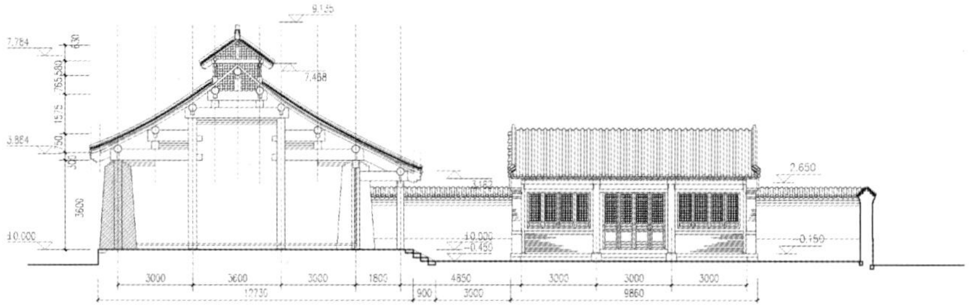

仓廪纵剖面图

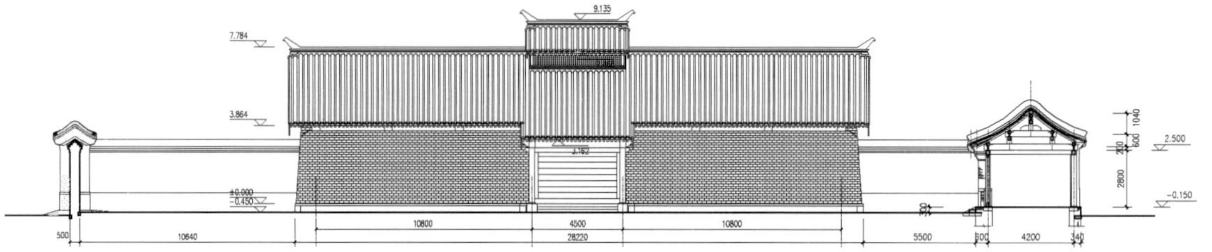

仓廪横剖面图

仓廪横剖面图

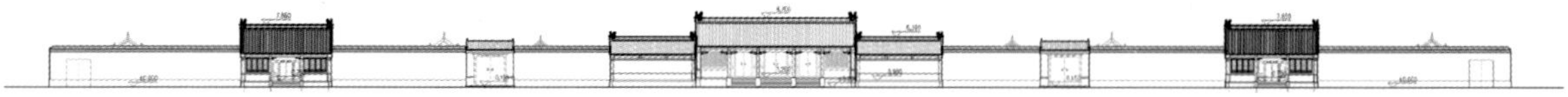

南立面图（方案一）

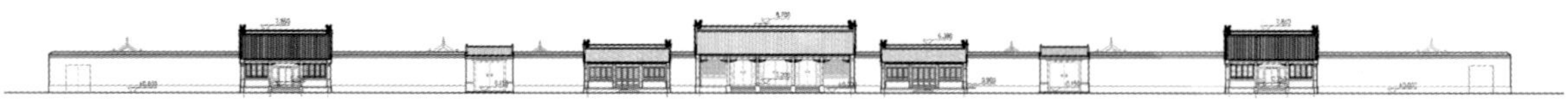

南立面图（方案二）

扎萨克衙门

大堂立面图

达尔罕王府鸟瞰图

19

山东惠民武定府衙复建

规划用地面积：44880m^2　　总建筑面积：9677m^2

容积率：0.215　　规划用地道路面积：4687m^2

规划用地绿地面积：21920m^2　　绿化率：0.488

工程主持人：张丽鲜　　结构专业：姜津

建筑专业：张丽鲜、雷云、王颖、谢成涛

设备电气专业：单成福、周启玲、李栋

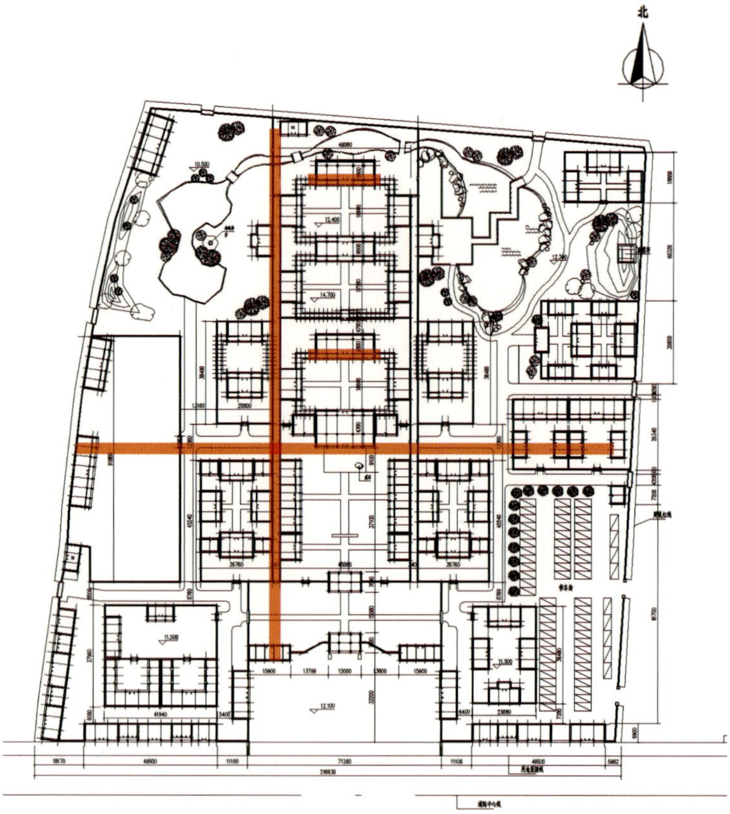

武定府衙旧址位于惠民古县城中，即现在的县面粉厂院内。东西宽为204米，南北长220米，占地面积44880平方米（折合67亩）现已无存。

惠民是孙武故里，历史文化积淀厚重，旅游资源丰富，2002年被山东省批准为历史文化名城。

武定府衙主体建筑大都放在中路南北向的轴线上，东西两侧各有一路对称型的辅助建筑，以两条南北更道相隔，构成典型的衙署建筑风格。中路建筑，主要有大门、仪门、大堂、二堂、内宅，并配以左右耳房、厢房等。

本建筑群为府衙建筑，在景观设计上利用植物种植、院落铺装、园路铺设、假山、亭廊设置等来丰富建筑及环境内容，体现府衙建筑既严肃、庄重，又富于生活气息的环境特色。

二堂立面图

上房立面图

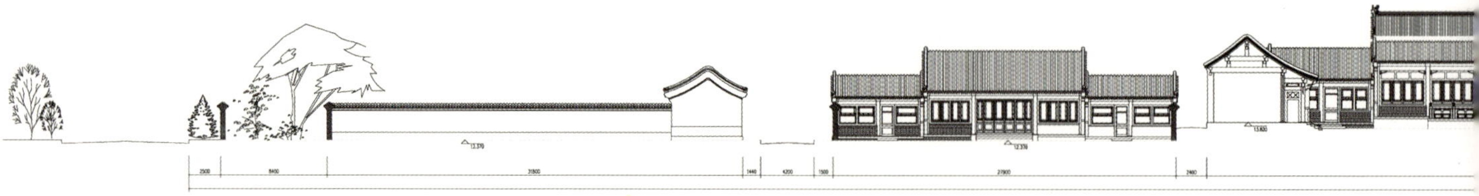

横剖面图

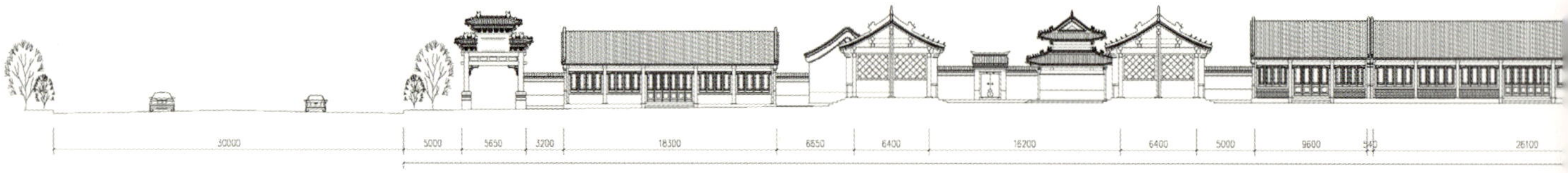

纵剖面图

鸟瞰图

大堂透视效果图

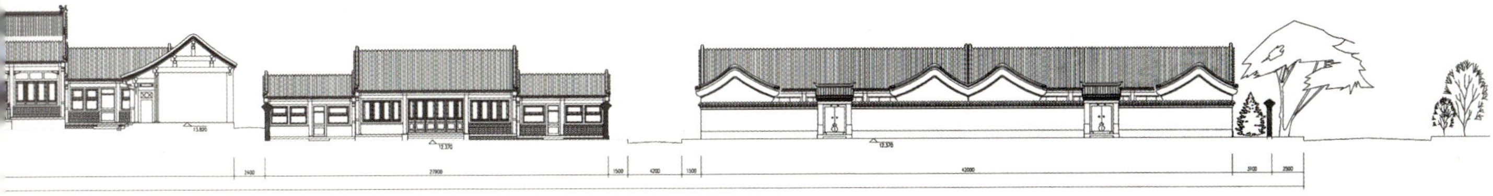

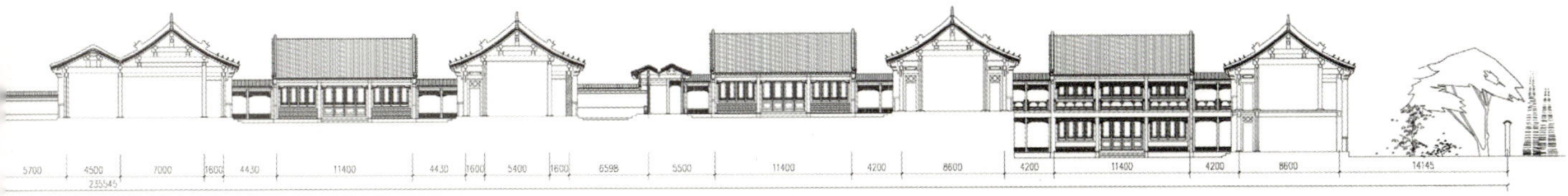

20

北京海淀区彩和坊24号金融会所

建筑面积：2690m² 工程主持人：王克刚
结构专业：蒋宝华 建筑专业：王克刚、唐婧持、姜嘉慎
设备电气专业：单成福、周启玲、李 栋
文物保护方案：马炳坚 设计时间：2004年

彩和坊24号金融会所分为东西两部分，西部为原为清末太监李莲英的赠送给其胞弟的宅子。是一座规整的三进四合院，前面还设有一排马号。该院落为海淀区文物保护单位。东部为新增建的四合院及园林。两处合并修建后为海淀区金融会所。

对于西侧的文物保护院落，我们严格按照文物保护原则，结合建设单位的功能要求，进行保护性修缮设计。东侧按配套的四合院结合会所的功能要求进行设计，建有大堂、园林庭院、亭子、连廊，假山、水面，茶室、餐厅、书房、卧室、棋牌室等。临水建筑设美人靠，环境优美，清雅宜人。在海淀区高楼林立的环境中别开一番天地。

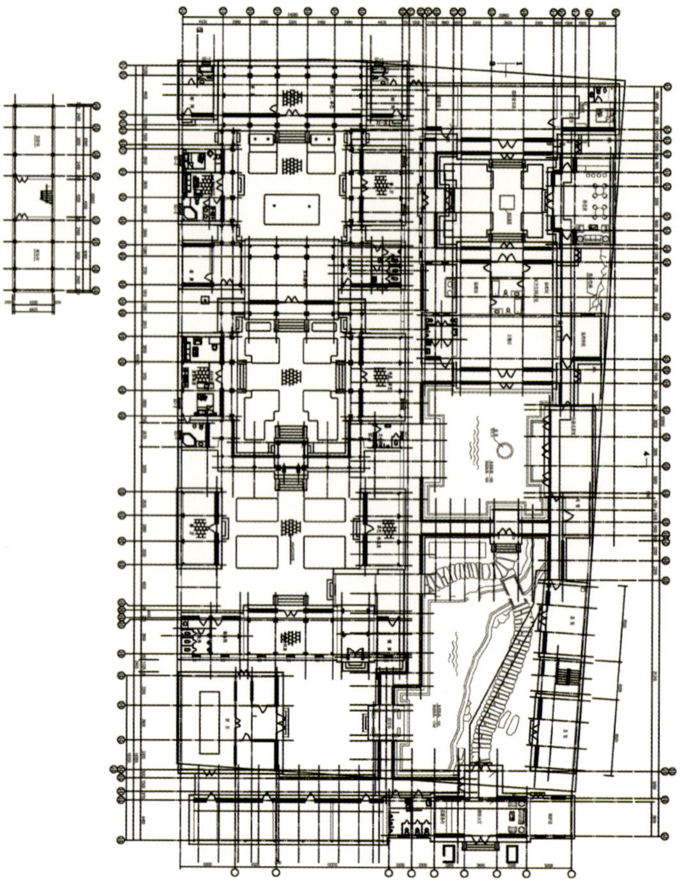

彩和坊24号平面图

彩和坊24号鸟瞰图

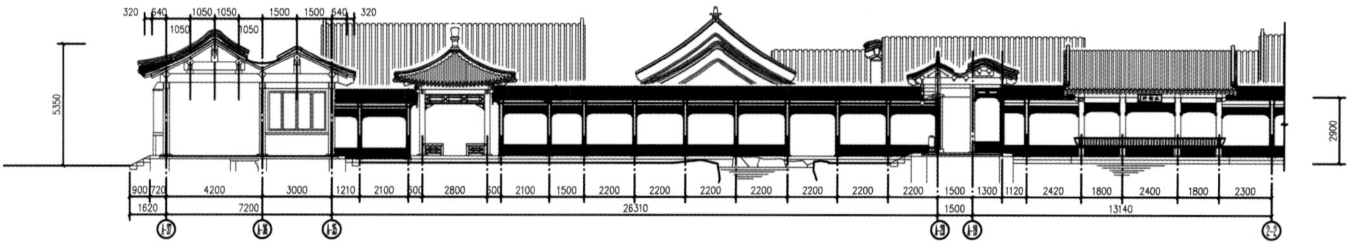

剖面图

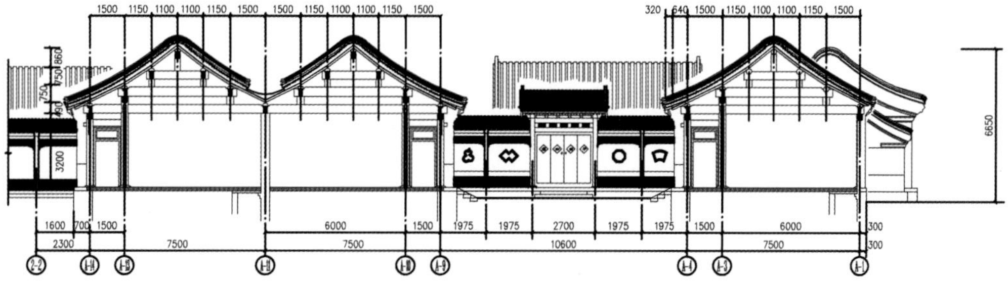

剖面图

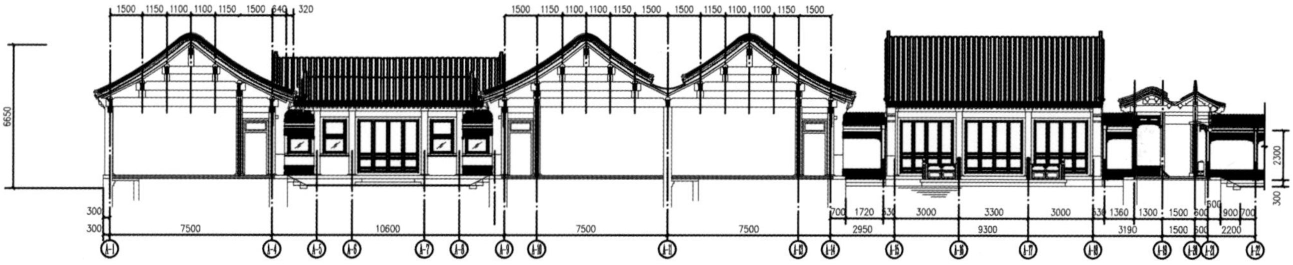

剖面图

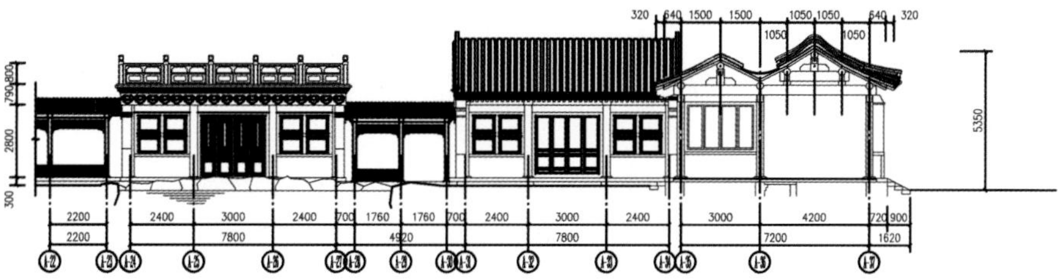

剖面图

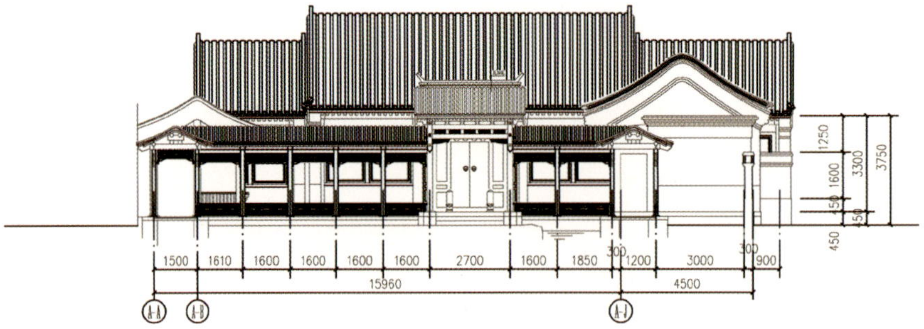

剖面图

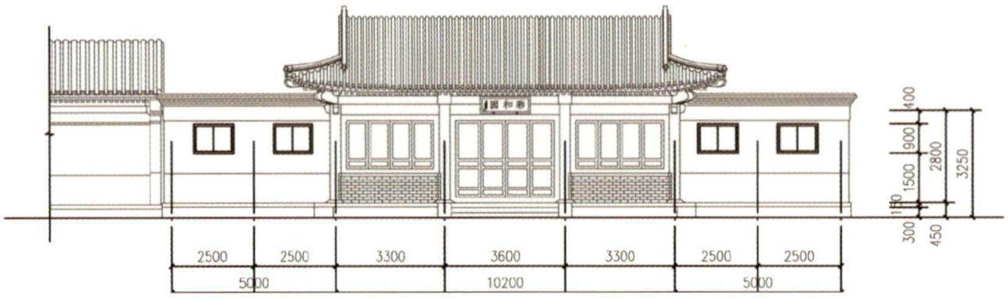

彩和坊24号院南立面

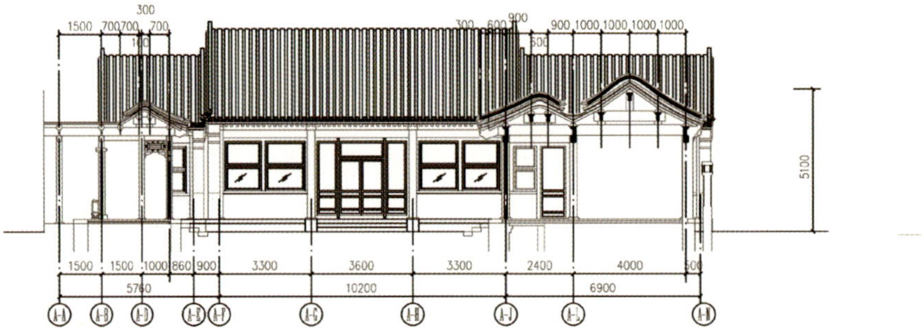

剖面图

新建四合院

新建四合院

从东北角看新建四合院

彩和坊24号俯视

21

北京八达岭水关长城游客服务中心

建筑占地：721平方米　　建筑面积：1210平方米
工程主持人：王思萌　　建筑设计：王思萌
结构设计：易斌　　电气设计：李栋
给排水设计：单成福　　暖通设计：周启玲

八达岭水关长城位于北京市区西北40公里处，是明代修建的现今保存最完整、修建最坚固的一段长城。这里还能看到中国第一条铁路“京张铁路”及“人”字形铁道，瞻仰詹天佑故居，领略近代伟人风采。

八达岭水关长城游客服务中心位于从八达岭高速进入水关段的入口处，作为进入景区的第一组建筑，其主要功能是游客接待服务。

新建的游客服务中心采取明清传统建筑风格，整组建筑由三部分组成：南侧面向公路设计三开间悬山式坡屋顶单层建筑，中部主体部分做成九开间二层建筑，中间三开间做突出式门头，门头共两层双坡屋顶，青筒瓦悬山形式。北侧面向步行广场为五开间前出廊硬山式单层建筑。

建筑平面布局做到了动静分区明确，内部办公和对外服务流线分隔。中式传统建筑形式，以灰色调为主的墙身及青筒瓦屋面，造型朴素大方，与长城环境相协调统一。

游客中心透视

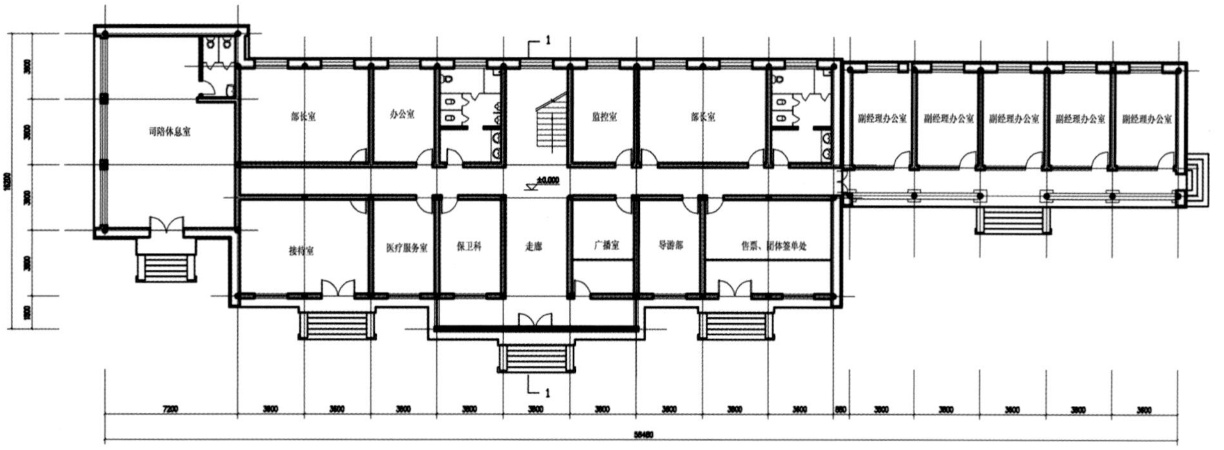

游客接待中心一层平面

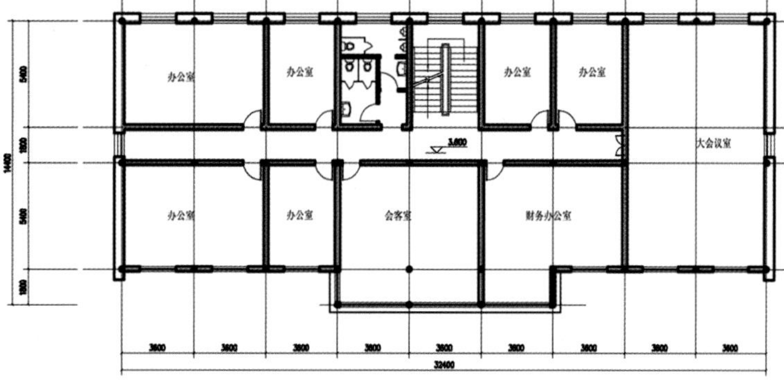

游客接待中心二层平面图

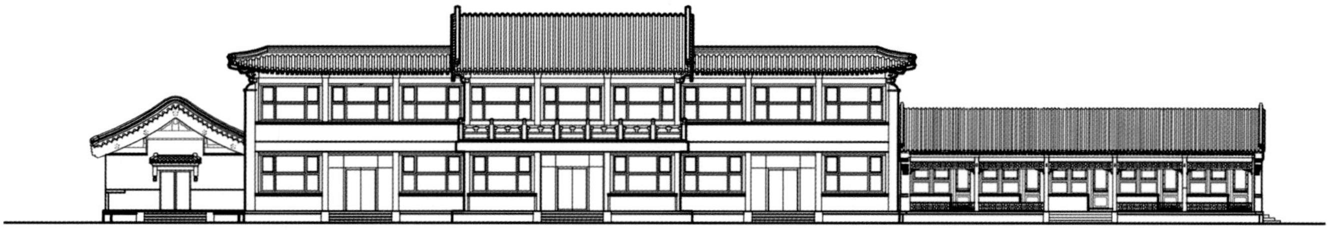

游客接待中心立面图

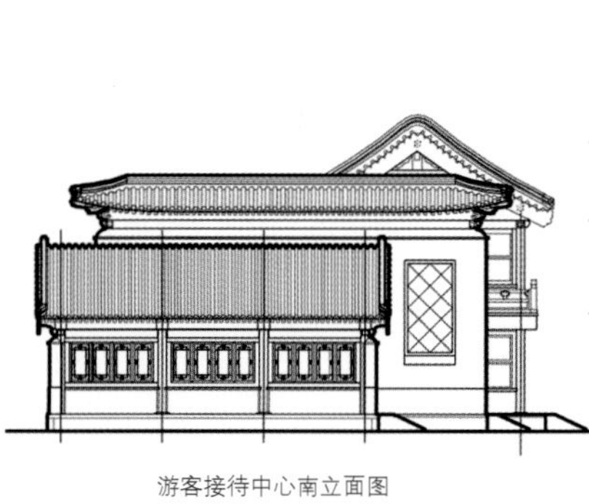

游客接待中心南立面图

游客接待中心北立面图

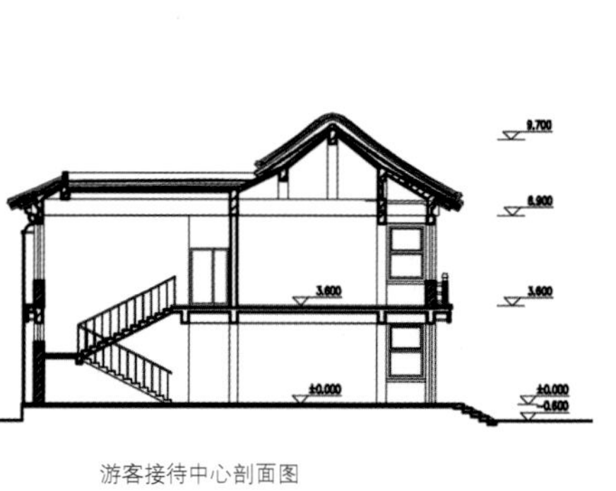

游客接待中心剖面图

22

河北藁城四明楼重建

建设用地：6500m^2　　建筑占地：625m^2

建筑面积（含城台、城楼）：1700m^2

工程主持人：王剡

方案设计：马炳坚　　建筑设计：王剡、吴海生

结构设计：姜津　　设备电器设计：周启玲、李栋

藁城四明楼是藁城著名历史建筑，初建于明崇祯七年，清康熙35年重建，1958年被拆除。

四明楼是藁城历史文化的重要载体，是藁城人理想和情思的重要信托，重建四明楼是藁城市委、市政府的重要决策，反映了藁城人民的热切愿望。

重建的四明楼在现四明街北端，由城台和楼阁组成。城台边长25米、台高9米、四出门。城楼位于城台中央，台明面积250平方米，是一座三开间、三重檐、十字脊歇山式木构建筑，层面覆青筒瓦，檐下施旋子彩绘。重建的四明楼总高27米，是藁城的标志性建筑。

与四明楼同期设计的配套工作还有四明楼文化广场有及四明街两侧的商业店面改造。

四明楼立面图

四明楼西侧的群众休息亭廊

四明楼及沿街店面夜景

23

北京平谷体育中心会所

方案设计：马炳坚、张越
项目负责人：张越
建筑专业：张越、李小龙、王剡、陈捷
设备电气专业：周启玲、单成福、李栋

平谷体育中心会所位于北京平谷县城西，现体育中心东侧，占地面积15000平方米，地上建筑面积4958平方米，地下建筑面积2110平方米。

本设计根据用地情况，将会所布置成东西两院，两院之间为共享的中心花园。建筑周边设4.5米宽环形路，以满足消防要求，路南侧设小型停车场供东西两院使用。

西院设计为三进院落，入口大门三间，第一进院为接待大堂，第二进院为餐饮服务，第三进院为客房，地上建筑二层，建筑面积3245平方米。

东院亦为三进院，一进院以工作人员和办公为主，二进院落为贵宾宴会、接待，三进院地上建筑两层，设18套高级客房，建筑面积2060平方米。

会所建筑采取高档传统四合院加花园的形式，青砖灰瓦，雕梁画栋，环境优雅，舒适宜人，是一处有浓郁民族特色的接待场所。

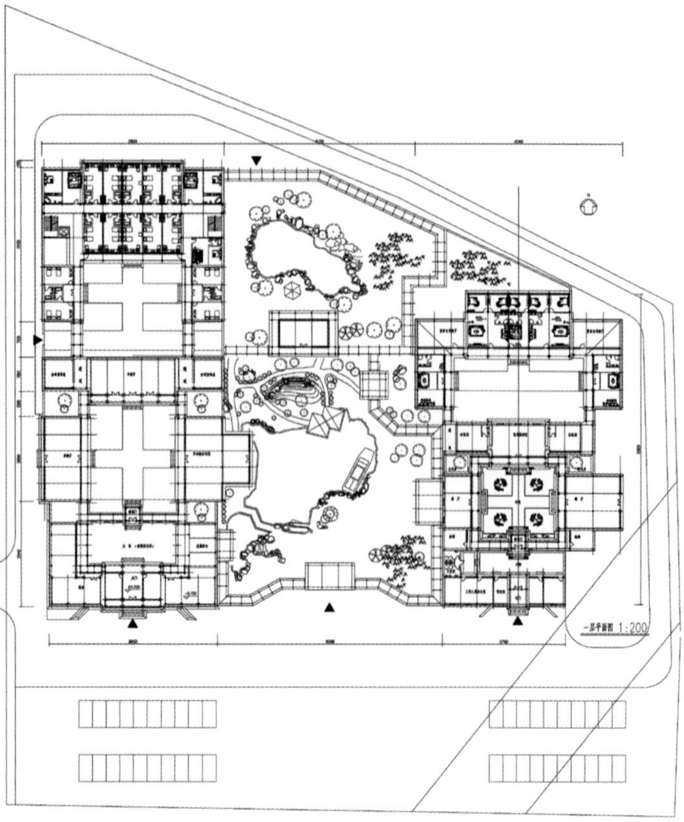

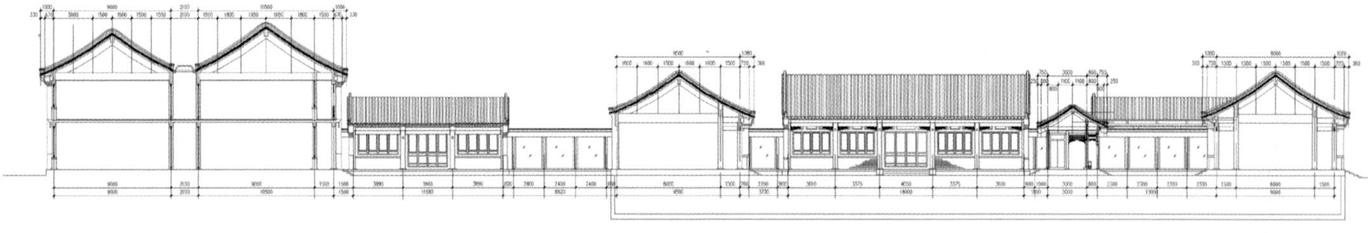

1号院纵剖面图

立面图

总平面图

鸟瞰图

24

山东渔台孝贤阁

项目负责人：马炳坚　　方案设计：马炳坚、张郁
工程主持人：张郁
建筑专业：张郁、王妍　　结构专业：易斌、李晶
设备电气专业：单成福、周启玲、李栋

山东鱼台孝贤阁建于渔台县孝贤文化广场内。战国时期孔子的第二名弟子闵子骞为避战乱迁居鱼台（古称棠邑），闵子骞以孝闻名，孔子曾赞扬说：“孝哉闵子骞！”弘扬孝贤文化，是鱼台的优秀文化传统。建设孝贤广场和孝贤阁，是当地政府弘扬优秀传统文化的重大举措。

孝贤阁是平面成四方形，四面加抱厦的巨型传统楼阁建筑，楼阁明五层，暗四层，共九层，首层面积1043m^2，标准层面积667m^2，楼阁自身高51.9米，坐落在一个66米见方的巨大台座上。台座高13.2米，内部分为三层，主要功能是展览、展示及工艺品销售等。底层兼有停车功能。

孝贤阁与台座共高65.1米，总建筑面积20896平方米，是一座体量庞大、造型优美、文化内涵丰富、景观效果极佳的传统风格地标建筑，堪与古代四大名楼相媲美。

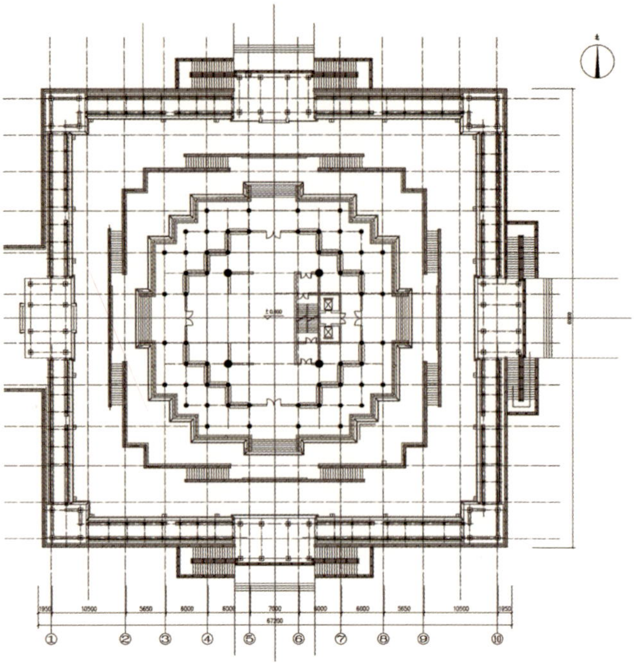

孝贤阁平面图

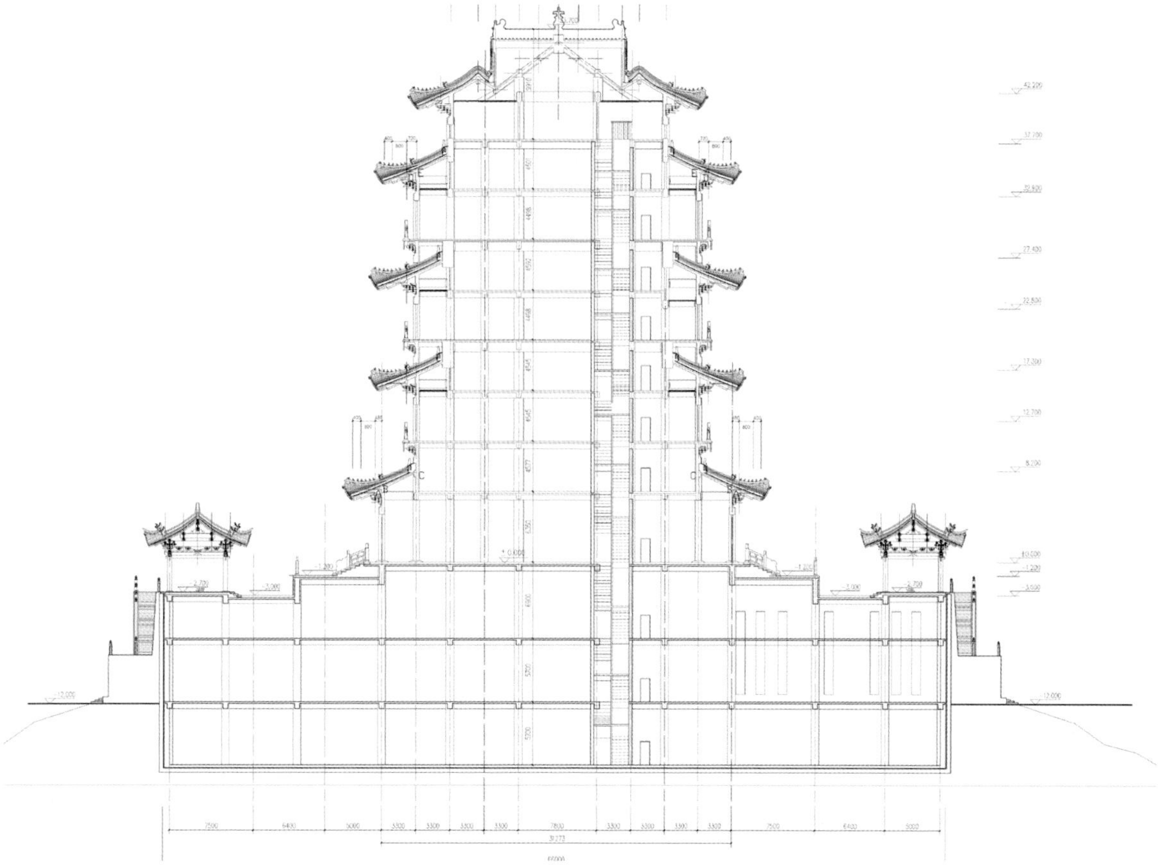

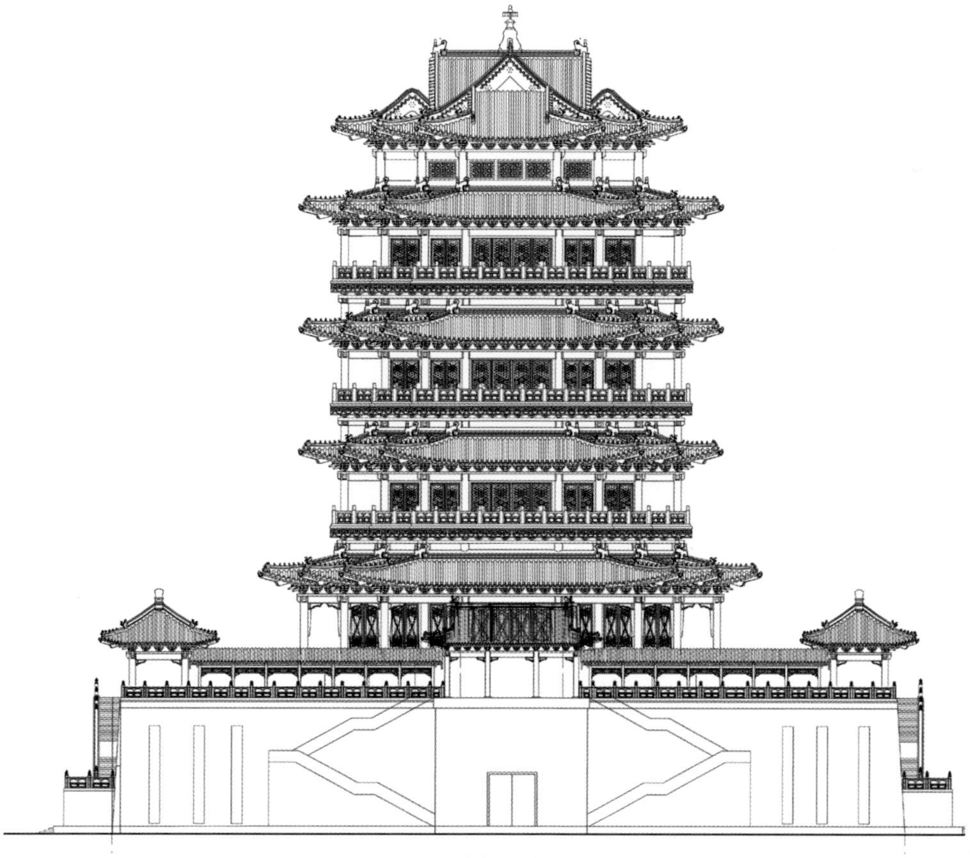

孝贤阁立面图

3

传统住宅设计

01

北京东城区秦老胡同某宅

项目负责人：李越　　　　　　建筑设计：李越
结构设计：易斌
设备电气设计：单成福、周启玲、王培杰
项目顾问：马炳坚

秦老胡同X号四合院位于锣鼓巷历史文化保护区内，原由两个院落组成，占地面积1120平方米，建筑面积806平方米，为纯木结构建筑。

该四合院为一座三进院落，由宅门、倒座房、垂花门、抄手游廊、正房、厢房、耳房、后罩房等组成。在使用功能方面设有客厅、书房、卧房、客房、厨房、餐厅以及卫生间、设备间、锅炉房、门卫、外客厅、仆人用房等全套设施，并引入暖通，上下水、电视、电话、网线、监控等全套现代设施，是一座典型的外表古典，内部现代，环境优美，居住舒适的现代传统四合院住宅。

2003年“非典”肆虐期间，北京市长刘淇、副市长刘敬民，东城区委书记陈平等曾光顾此宅，欣赏良久，称赞此宅是北京近年修建的四合院中最好的一座。

垂花门

戗檐砖雕

内院

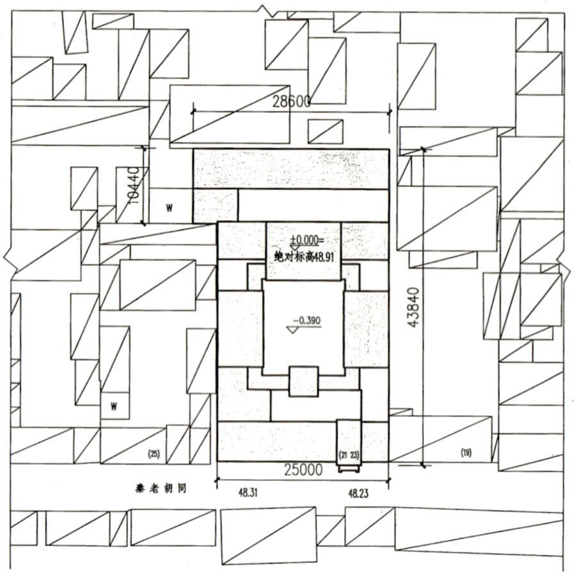
28600
10440
43840
±0.000=
绝对标高48.91
-0.390
25000
秦老胡同
48.31
48.23

总平面图

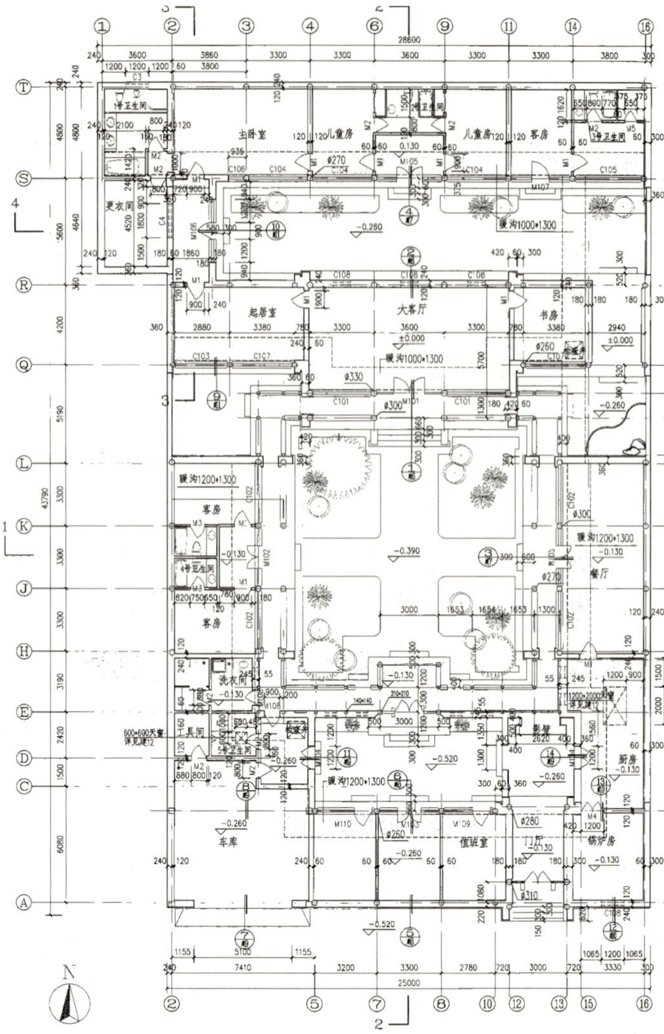
主卧室
儿童房
儿童房
客房
起居室
大客厅
书房
更衣间
客房
客房
餐厅
洗衣间
工具间
厨房
锅炉房
车库
值班室
门房
28600
25000
43790

平面图

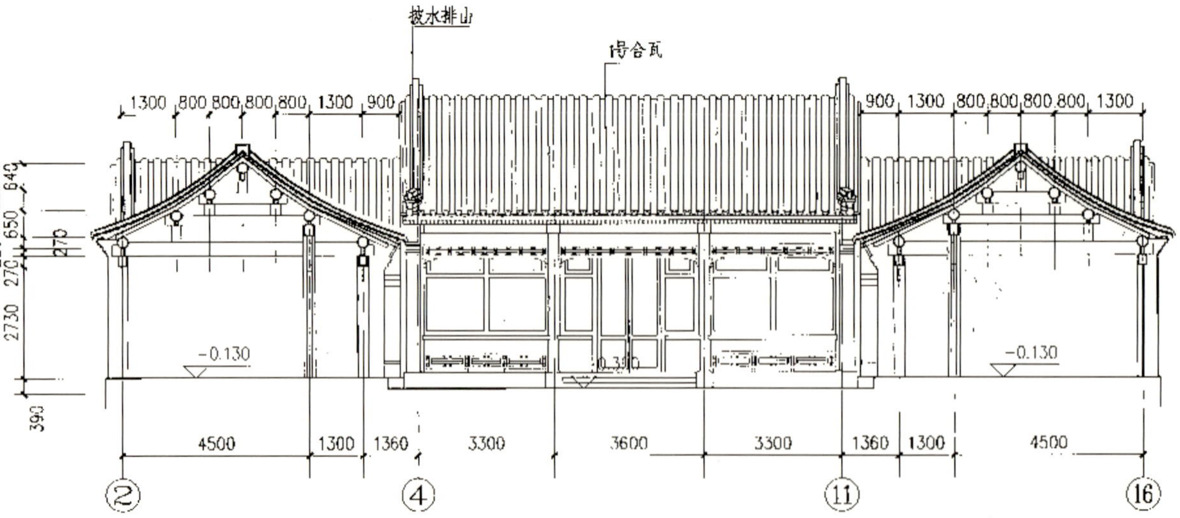
披水排山
合瓦
1300 800 800 800 800 1300 900
900 1300 800 800 800 800 1300
-0.130
-0.130
4500 1300 1360 3300 3600 3300 1360 1300 4500

剖面图

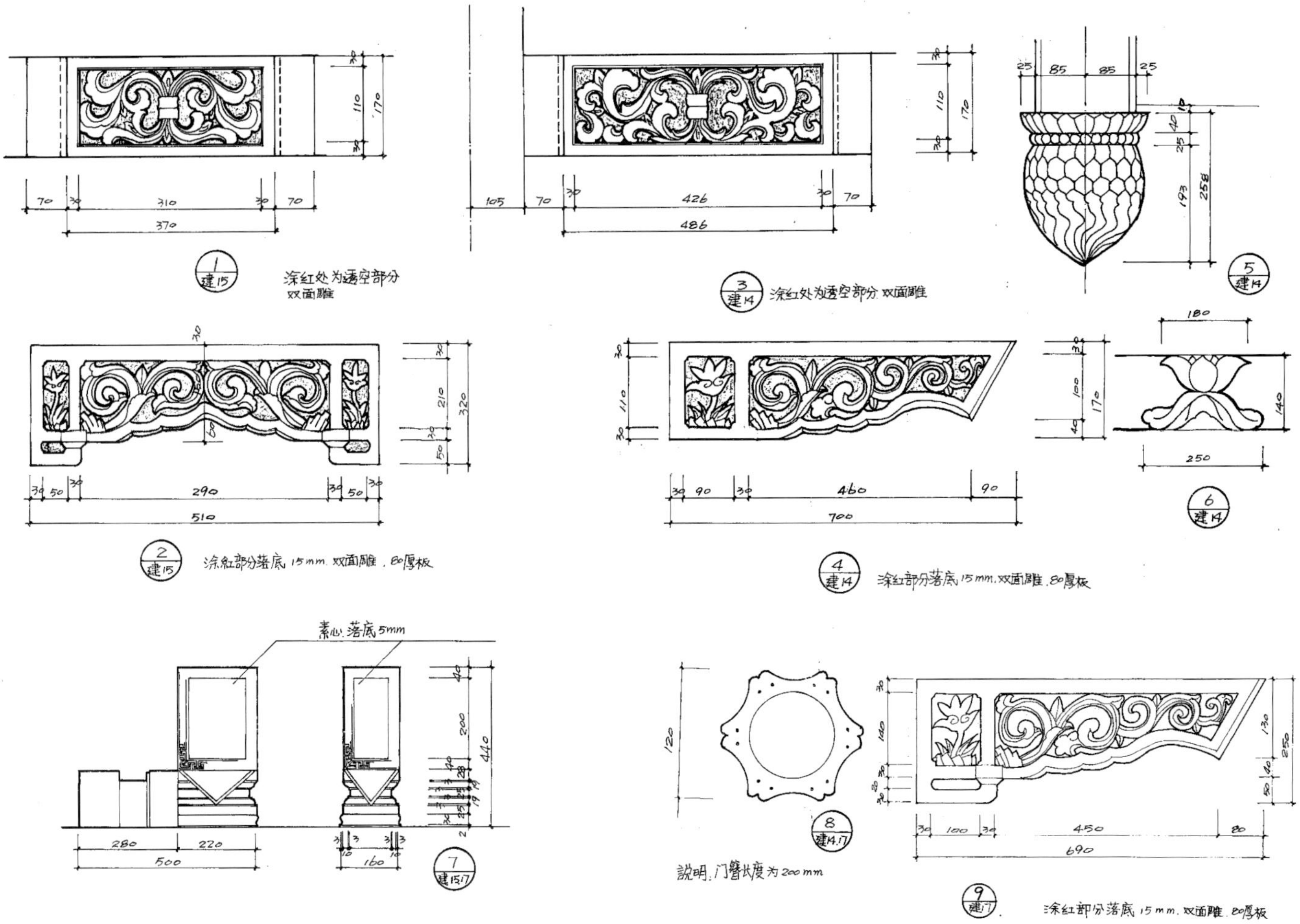
涂红处为透空部分
双面雕
涂红处为透空部分 双面雕
涂红部分落底 15mm 双面雕，80厚板
涂红部分落底 15mm 双面雕，80厚板
素心 落底 5mm
说明：门簪长度为200mm
涂红部分落底 15mm 双面雕，80厚板

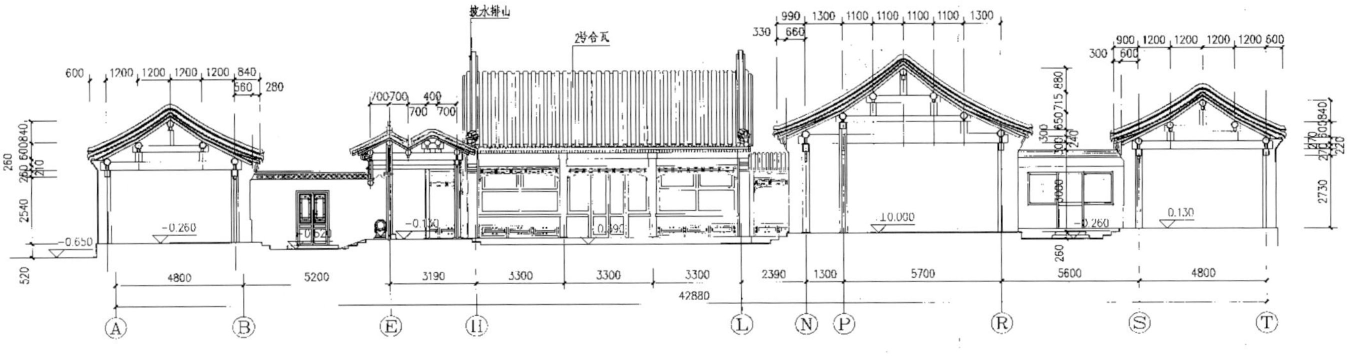
披水排山
2号合瓦
42880

剖面图

02

北京东城区锣鼓巷沙井胡同某宅

项目负责人：姜嘉慎
建筑面积：663m²
建筑专业：姜嘉慎　　　　结构专业：姜津
设备电气专业：单成福、周启玲、李栋
（2005年设计）

南锣鼓巷是北京城区25片历史文化保护区之一，具有非常悠久的历史。沙井胡同位于南锣鼓巷西侧，是锣鼓巷保护区的核心地段。

沙井胡同X号四合院是一个四合院翻改建项目，原有旧院落房屋破旧，格局杂乱，已经没有保留价值。新规划的院落为一座标准二进四合院，由宅门、倒座房、垂花门、抄手游廊、正房、耳房、东西厢房组成。院落占地面积769.89平方米，地上建筑面积663平方米，主体建筑为传统木构建筑，车库、厨房为框架和砖混结构。

该四合院为外表是地道的传统建筑，室内设施完全现代化，卫生间、空调、上下水、电视、电话、监控、宽带等一应俱全。它的建设，不仅对该地区风貌保护是一个贡献，而且将传统四合院的居住条件提到了现代化水平，是传统文化和现代技术的完美结合。

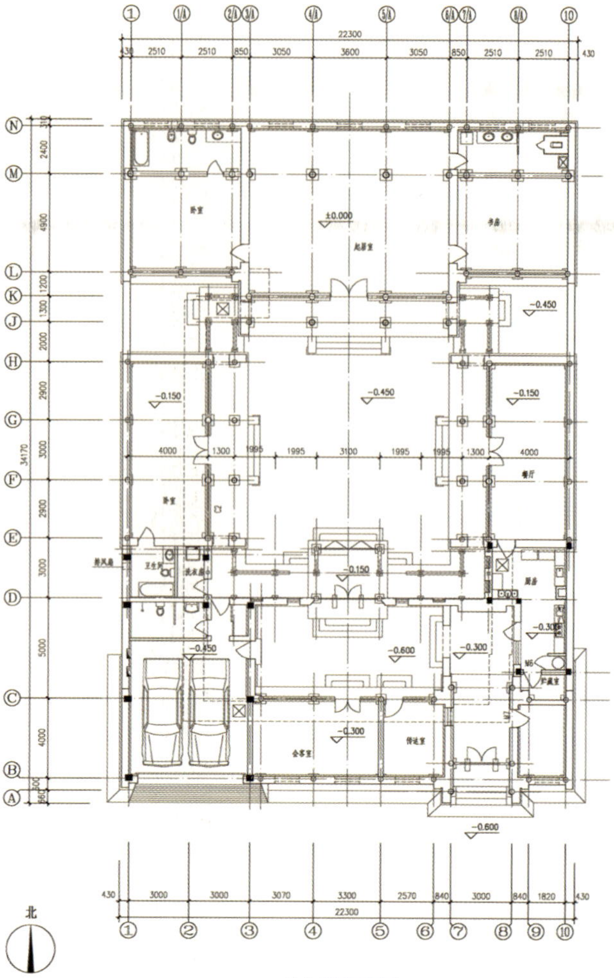

沙井胡同平面图

宅门

垂花门

正房

从内院看垂花门

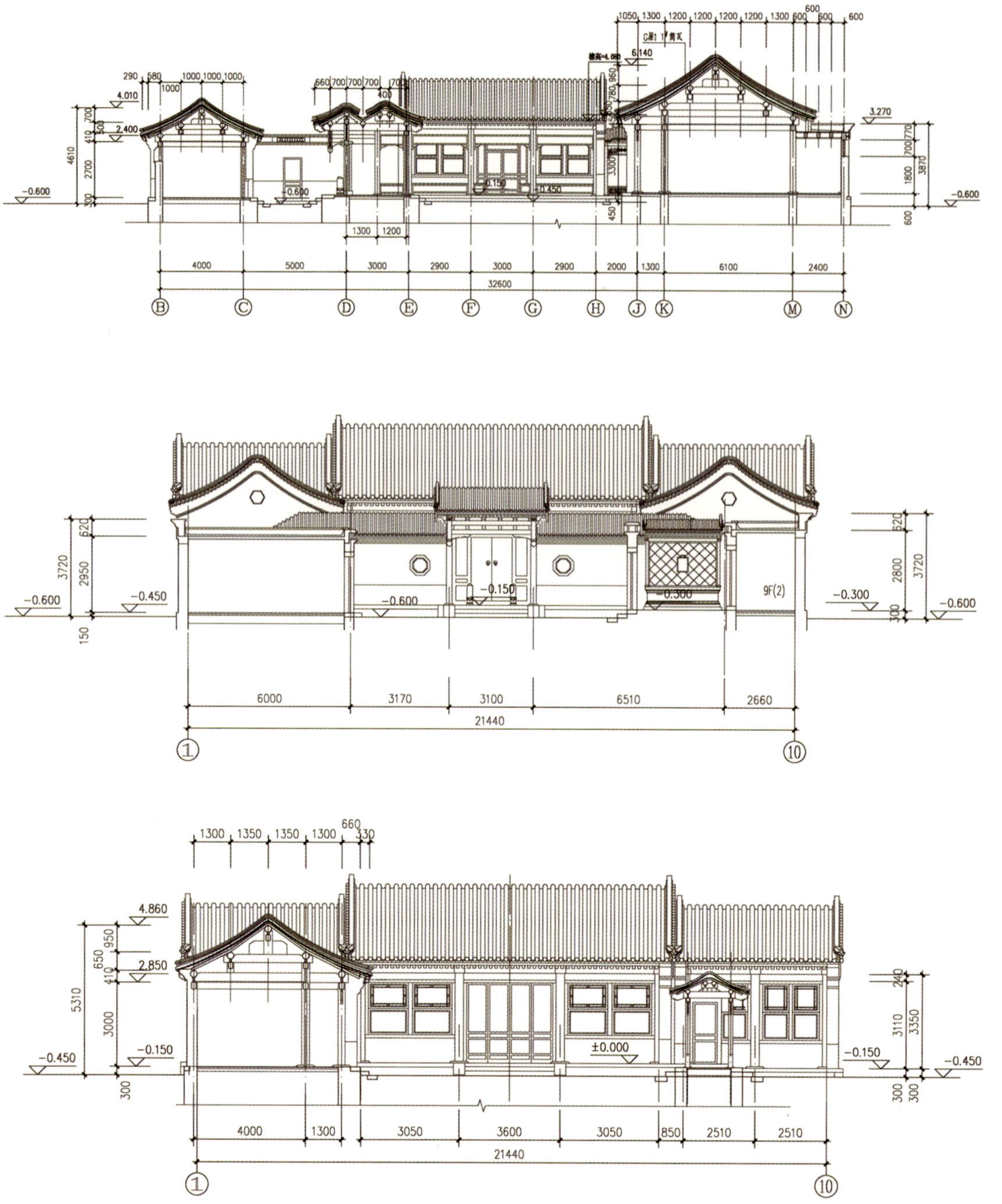
4000 5000 3000 2900 3000 2900 2000 1300 6100 2400
32600
B C D E F G H J K M N
-0.600
2.400
4.010
3.270
6.140
6000 3170 3100 6510 2660
21440
1 10
3720
2950
620
2800
-0.450
-0.150
-0.300
0.300
4.860
2.850
5310
3000
±0.000
4000 1300 3050 3600 3050 850 2510 2510
1300 1350 1350 1300 660 330
3110
3350
-0.450
剖面图

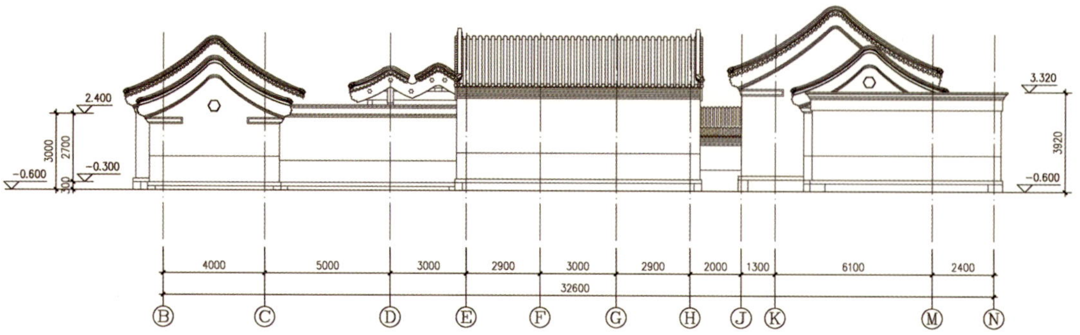
2.400
3.320
-0.600
-0.300
3000
2700
3920
4000 5000 3000 2900 3000 2900 2000 1300 6100 2400
32600
B C D E F G H J K M N
东立面图

03

北京东城区锣鼓巷秦老胡同某宅

占地面积：825.6m²　　建筑面积：572m²

地下建筑：234.2m²　　容积率：0.69

建筑设计：张越　　结构设计：易斌

设备电气：单成福、周启玲、李栋

本工程位于北京东城区秦老胡同内，在历史文化保护区内，周边以四合院建筑为主，基地总占地825.6m²，建筑面积572m²，地下234.3m²。

本项目沿南北向布置三进院落，本院落以小型接待功能为主，入口在基地东南角，一进院以厨房、餐厅功能为主，二进院布置客房6套，三进院带地下室，一层平面呈凹字形，设客房4套，并有会客厅和书房，地下一层以辅助用房为主。

建筑采用传统四合院的形式，青砖灰瓦院落式布局，室内为现代装修，满足功能需要。是传统建筑形式与现代生活相结合的设计实例。

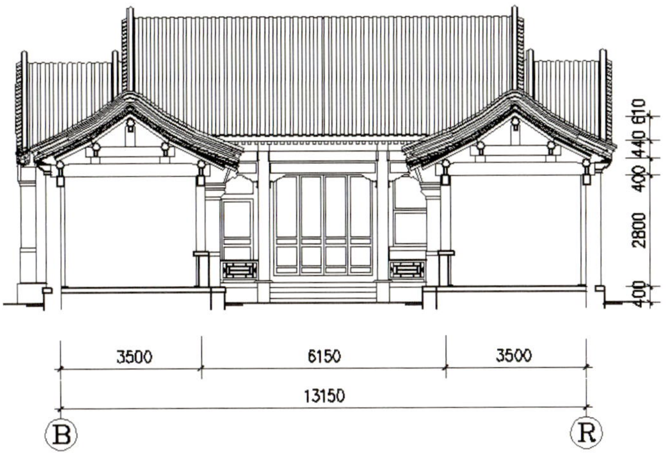

剖面图　1:100

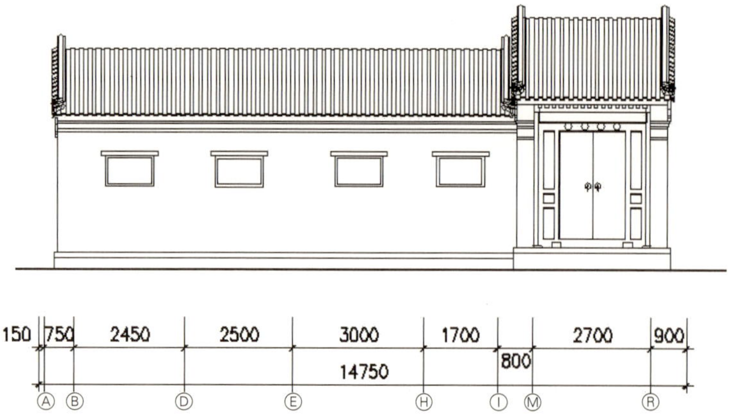

沿街立面图

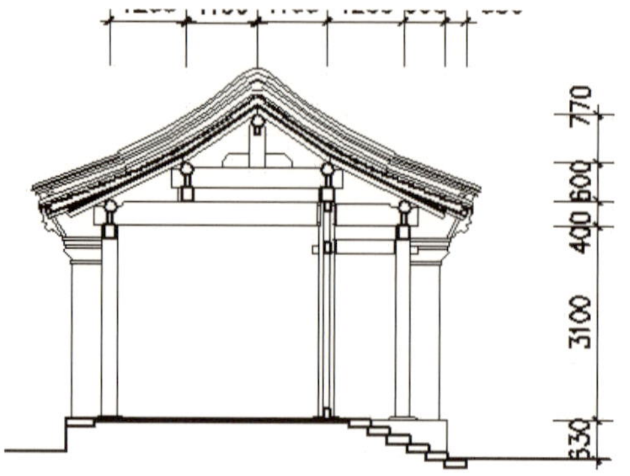

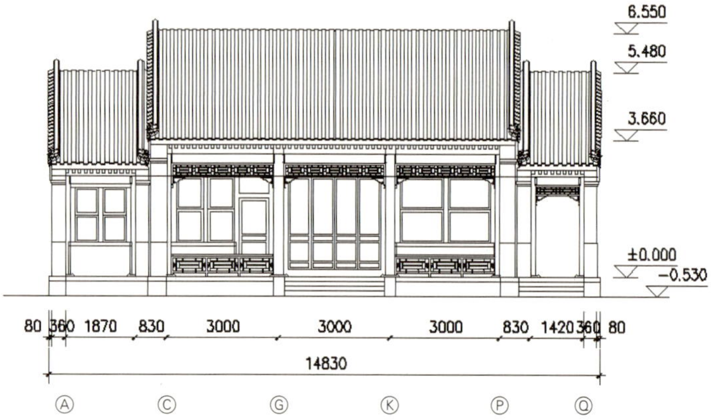

剖面图

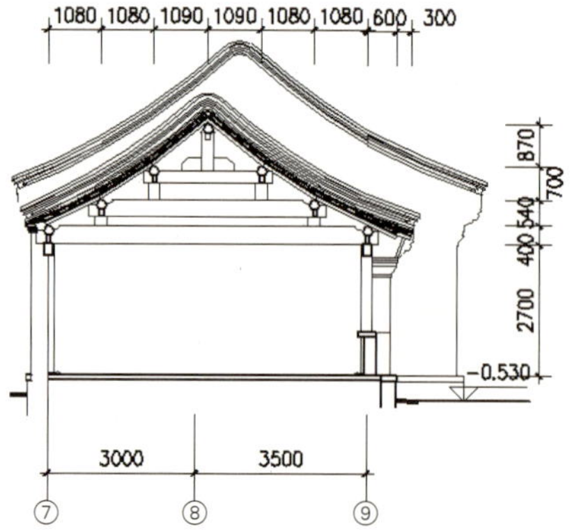

耳房剖面图

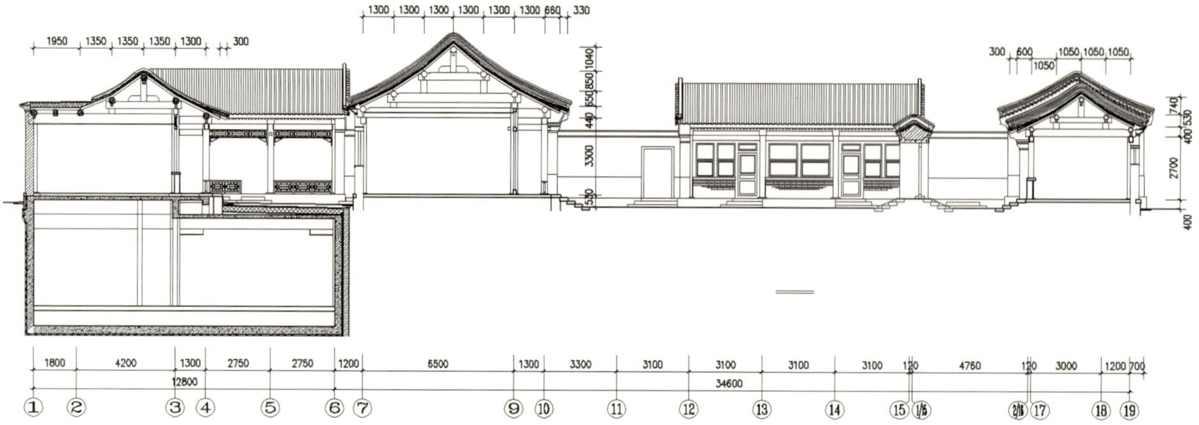

总剖面图

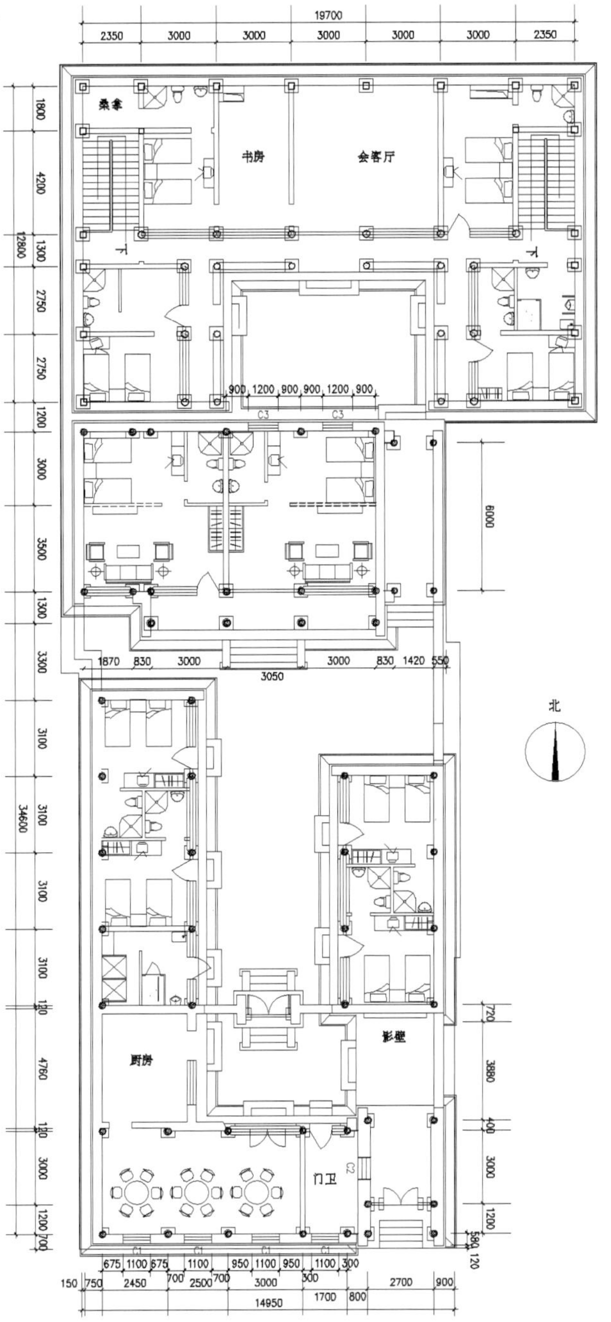

秦老胡同某宅一层平面图

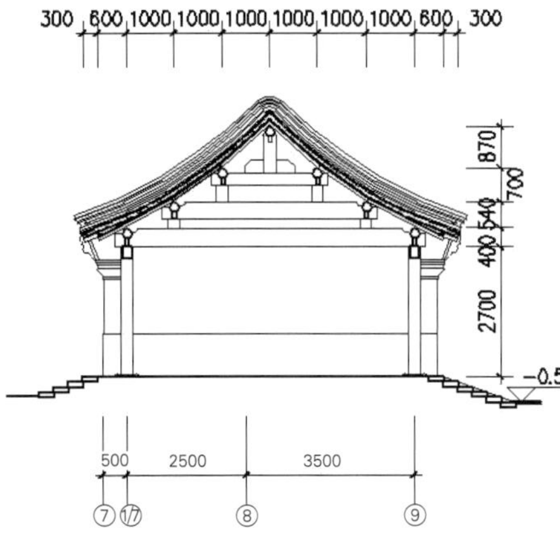

正房剖面图

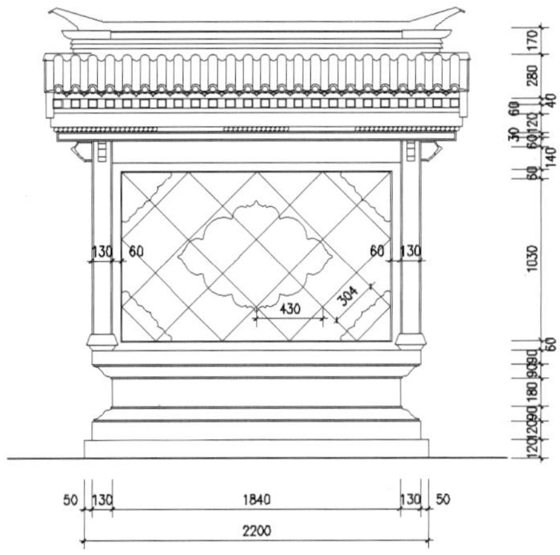

影壁详图

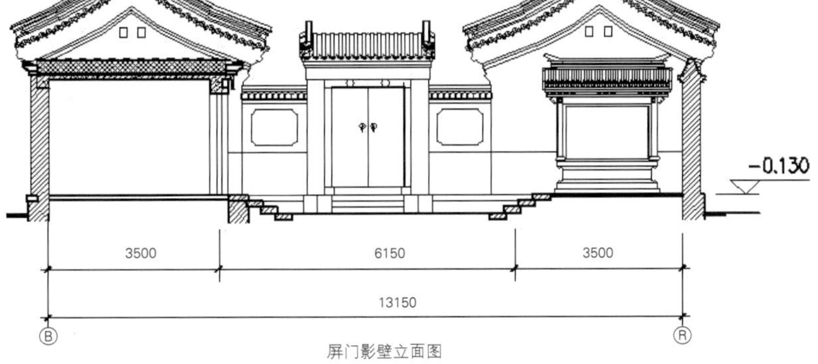

屏门影壁立面图

04

北京东城区魏家胡同某宅

占地面积：893m²　　建筑面积：586m²
容积率：0.61
工程主持人：王颖　　建筑设计：王颖
结构设计：王大欣

魏家胡同X号四合院于2006年设计，2007年建成，是一处新建的传统四合院。占地面积893m²，建筑面积586m²。位于胡同南侧，是一处典型的倒座院落。

该四合院是一座二进院落，东北角为车库，大门在车库西侧，后罩房临街，第一进院是一个窄长的院子，第二进院是主体院落，西北角设连接两院的通道。

主院落有正房（北房），东西厢房、耳房、倒座房。由于院子较窄，东西厢未设外廊，仅正房设有外廊。

主体建筑为木结构，院落的格局和建筑形式完全为传统做法，装修、陈设亦按传统风格，但室内设施则完全现代化。庭院绿化颇有特色，种有海棠、玉兰等树木和牡丹、荷花等花草，充分体现传统四合院的文化氛围，营造出清幽典雅的居住环境。

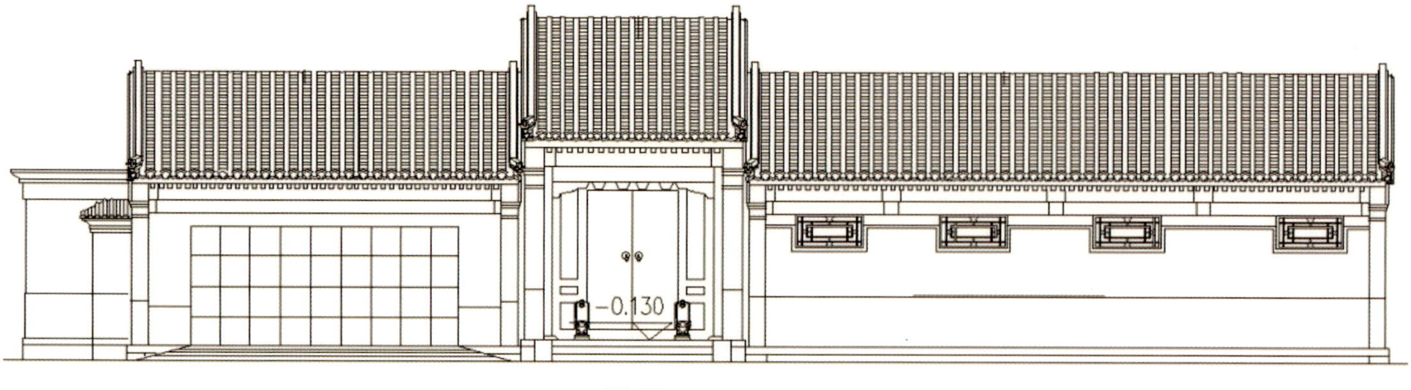

沿街立面图

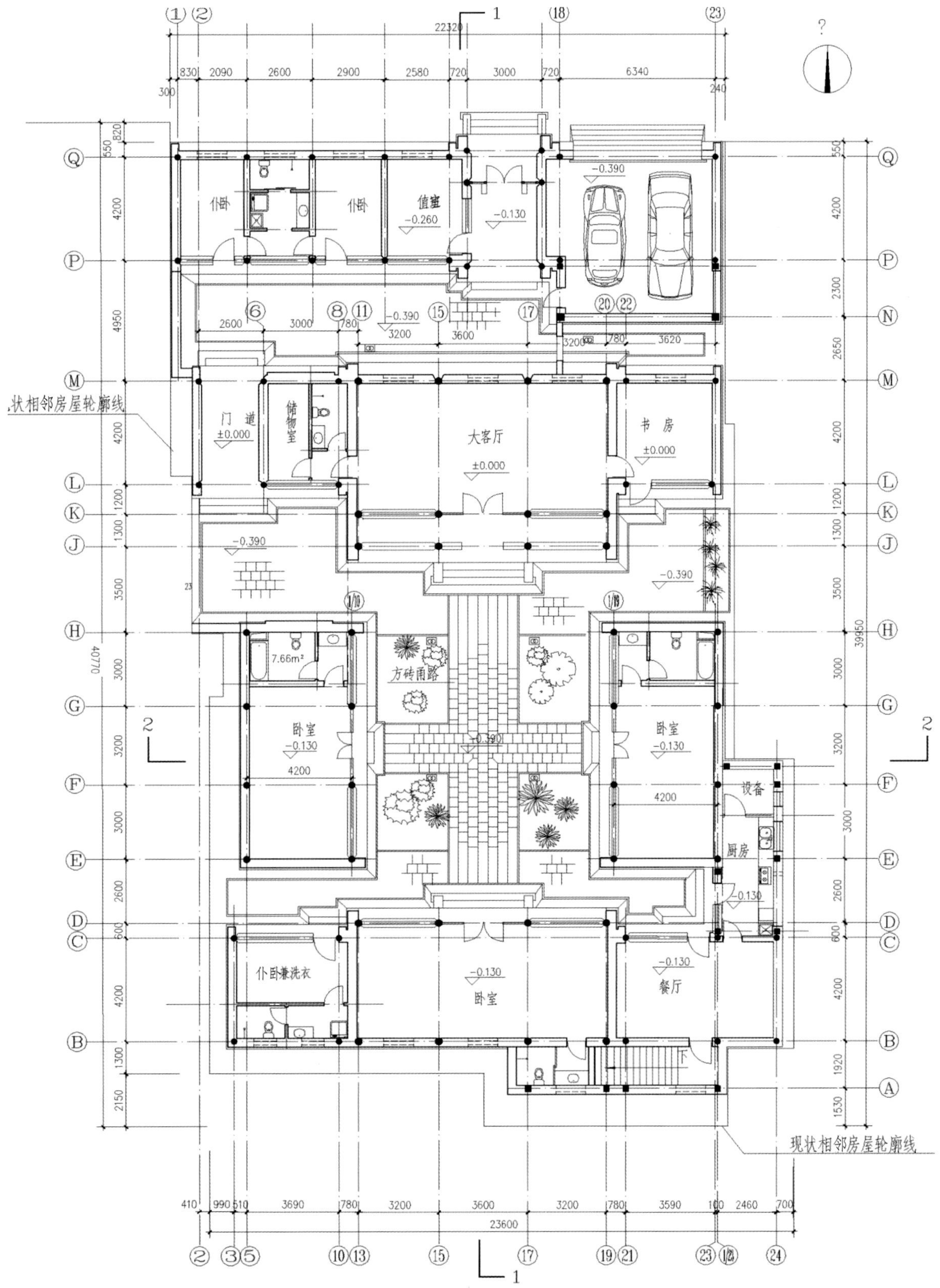
仆卧
仆卧
值班室
门道
储物室
大客厅
书房
方砖甬路
卧室
卧室
设备
厨房
仆卧兼洗衣
卧室
餐厅
现状相邻房屋轮廓线
现状相邻房屋轮廓线

平面图

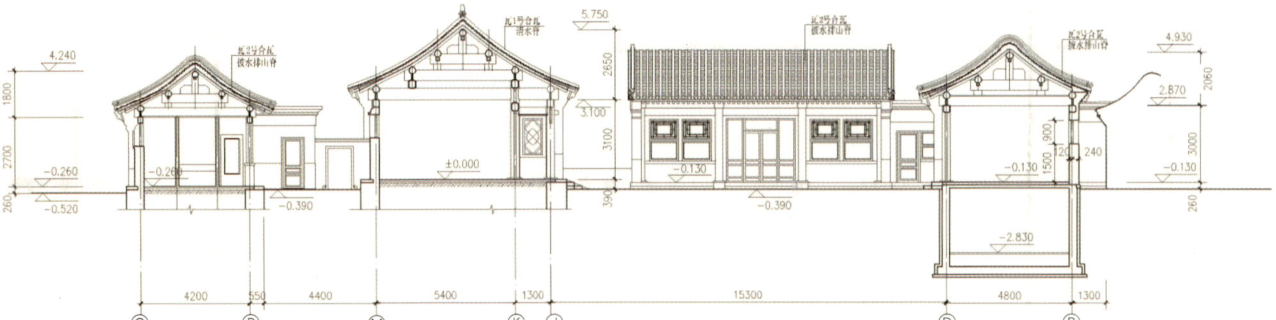

剖面图

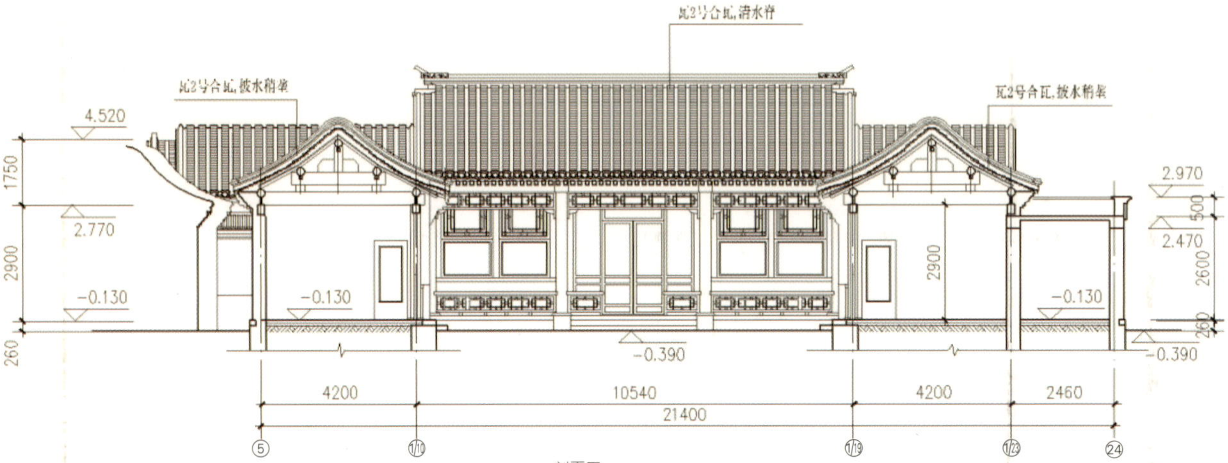

剖面图

由正房南望

室内陈设

檐下彩画

05

北京东城区国子监街某宅

项目负责人：马炳坚
建筑设计：马炳坚、相炳哲等
结构设计：易斌
设备电气设计：单成福、王培杰

国子监街X号是一座中小型四合院，该院宽17米，进深32米，占地面积约550平方米。

该院设计于1995年、1996年完成施工，至今已有十四年历史。这座院落是一座普通两进院，自外向内依次为宅门、倒座房、屏门、东西厢房、正房和耳房。由于院落宽度不够，没有做抄手游廊，分隔内外院的二门是一座屏门。这种设计，是与院落的规模体量相匹配的。尽管院落不甚宽敞，但设计精致、施工精心。仍然达到了很好的效果，被房主人称为“小家碧玉”。

尤其值得一提的，是该院宅门设计成如意门形式，门楣遍施砖雕，而没有采用金柱门或广亮门的形式。这种设计不仅更加符合房主人的文人身份，而且对如意门文化是一个很好的传承。

意
如
国子监街

意
如

06

北京东城区国子监街某宅

项目负责人：张丽鲜　　　　建筑设计：雷云
结构设计：王大欣
设备电气设计：周启玲、单成福、李栋

国子监X号院位于北京著名的成贤街。成贤街是一座历史文化名街，孔庙、国子监均在这条街上。X号院是一座新建的典型北京四合院，建筑形式与传统四合院完全相同，钢筋混凝土结构，地上一层，地下二层，院落进深共三进，建筑面积1817平方米。建筑外观为传统风格，功能和室内设施完全按现代标准和需求，是传统与现代技术相结合，对北京四合院进行更新的典型案例之一。

剖面图

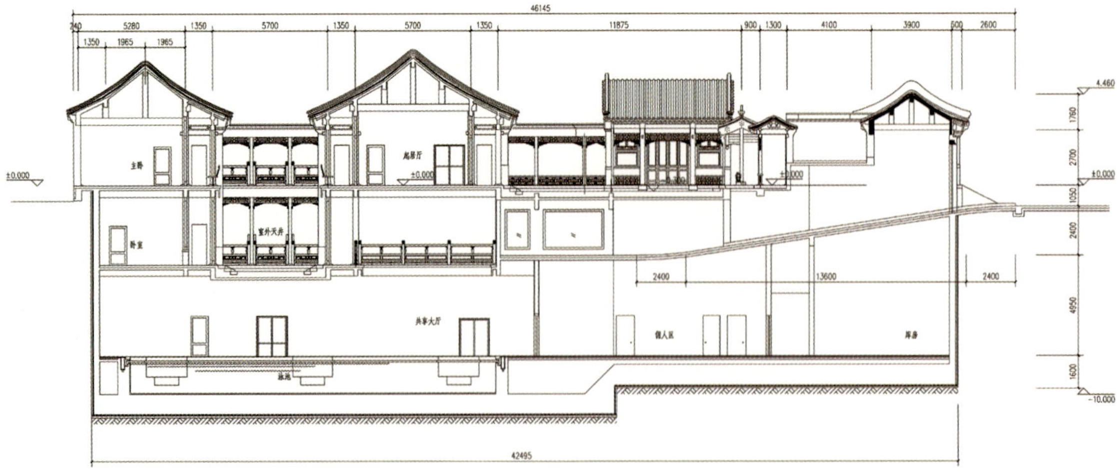

1-1剖面图

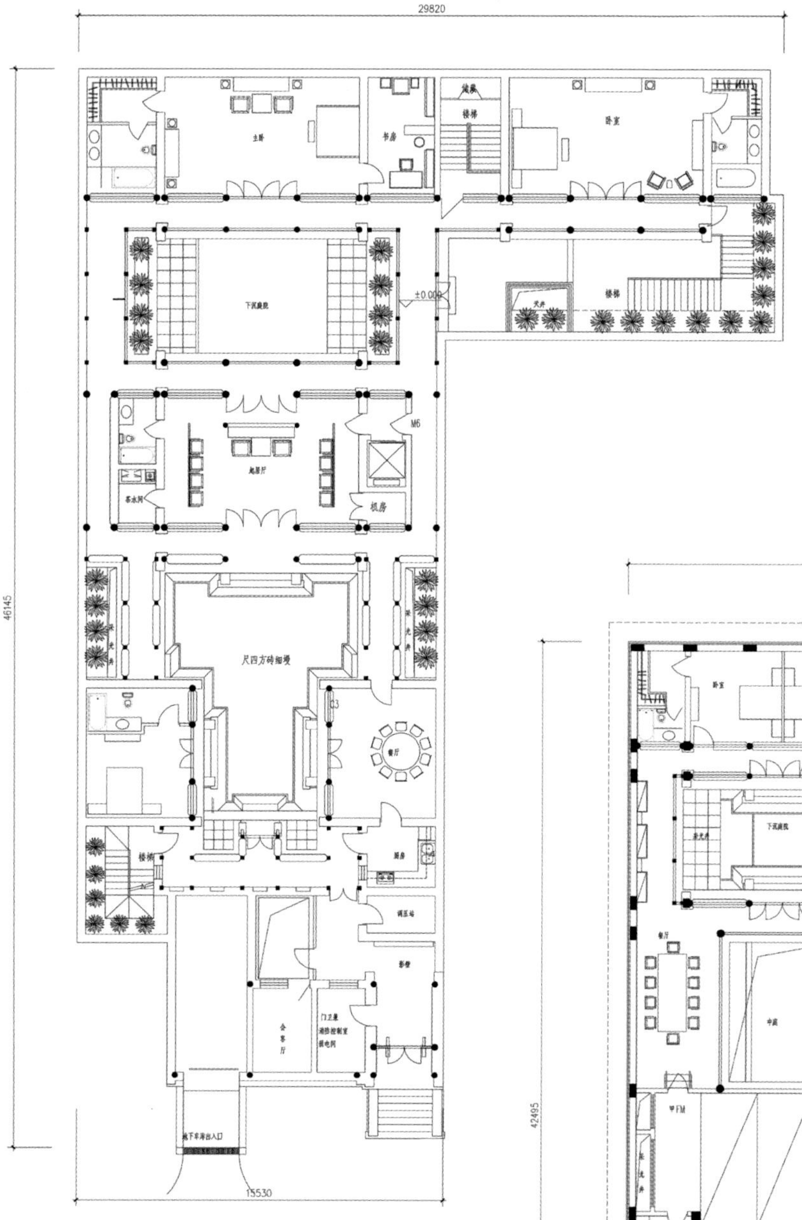

地上一层平面图

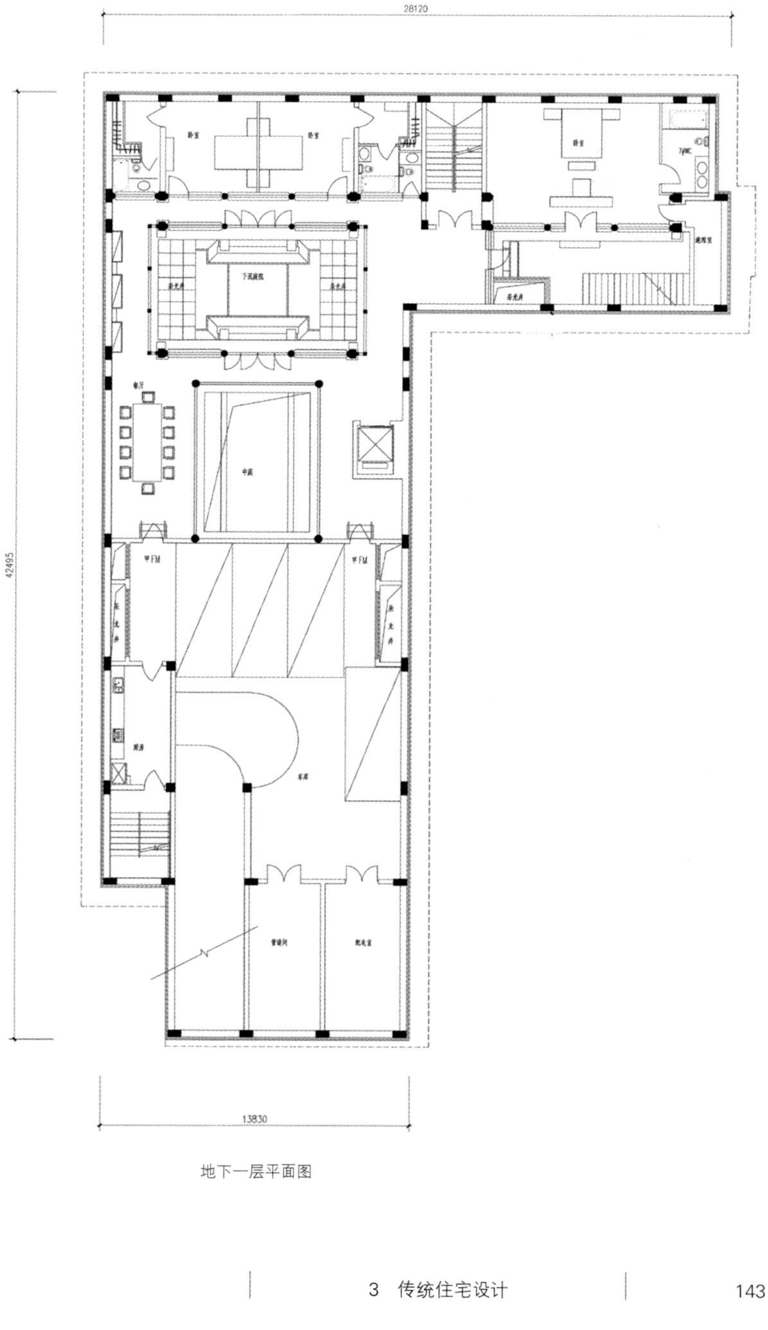

地下一层平面图

07

北京大兴赵村某宅四合院

方案设计：马炳坚　　　　　工程主持人：李小龙
建筑设计人：李小龙　　　　结构设计：姜津
设备电气设计：李栋、周启玲、单成福

赵村四合院位于大兴赵村，2007年设计，2009年建成。占地面积约4900平方米，建筑面积1596平方米。

这是一座典型的三进四合院住宅。四合院主体建筑坐北朝南，宅门开在东南角位置，进门后迎面为砖雕照壁，第一进院南侧为倒座房，北面为垂花门，两侧是看面墙和什锦窗。

进入垂花门，为第二进主院落，由正房、厢房、耳房、抄手游廊围合成幽静典雅的空间。后面的三进院主要为后罩房，是房主人的卧室。院内两侧由游廊相连，使用十分方便。

四合院的平面格局、门面形态、建筑色彩、油饰彩绘以及庭院绿化都是地道的传统形式和做法，是对传统四合院文化的忠实继承。而室内设施，则完全现代化：采暖、通风、卫生设施、上下水、电视、电话、网络、监控等一应俱全，体现出四合院文化在当代的发展和进步。

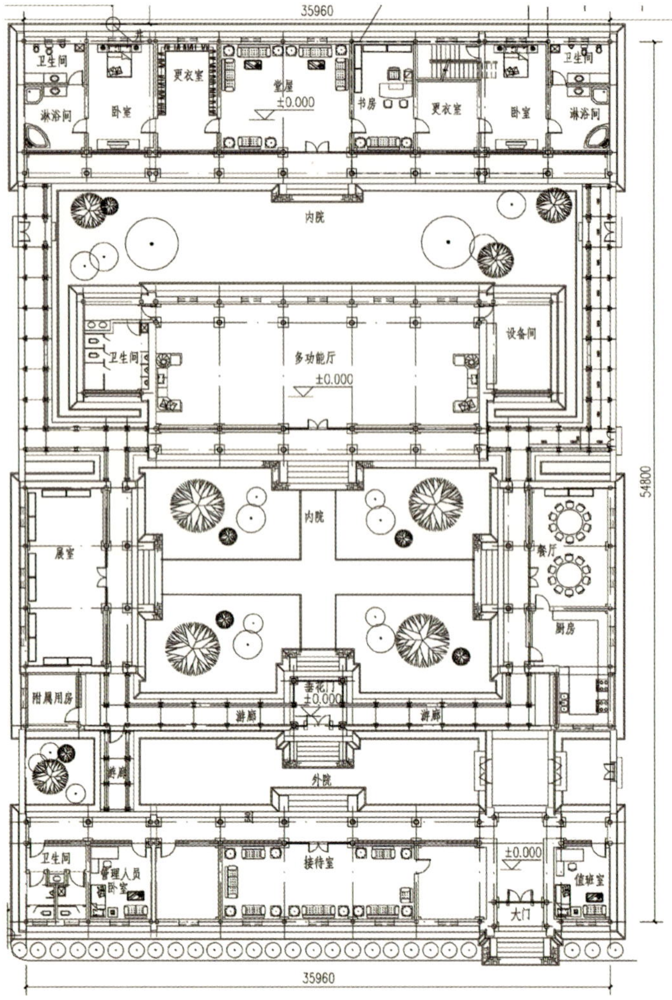

总平面图

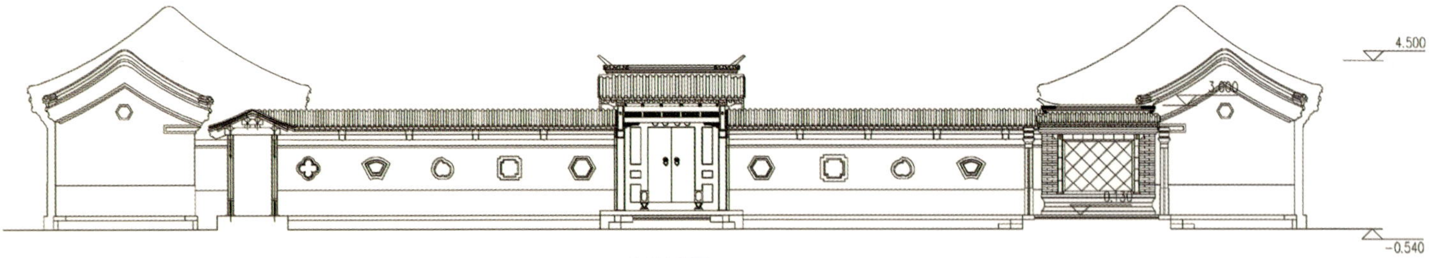

院落立面图

正房立面图

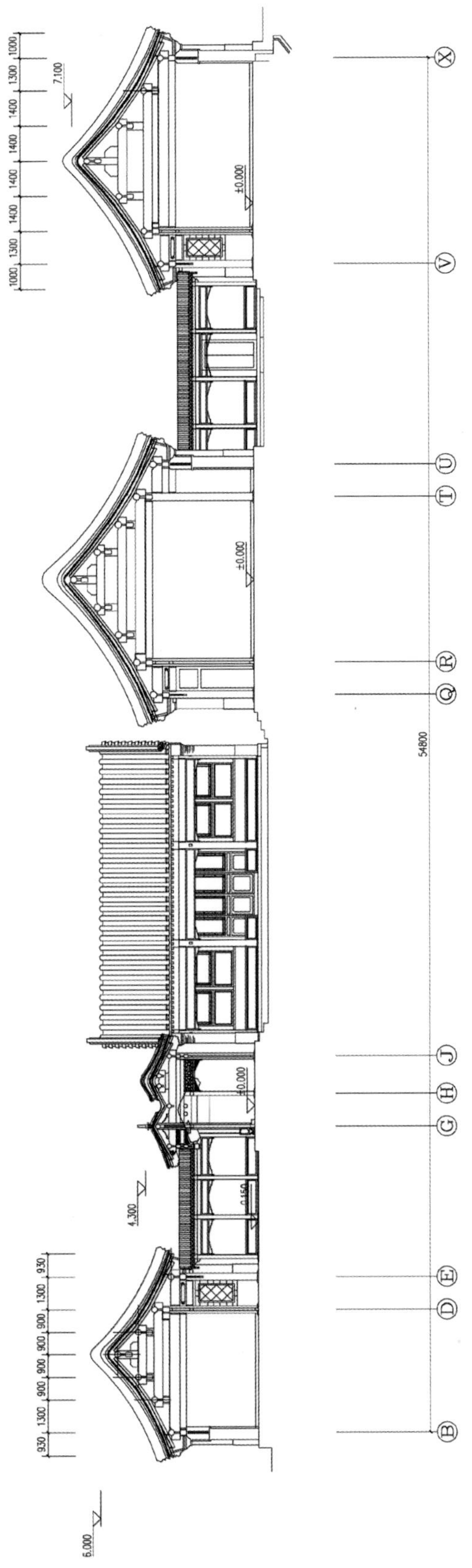
7.100
±0.000
54800
4.300
6.000
X
V
U
T
R
Q
J
H
G
E
D
B
剖面图

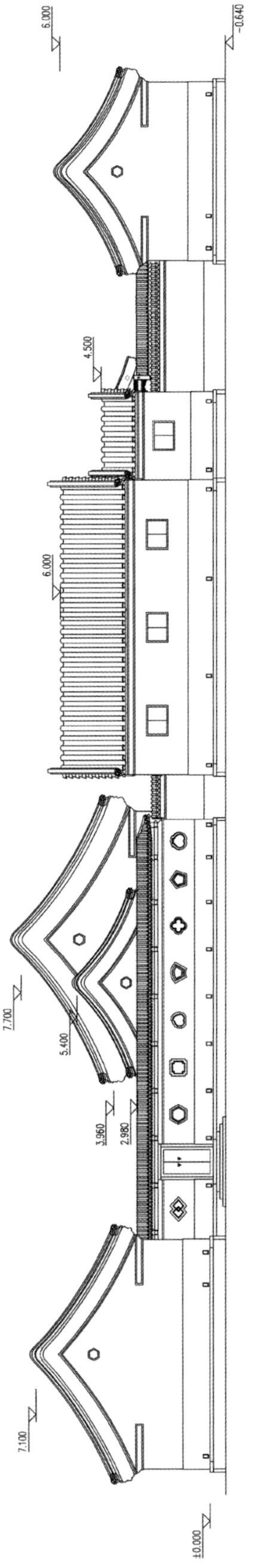
6.000
-0.640
4.500
7.700
5.400
3.960
2.980
7.100
±0.000
西立面图

08

北京东城南池子飞龙桥某宅中式小楼

占地面积：264m²　　总建筑面积：693.6m²
容积率：2.62　　工程主持人：唐婧持
建筑设计：唐婧持　　结构设计：易斌
设备电气：李栋、单成福、周启玲

本工程位于北京南池子大街飞龙桥胡同34号，东侧紧邻南池子大街，南边为飞龙桥胡同。

原小楼平面成“冂”字形，占地面积271.6m²，总建筑面积432.86m²。此次翻建的工程在平面形式上仍采用与原有建筑一致的“冂”字形。地上两层，作为生活起居使用，地下一层为车库及设备用房，由于项目处于南池子大街历史文化保护区内，因此外观设计力求做到与周围环境协调一致。由于占地面积所限，该建筑院落稍显局促，但紧凑的布局却也“别有洞天”。

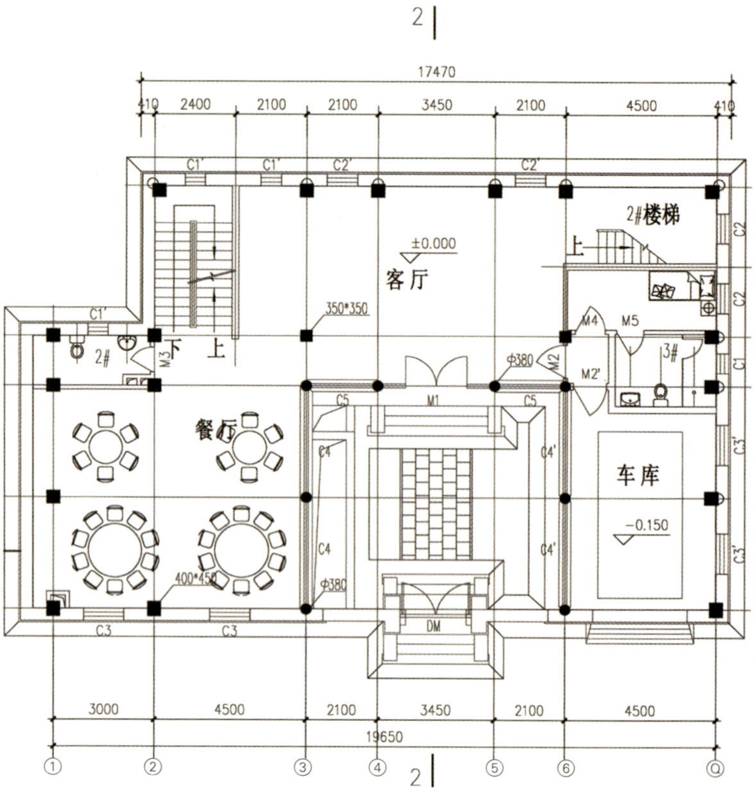

一层平面图

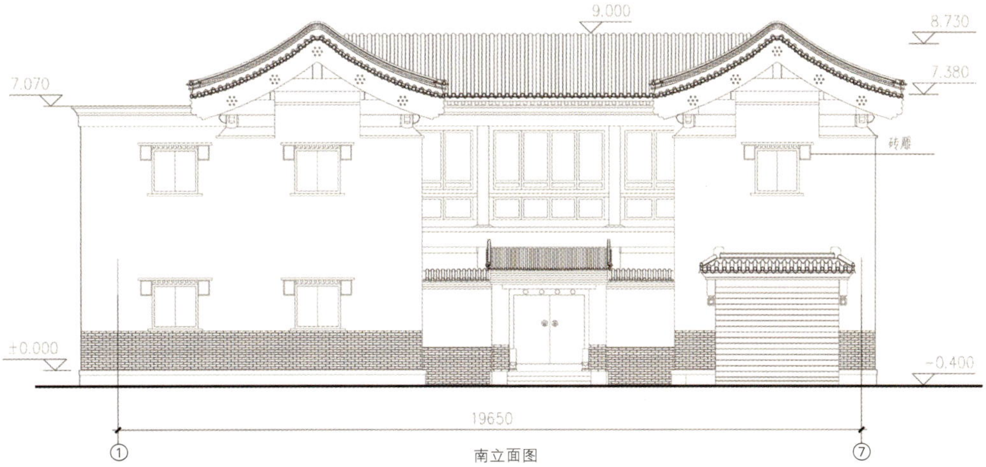

南立面图

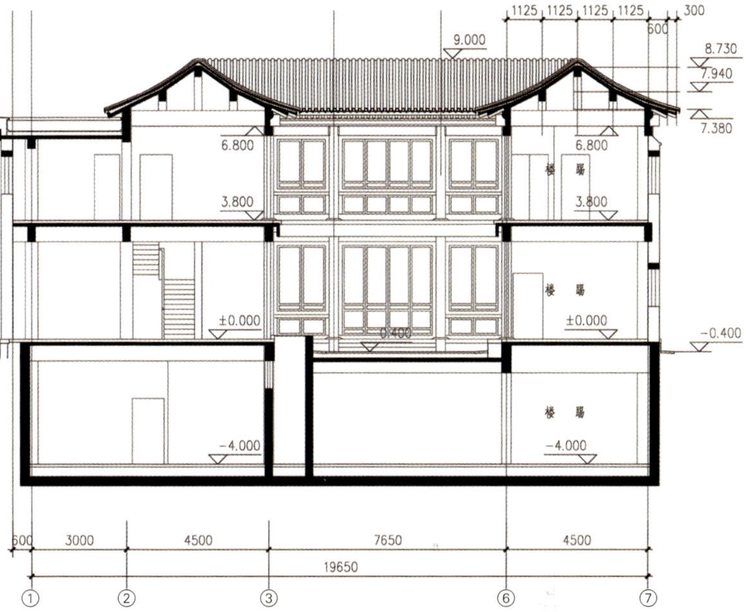

1-1剖面图

鸟瞰图

09

北京怀柔区中式别墅设计

占地面积：108000m^2　　　　建筑占地：31800m^2
容积率：0.55
规划及方案设计：徐新伟、张越、夏天

“怀柔精舍”位于北京怀柔区庙城镇，规划用地10.8公顷（去掉30米绿化带和5米红线，实际用地6.8公顷）。

该项目是中式高档别墅项目，以中西合璧，各取其长为基本设计思想，既有现代别墅用地经济、流线合理、居住舒适的优点，又有传统民居青砖灰瓦、装饰典雅、环境优美的特色，是传统和现代设计思想有机结合的范例。

本设计采用中国传统建筑的符号和色彩，青砖灰瓦的建筑主体，曲线优美的屋顶形式，邃雅幽静的庭院环境，典雅大方的墙面装饰，恰到好处的彩绘点缀……而在在平面布局、使用功能、房间布置、设施安排上则采取现代居住建筑设计理念，安排最为合理的生活流线，体现最现代的居住功能，创造最舒适的居住环境。

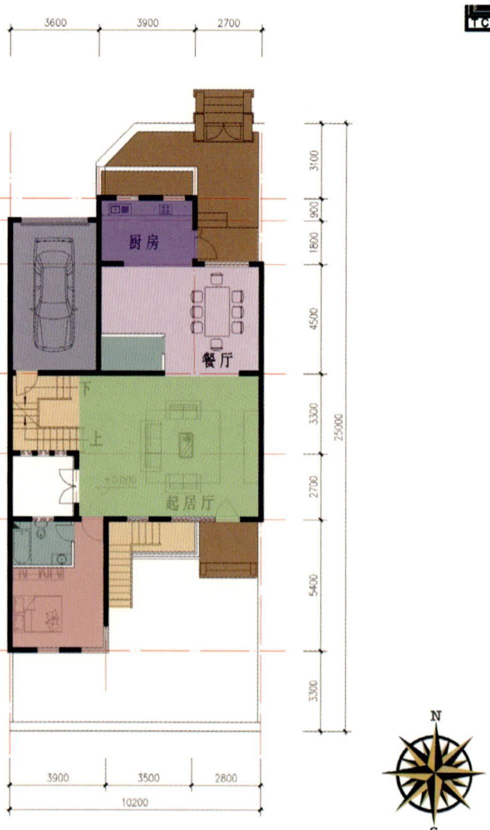

B1户型一层平面图

A1户型一层平面图

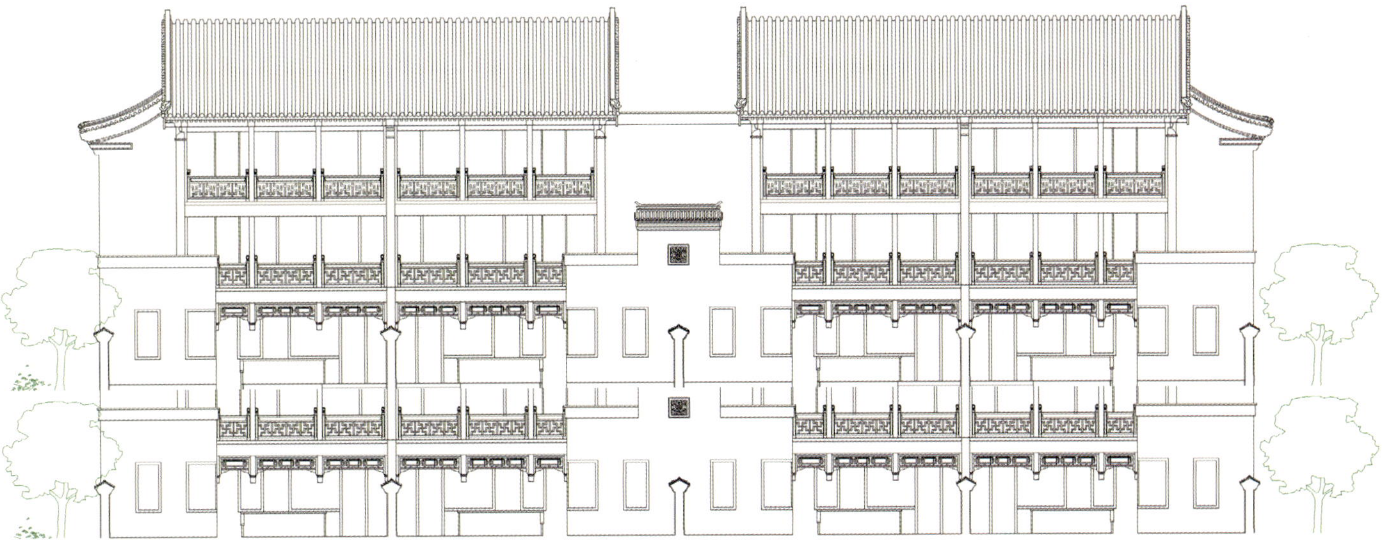

正立面图

6区内局部效果图

9B户型四联北向效果图

8B户型四联南向效果图

10

广东四会市臻汇园四合院

占地面积：5400m^2　　总建筑面积：2600m^2
容积率：0.48　　工程主持人：徐新伟
建筑设计：徐新伟　　结构设计：王大欣
设备电气设计：周启玲、单成福、李栋

臻汇园四合院位于广东四会市东城街道南田水库库畔，采用北方四合院建筑形式，与南方园林相结合。平面设左、中、右三路，中路为两进中轴对称的院落，前院北房、东西厢房均采用勾连搭的建筑形式，以取得较大的室内空间，后院北房为后罩楼。东路前院设计为水院，内设多个点式岛桥，起到亲水效果，东路后院仿自然山水，设水系供前院，前后两院风格迥异，但相得益彰。西路以泳池为中心，北侧设两卷加平台采光建筑，室内设泳池，内外泳池相连，可根据气候变化组合使用。三路建筑由游廊相连，均可通达。

本设计采用置景、对景、借景等多种手法，创造了丰富的空间；在造景的同时注重合理解决使用功能；使本设计既具有北方传统宅院的大气雄浑，又不失南方园林的小巧灵秀，并结合现代功能的设置，是四合院的创新之作。

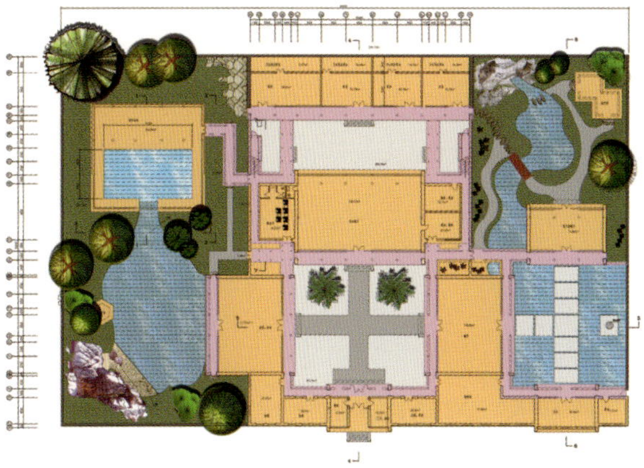

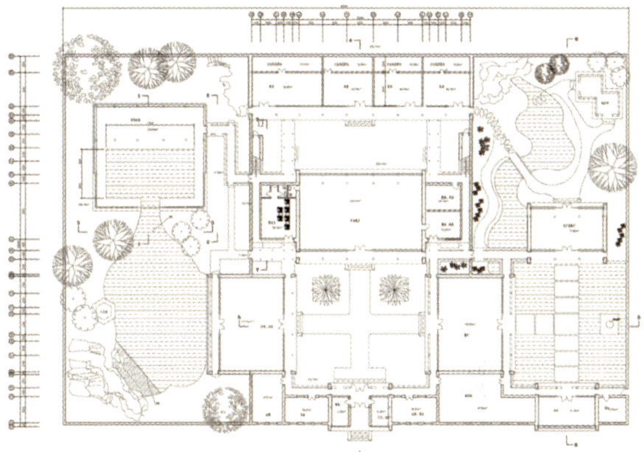

平面图

4

宗教建筑设计

01

天津大悲院大雄宝殿

工程主持人：马炳坚
建筑设计：马炳坚、相炳哲、蒋涛、唐婧持
油饰彩画设计：蒋广全　　结构设计：易斌

大悲院位于天津市河北区，是天津市佛教协会所在地，大雄宝殿是大悲院扩建工程的重点项目。

大雄宝殿是清官式重檐歇山建筑，面阔七间，进深六间，建筑面积1037平方米，殿前为月台，殿内殿外可容纳上千人的佛事活动。

大雄宝殿为钢筋混凝土仿古建筑，凡柱、梁、枋、檩、屋面基层等主体结构，均为钢筋混凝土结构。

本项目是近年来建造的用钢筋混凝土代替木结构仿古建筑的经典作品。从设计角度看，虽为钢筋混凝土结构，但建筑外形与传统木构建筑一模一样，大至柱、梁、枋、檩，细至翼角檐口，甚至山花结带，构件头饰，统统按木构建筑外形要求，建筑施工图出到极详尽的程度。结构设计紧密配合建筑，在严格遵从现代钢筋混凝土结构规范的前提下采取了许多特殊措施。施工单位千方百计认真实现设计意图创造性的施工，通过改革施工工艺，圆满实现设计要求，创造出一座精品建筑。

天津大悲院大雄宝殿堪称当代钢筋混凝土仿古建筑的典范之作，受到行业内专家的一致称赞，并荣获天津市海河杯奖。

云龙雕刻纹饰详图

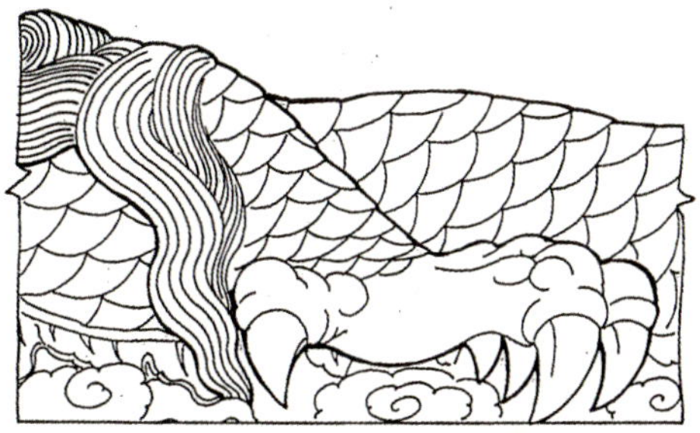
龙爪细部

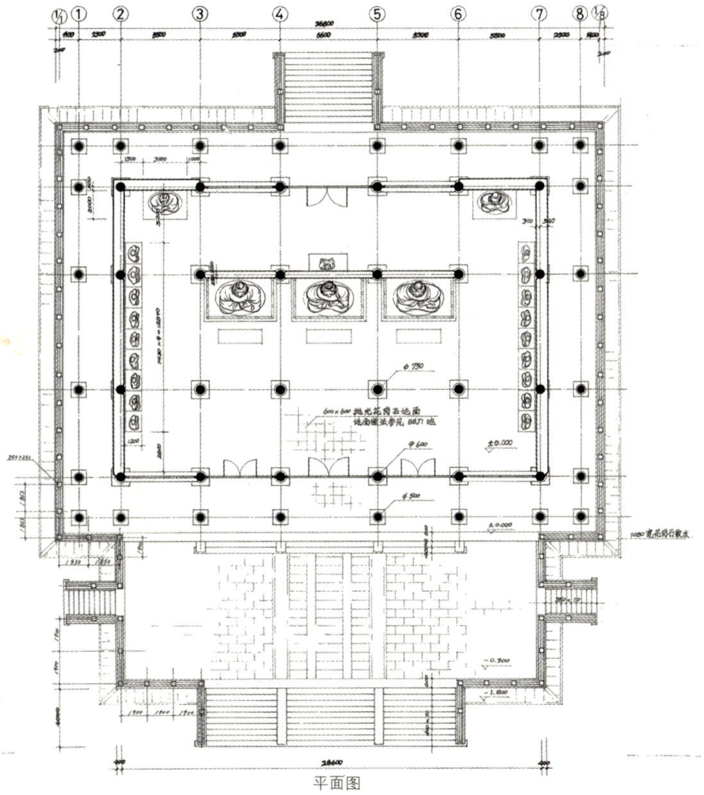
平面图

龙头细部

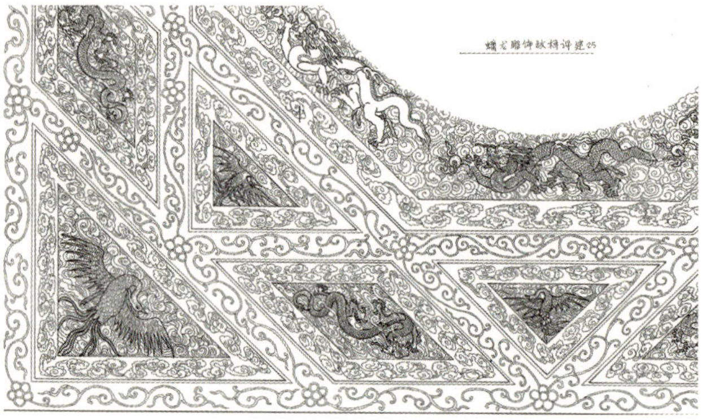

藻井角禅雕饰纹样图（四分之一图）

歇山山花结带纹饰图案

梁架藻井

檐下斗栱及彩画

建成后的大雄宝殿

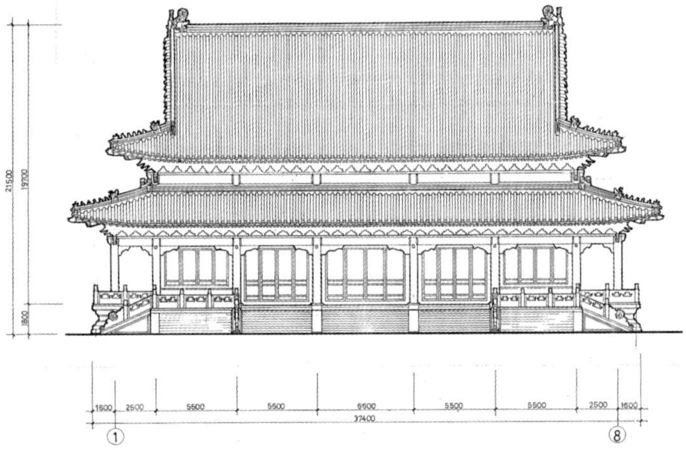

天津大悲禅院大雄宝殿立面图

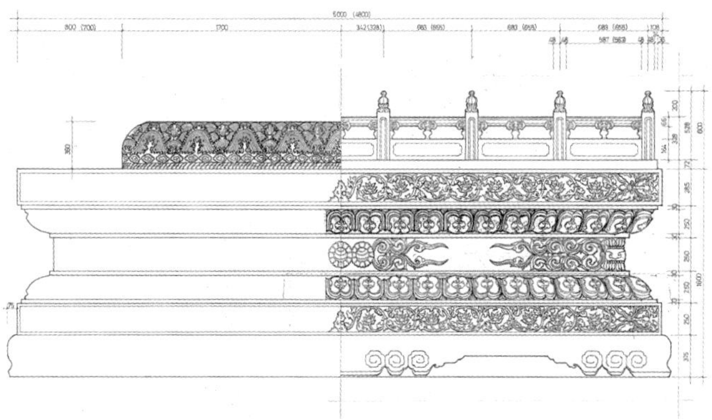

大雄宝殿内三世佛须弥座纹饰详图

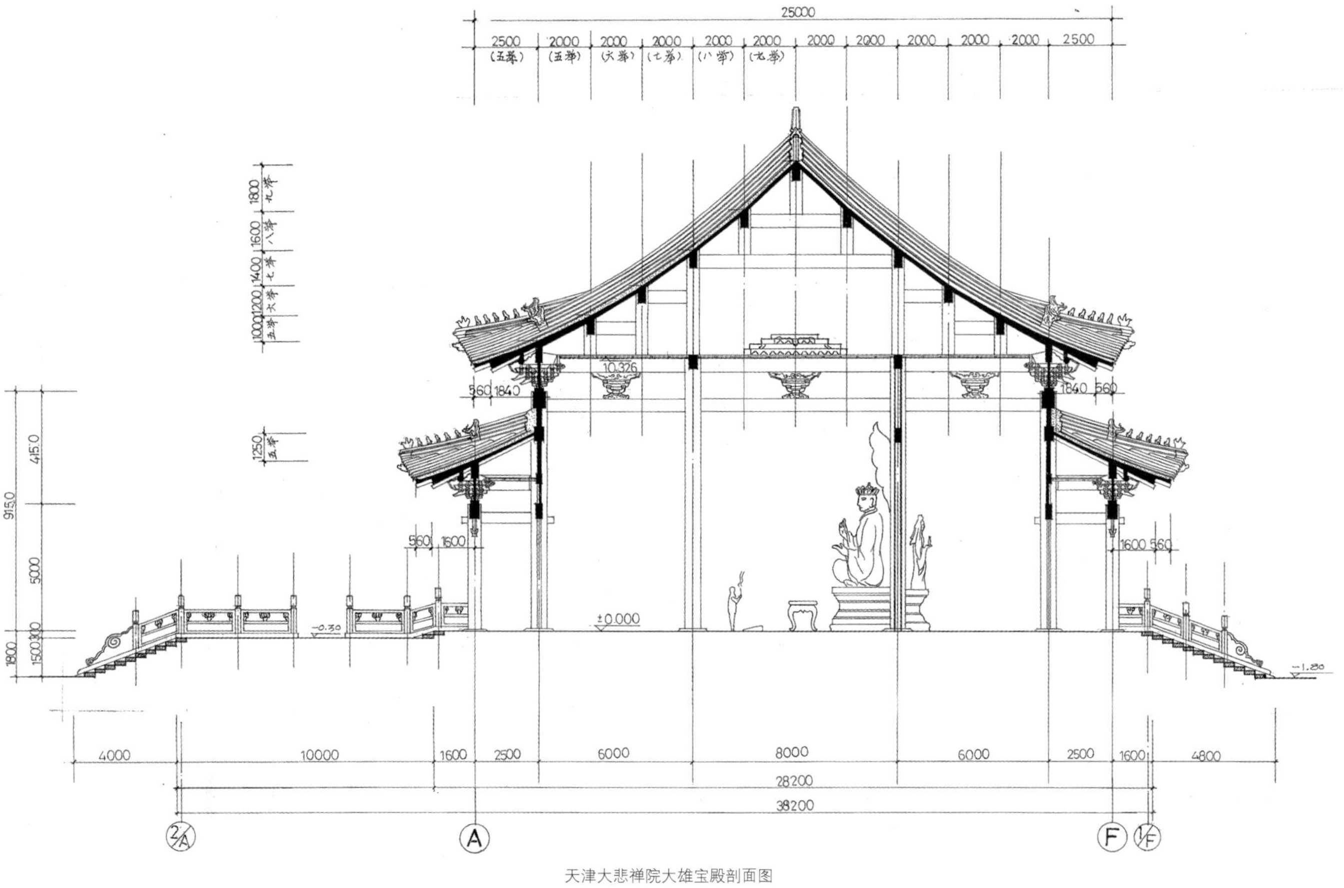

天津大悲禅院大雄宝殿剖面图

02

湖南张家界天门山寺

工程主持人：马炳坚
建筑设计：马炳坚、张越、相炳哲、唐婧持、姜嘉慎
结构：易斌、姜津、蒋保华
设备：单成福
电气：李栋

天门山寺位于湖南张家界市永定区天门山顶，原址曾建有天门庵，但规模很小，且已倾圮。

新建天门山寺规模宏大，蔚为壮观，中路建筑依次为：山门、钟鼓二楼、天王殿、大雄宝殿、观音阁、藏经楼等，建筑面积3576m^2，加上两侧附属建筑，共计7000余平方米。

天门山寺的建筑特点是传统的古典建筑外形与现代钢筋混凝土结构的有机结合，达到了十分完美的程度，整座寺庙看似木构建筑，实际上没有一处是木结构，完全是钢筋混凝土仿木。这种仿木建筑，是高仿技术在建筑上的杰出应用，完全达到了乱真的程度。做到这一点，除去设计上的技术处理极为细致以外，对中国古建筑细部的深入了解和施工工艺的精益求精，是使工程达到精品的重要保证。

天门山寺是近二三十年来国内少有的钢筋混凝土仿古精品工程，有相当高的技术含量和艺术水平，是建设单位、设计单位和施工单位精诚合作的典范工程，对业内有重要的借鉴作用。

观音阁

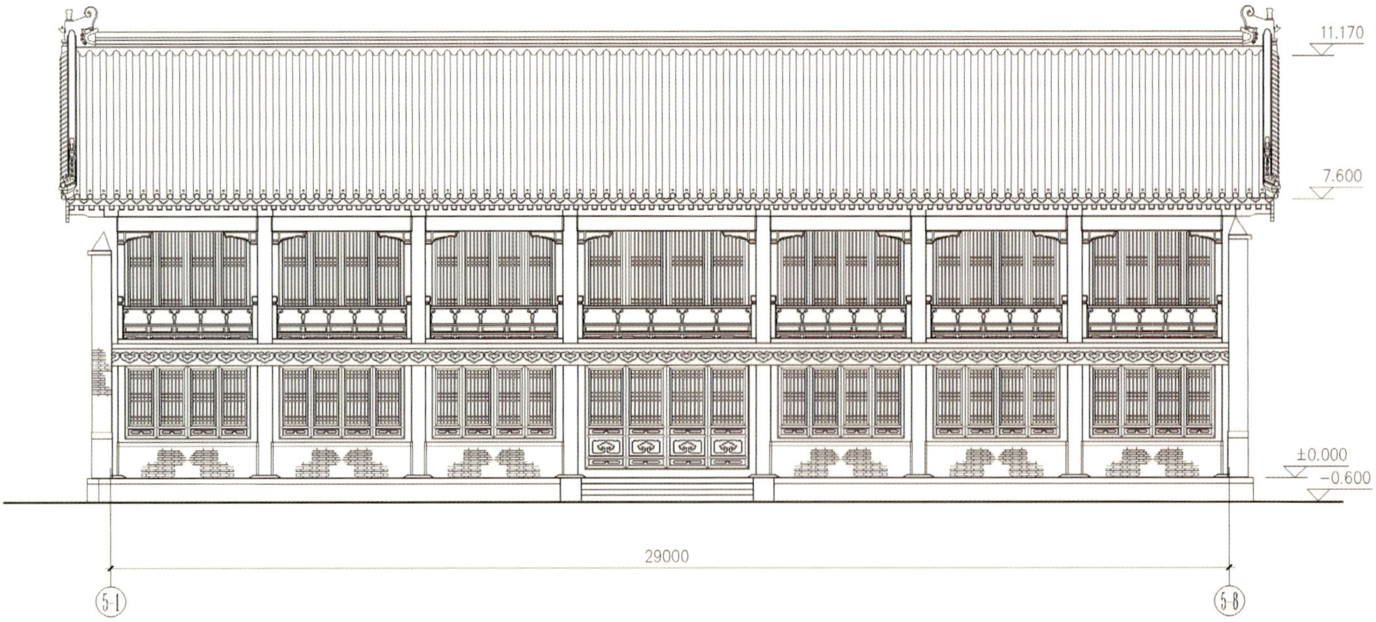

5号建筑正立面图

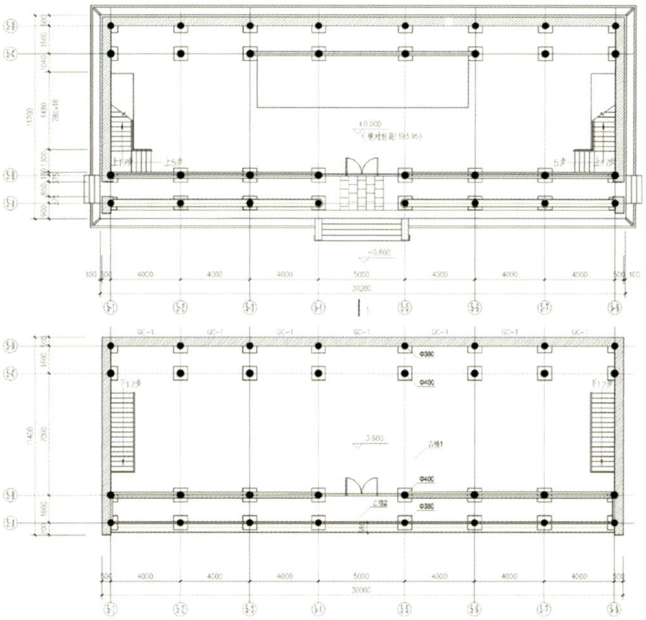

5号建筑一、二层平面图

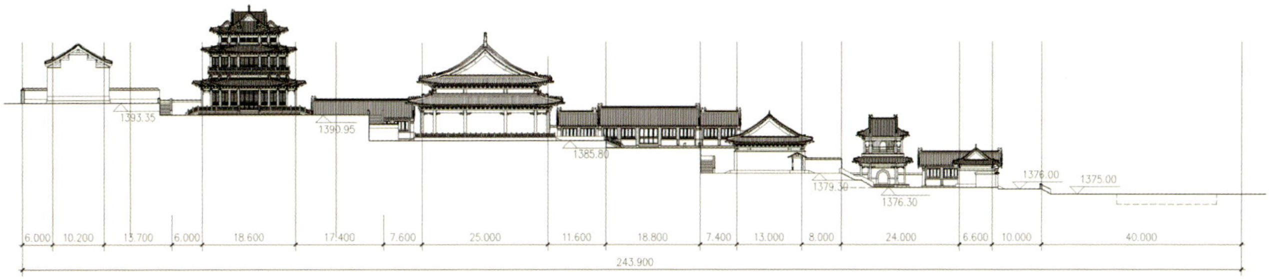

基地剖面图

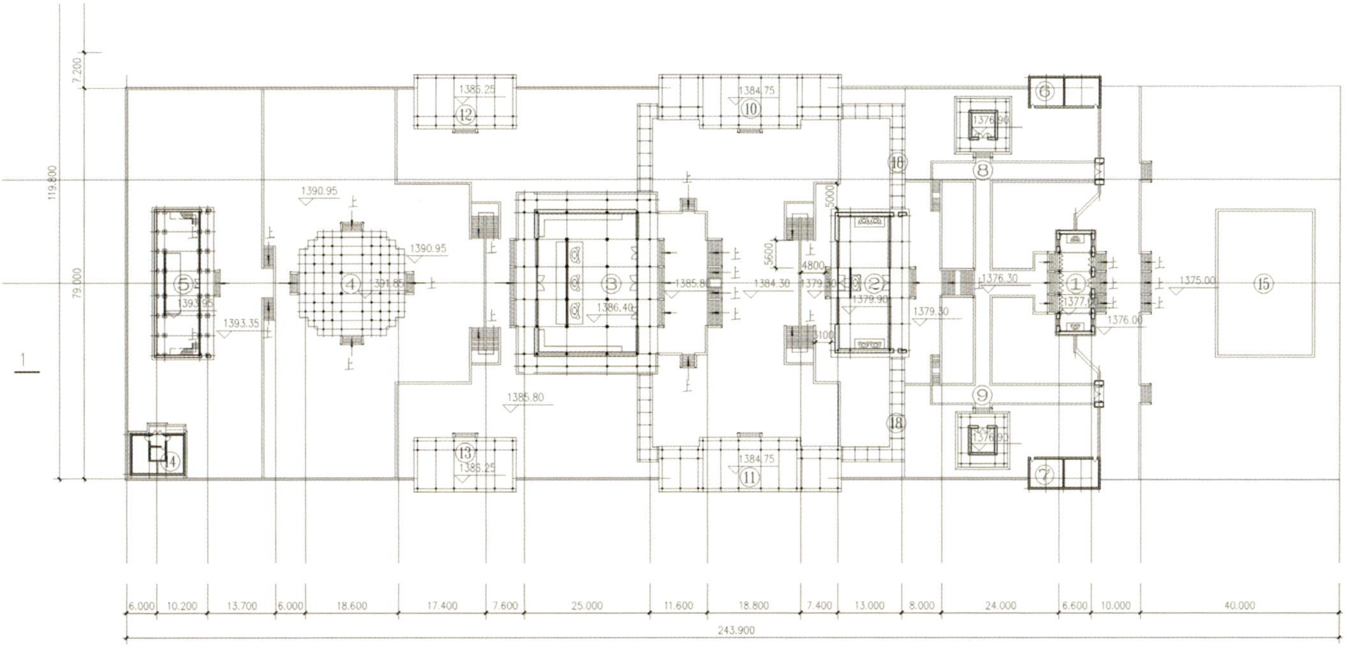

总平面图

山门殿

大雄宝殿

天王殿

大雄宝殿室内天花藻井

03

山东烟台南山集团南山寺

方案设计：马炳坚
建筑设计：马炳坚、相炳哲、唐婧持
结构设计：易斌、王大欣
设备电气设计：单成福等

南山寺位于山东龙口市南山集团园区内，占地面积21000平方米，建筑面积8600平方米，由山门、钟鼓楼、天王殿，大雄宝殿、观音殿，藏经楼、配殿等殿堂组成。于1997年设计，1999年完成施工，2001年举行开光仪式并正式对外开放。

南山寺由南山集团投资兴建，是烟台地区最大的寺庙之一，建筑风格以清代官式建筑为主，适当加进一些南方传统建筑元素。中路建筑采用琉璃瓦屋面，两侧配殿采用青筒瓦屋面，檐下旋子彩画，金碧辉煌，大气磅礴，蔚为壮观，现在已成为著名旅游胜地。

南山寺殿堂主体为钢筋混凝土结构，外形仿木结构形式，是我所以钢筋混凝土代替木构造的代表性设计作品之一。

钟楼

南山寺大雄宝殿室内

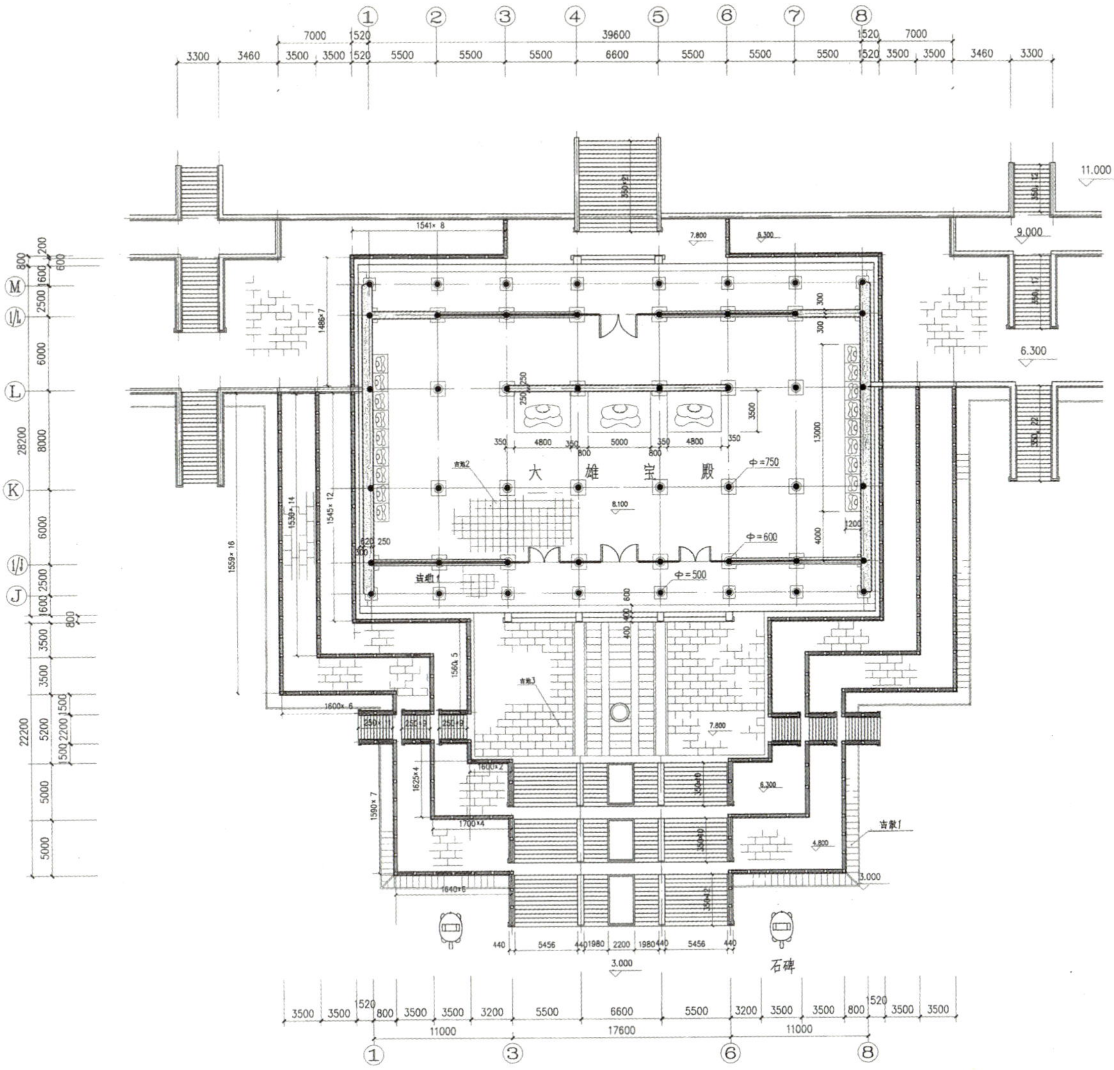

大雄宝殿平面图

山门

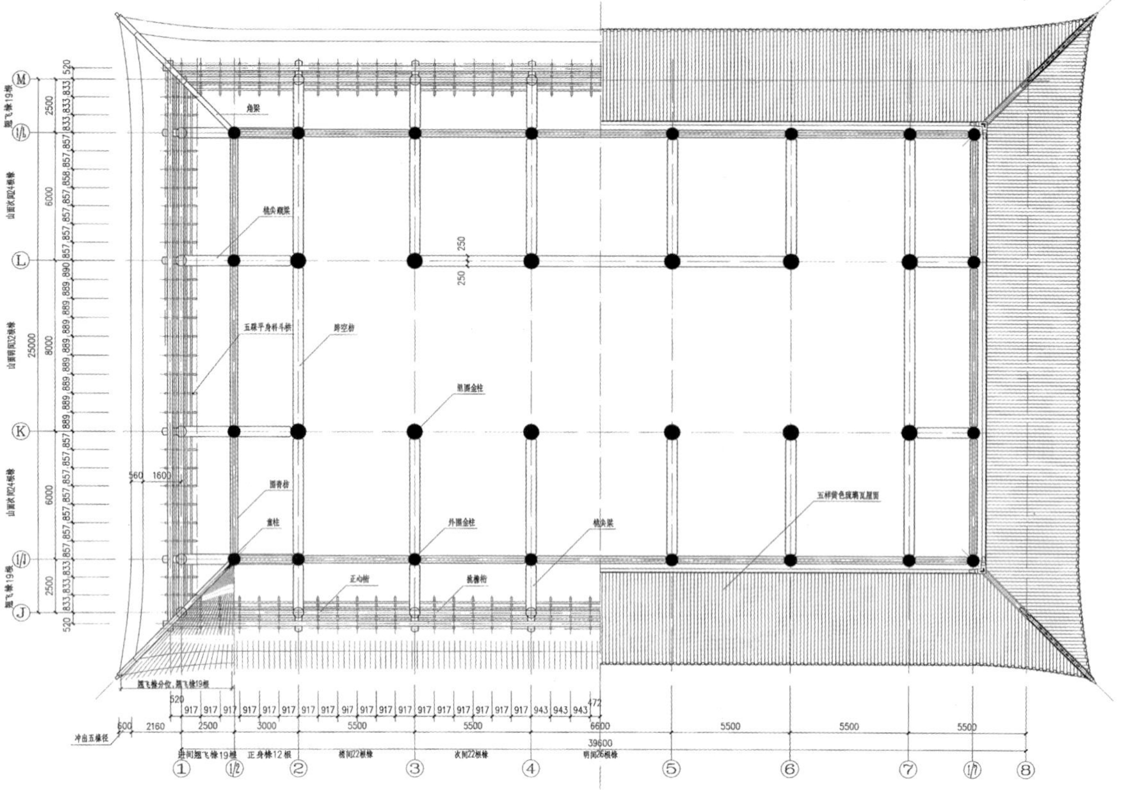

大雄宝殿下层构架及屋面俯视平面图

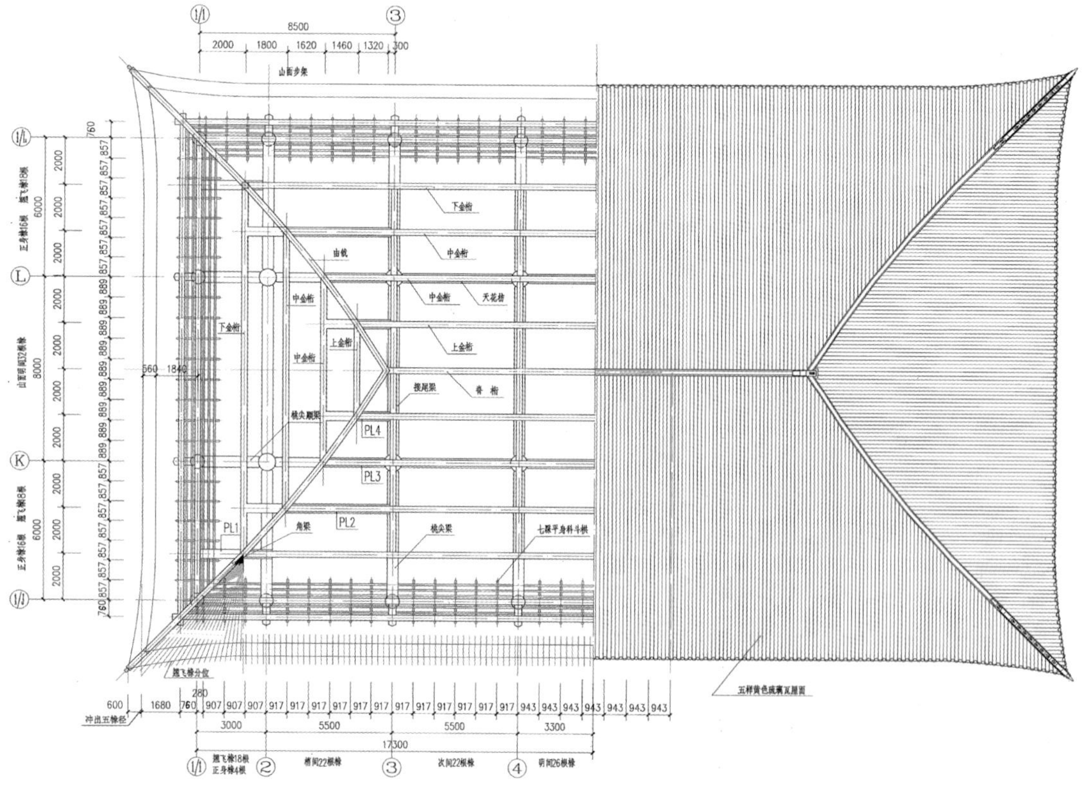

大雄宝殿上层构架及屋面俯视平面图

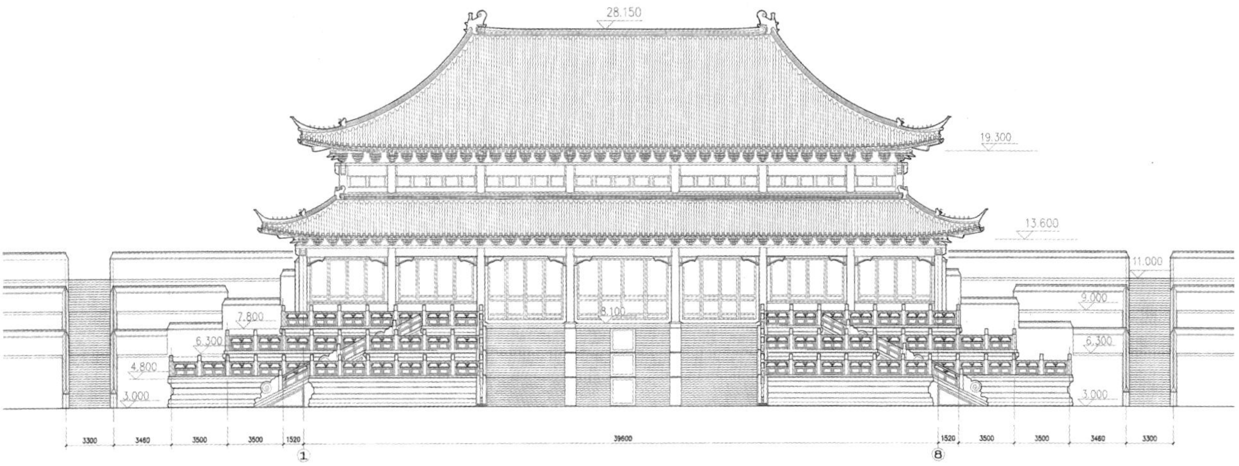

大雄宝殿正立面图

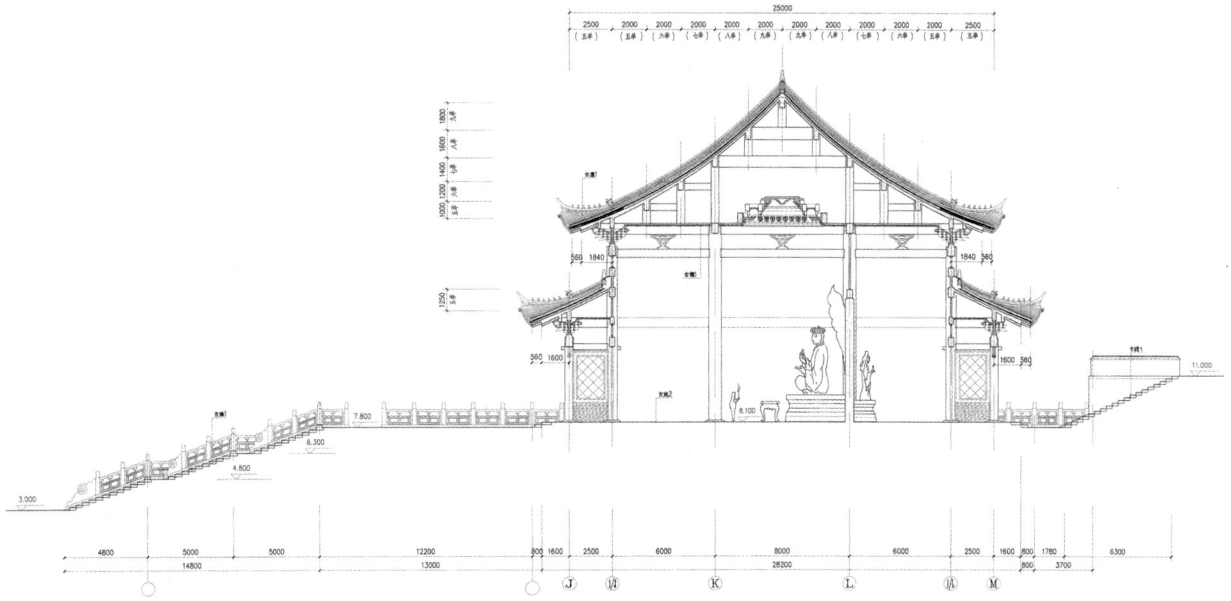

大雄宝殿剖面图

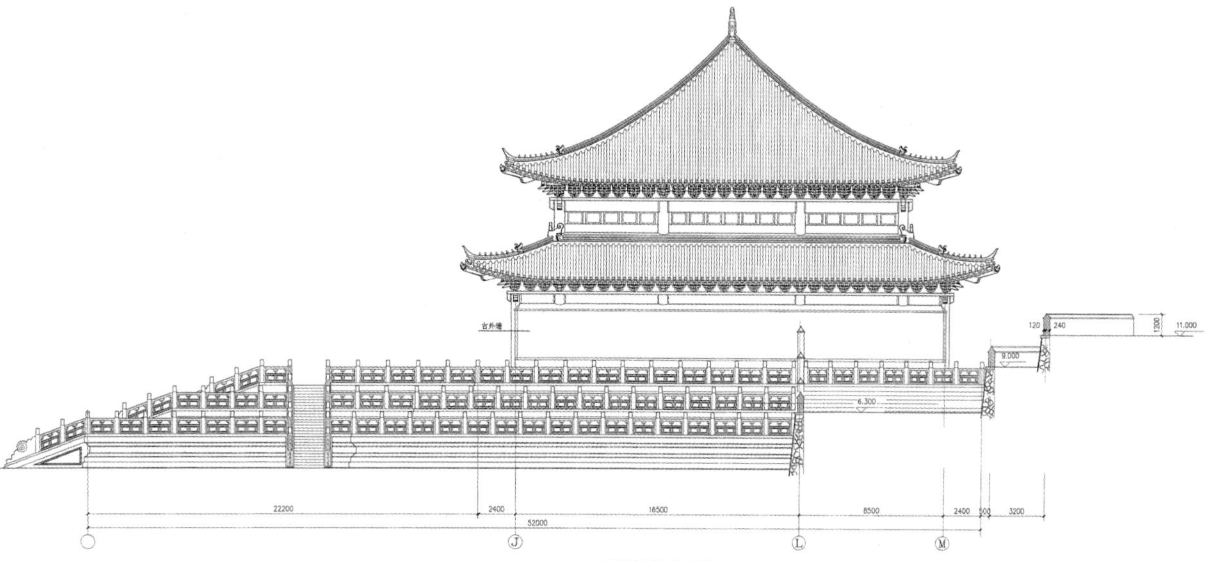

大雄宝殿侧立面图

04

辽宁省辽阳广佑寺

建筑设计：徐新伟、王克刚　　电气设计：李栋
结构设计：王大欣、李晶　　给排水：单成福
暖通设计：周启玲

辽阳广佑寺位于辽宁省辽阳市市区内，是一组复建的辽代风格建筑，整组建筑面积为23000余平方米，采用钢筋混凝土框架结构，中轴线上有牌楼、山门、钟鼓楼、天王殿、大雄宝殿等，配殿位列两厢，气势宏大。大雄宝殿坐落于寺庙中轴线上，高大雄伟，十分壮观。

大雄宝殿，是一座三重檐两层平座带前后抱厦的歇山式楼阁建筑，坐落于三层台基之上。面阔13间，总宽73.78米，进深五间，加抱厦共深49.80米，室外地坪至脊高41.80米，台基内设地下室。单体建筑面积11472平方米。大殿内供奉21.48米高释迦牟尼巨型佛座像、南海观音以及20缘觉等佛像。

广佑寺是在考察了现存北方辽代建筑并参阅了与辽同期的宋《营造法式》等文献基础上设计的。大雄宝殿按一等材设计，首层与二层设单抄单昂斗栱，顶层设双抄双昂偷心造斗栱；根据大雄宝殿建筑宏大的特点，确定出檐最大为4.2米，结构设计采用挑梁悬挑与牛腿支撑相结合的方式以满足建筑的尺度需求。

设计中采用了小变化的梭柱、脊部升起、偷心造斗栱、灰色粘土瓦等辽代时期的建筑元素，并按辽代风格做了鸱吻、跑兽、栏板，进行了藻井、天花、彩绘等设计，使辽代建筑风格在该建筑中得到充分的体现。

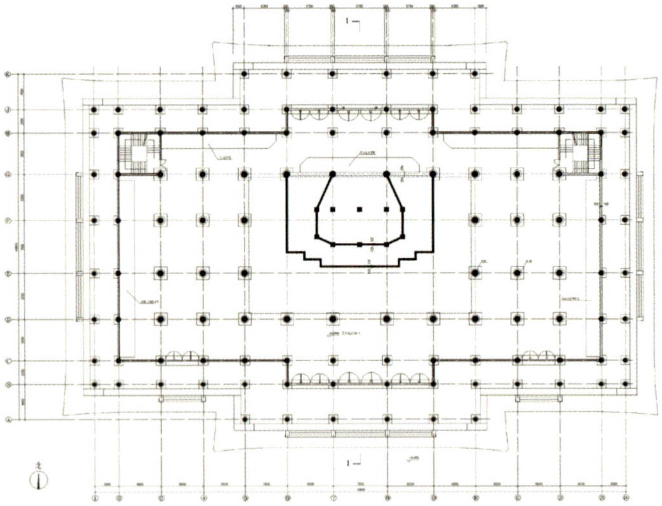

首层平面图

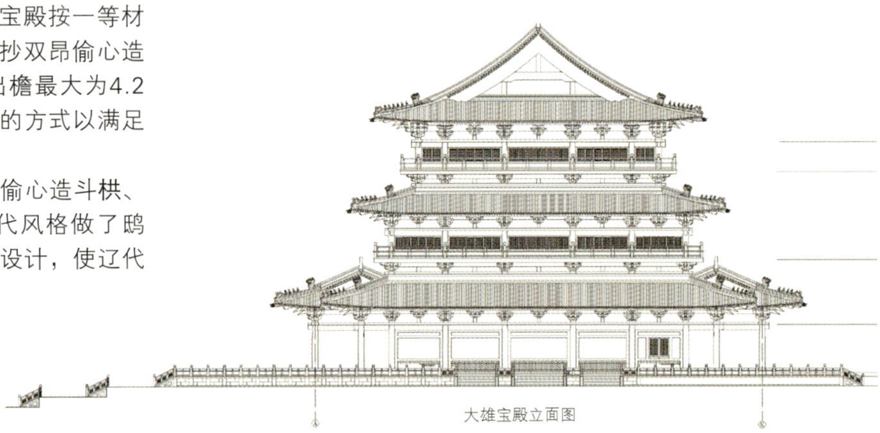

大雄宝殿立面图

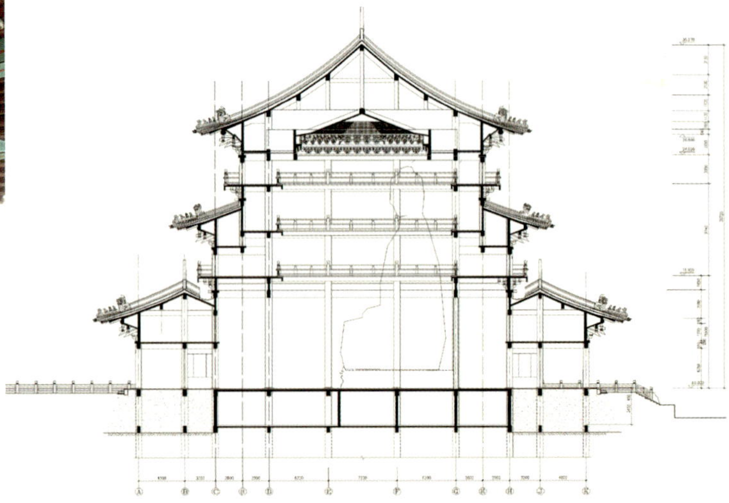

大雄宝殿剖面图

大雄宝殿立面图

大雄宝殿

天王殿

山门

05

辽宁省阜新市普安寺

建筑设计：徐新伟
结构设计：蒋宝华
设备电气设计：李 栋、单成福、周启玲

普安寺位于阜新海棠山东南麓，主要建筑大雄宝殿（措钦大殿）建于光绪二十四年（1898年），历经百年，于1974年被毁，只存平面遗址、残破墙垣与部分柱础。应建设单位之邀，我所根据遗址情况与藏传“都纲法式”做了复原设计。建筑于2003年落成。

普安寺随山就势坐落于6米高台之上，整组建筑含山门、旗杆、广场与大雄宝殿。建筑面积1033平方米。山门为传统明清北方汉式建筑，大雄宝殿为藏汉结合的建筑形式，平面柱网繁密，首层7开间每间2.9米，进深13间每间2.1米，屋顶为上人平顶。中间三开间处设高出屋面一层的卷棚式共享天窗；进深方向的最后两间为三开间带斗栱的歇山式大殿。

大殿外墙开有藏族碉楼式外窗；墙身、屋顶等部位分别装饰喇嘛教传统的铜法镜、法幢、法鼎以及梵文铭牌等宗教饰件，整组建筑为典型的汉藏建筑，其宗教色彩十分浓厚。

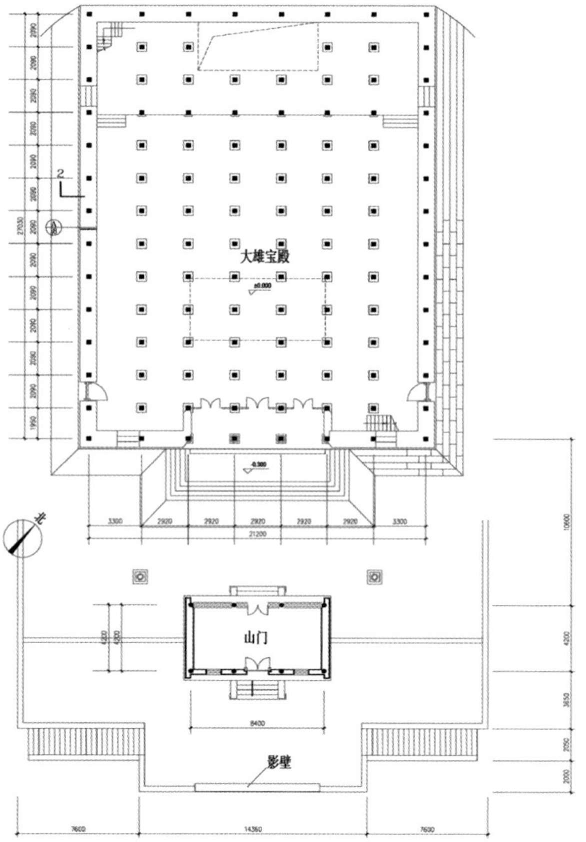

首层平面图

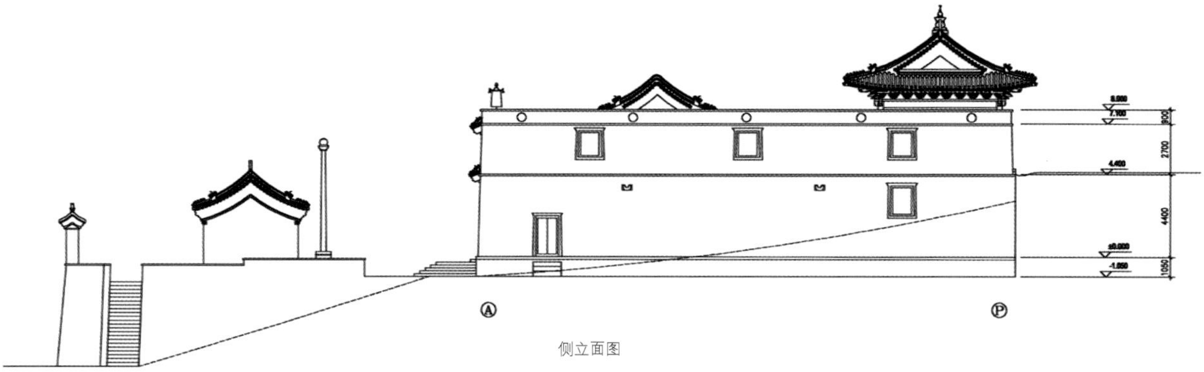

侧立面图

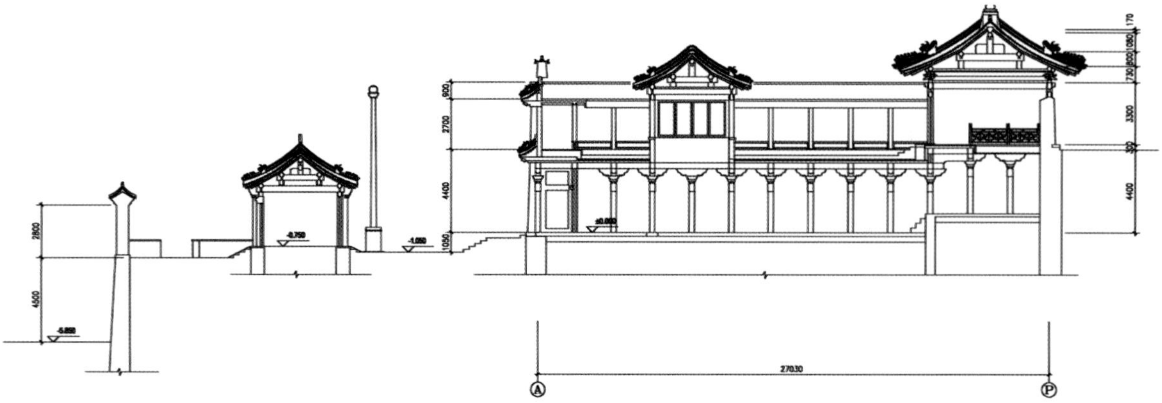

剖面图

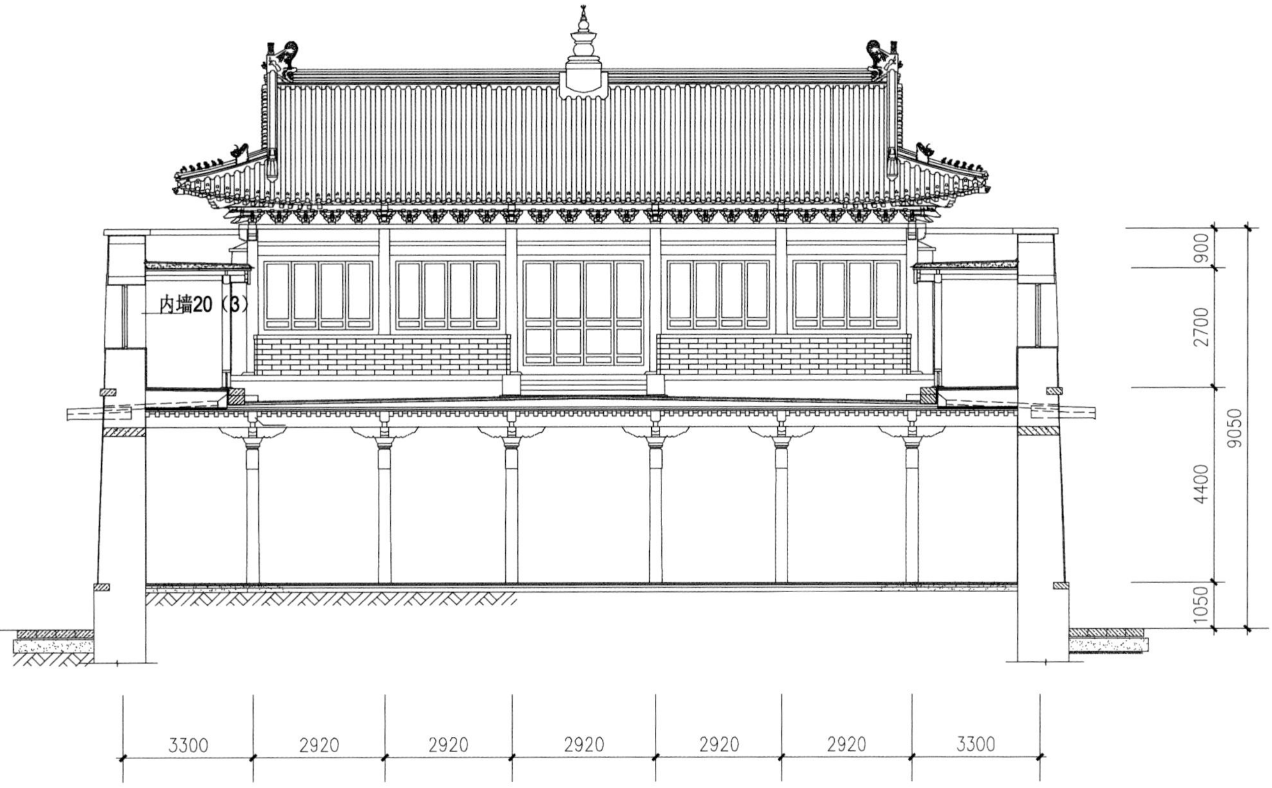

内墙20（3）
900
2700
9050
4400
1050
3300
2920
2920
2920
2920
2920
3300

剖面图

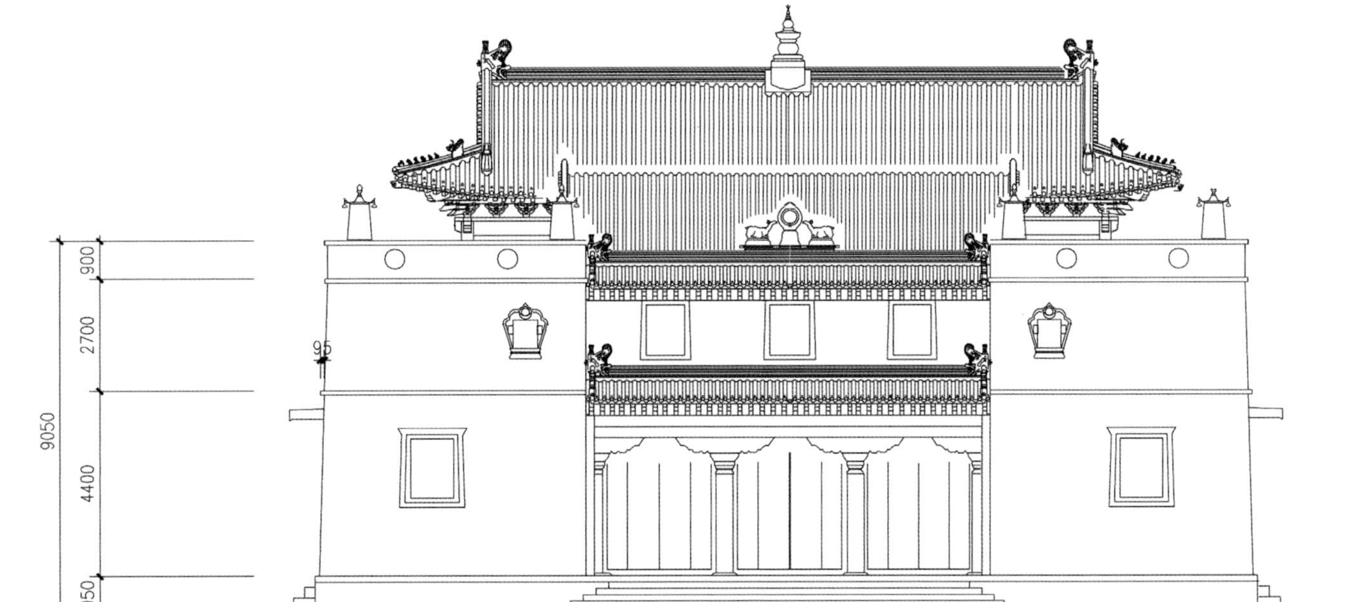

900
2700
9050
4400
1050
95
①
⑧

正立面图

06

上海静安寺

主要设计人：张丽鲜、李越、易斌

上海静安寺是我所与上海华东建筑设计研究院有限公司合作设计的项目，由上海华东院做总体设计、主结构及设备电气设计，我所负责屋顶及大雄宝殿的设计。

上海静安寺坐落在上海静安区，是一座具有宋代风格的千年古刹。中心建筑大雄宝殿是一座宋式重檐庑殿式木结构建筑。建筑构造、材分制度、比例权衡，构造做法均严格遵循宋《营造法式》。为佛事或祭拜需要，殿堂内采用减柱做法，以扩大室内空间，殿堂为彻上明造，所有构件、细部均一目了然。建筑通体选用泰国柚木加工而成。其中明间两棵内立柱高15米，直径800mm。建筑色彩：屋面施黄琉璃瓦、大木外表保持柚木本色不施色彩，仅作擦蜡保护，四周汉白玉石栏杆，将大雄宝殿装点得雄伟壮观、雍容华贵。

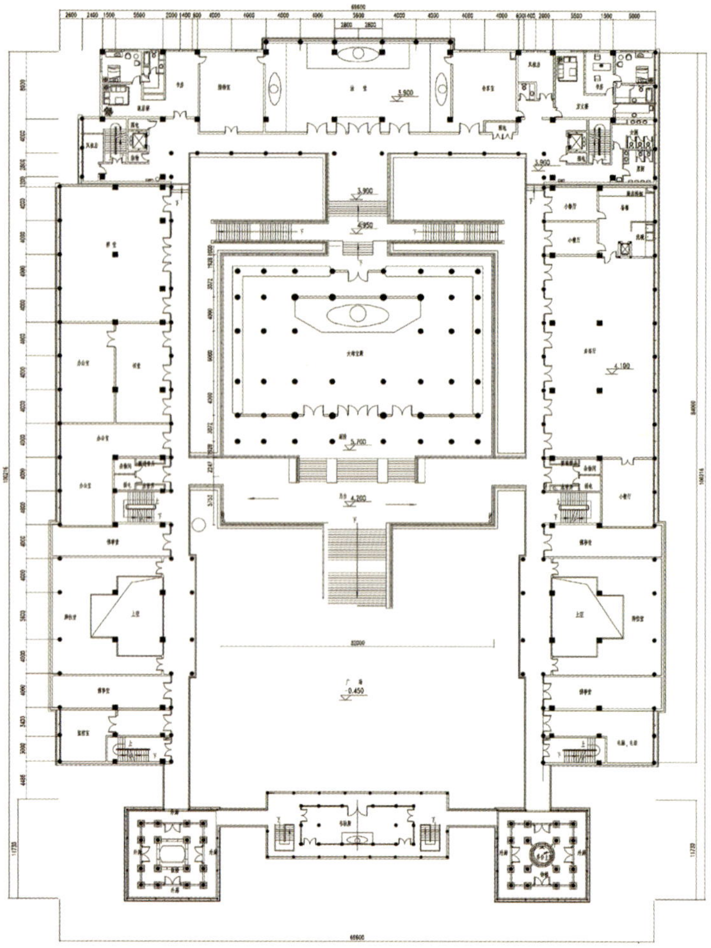

二层平面图

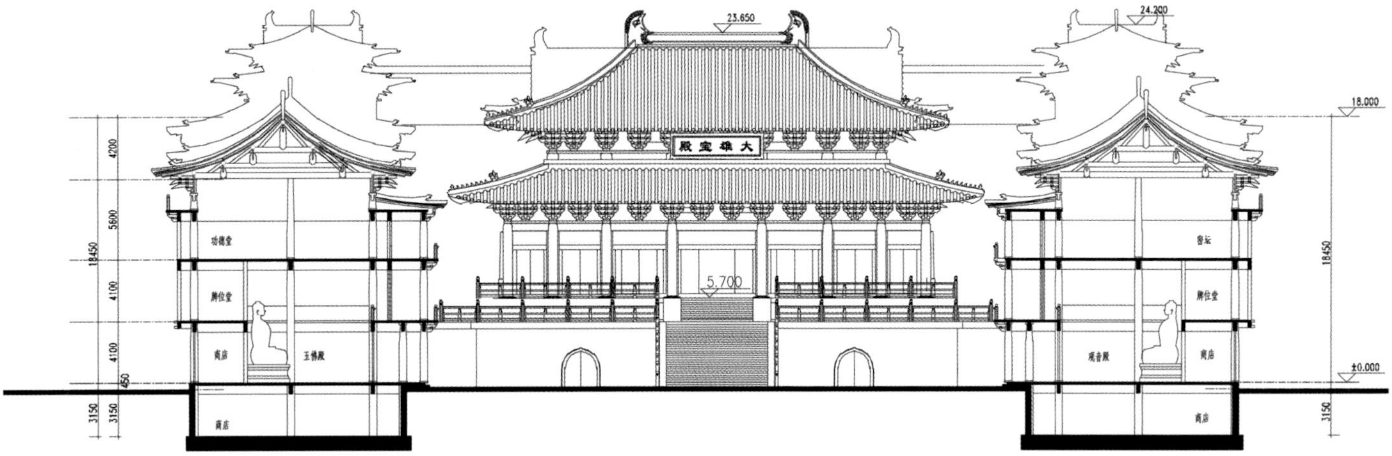

剖面图

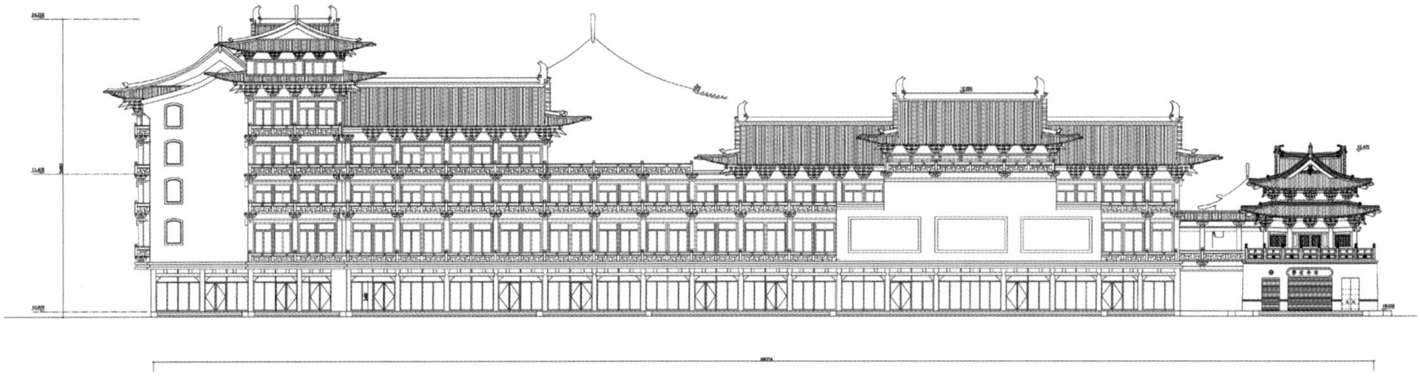

西立面图

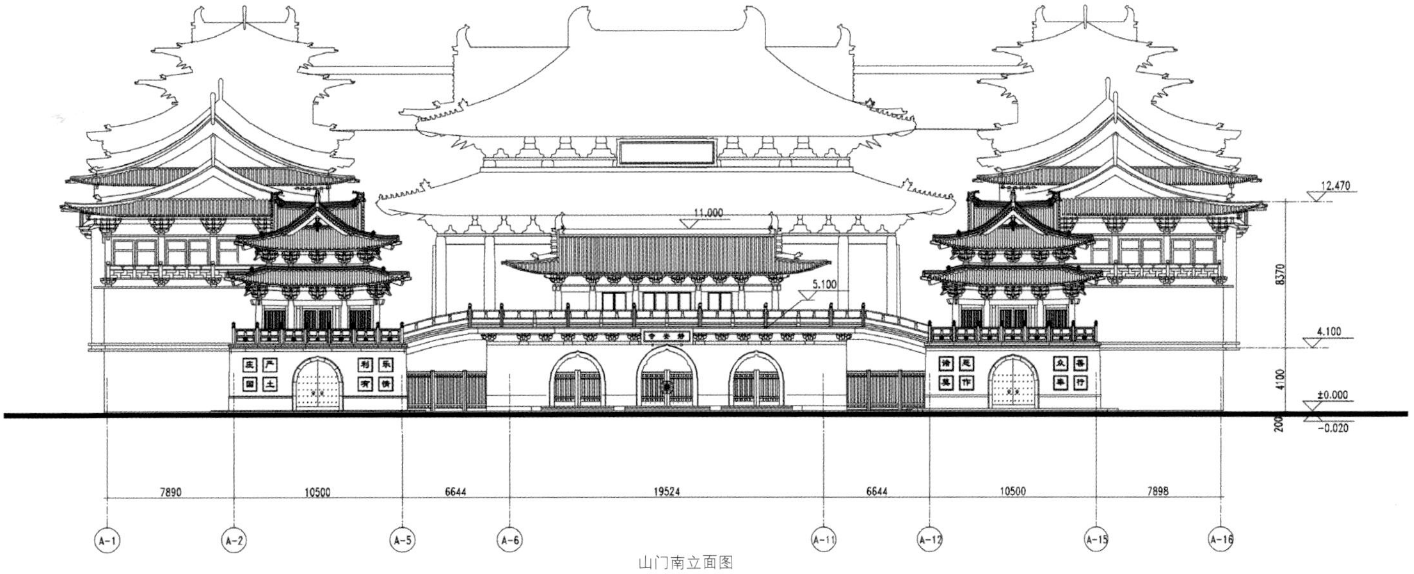

山门南立面图

07

武汉归元寺水明楼（圆通阁）

方案设计及项目负责人：马炳坚
建筑设计：马炳坚、张越、夏天、姜嘉慎、任一帆、谢成涛 等
结构设计：易斌
设备电气设计：单成福、李栋、周启玲

归元寺是武汉市著名佛教寺院，初建于清顺治五年（公元1658年），是国家级文物保护单位。1983年被列为全国重点开放寺庙之一。

圆通阁是归元寺扩建工程的主体建筑，由基座、楼阁和周围环廊、门庑、角亭组成，设计构思取材于佛教传统的金刚宝座塔。建筑占地3916平方米，主体楼阁建筑面积2266平方米，周围环廊、门庑及角亭面积805平方米。基座为石结构，内设陈列室、讲经堂、储藏室等，建筑面积3676平方米。本所负责楼阁、环廊等木结构部分设计，石构基座设计由福建省泉州市建筑设计院承担。

圆通阁主体为一座复合式全木结构建筑，主建筑是一座正方形四面带抱厦的楼阁。但每层抱厦都不相同：一层的抱厦是檐面朝外，二层变成山面朝外，三层又变成了四角置四个亭子，最上层则是一个十字脊歇山。造型的变化决定了内部构造的复杂性，给木造结构设计带来很大难度，其复杂程度比北京故宫角楼有过之而无不及。

圆通阁楼阁部分高42.3米，首层建筑面积1211平方米，是我国自清代中晚期以来建造的最大的也是最复杂的木构建筑。

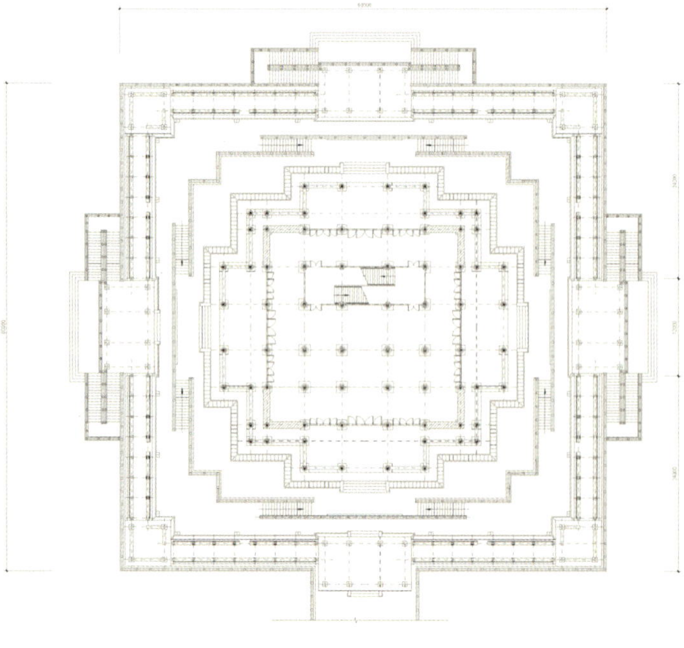

阁一层及门庑、围廊、角亭平面图

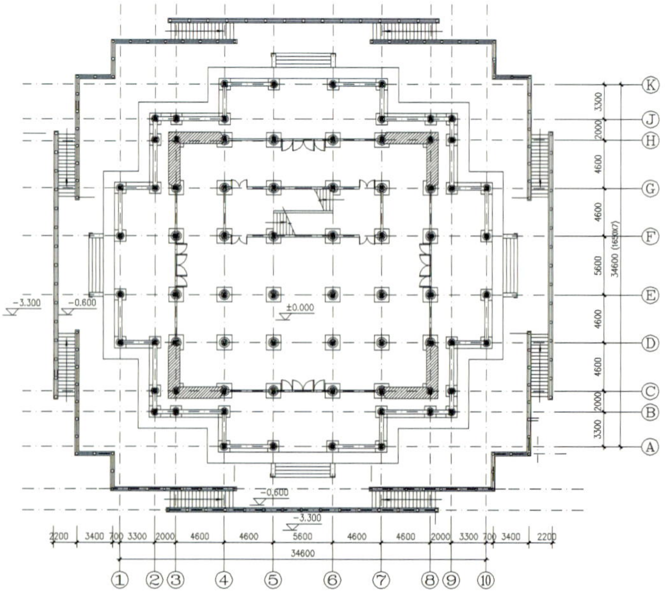

水明楼一层平面图

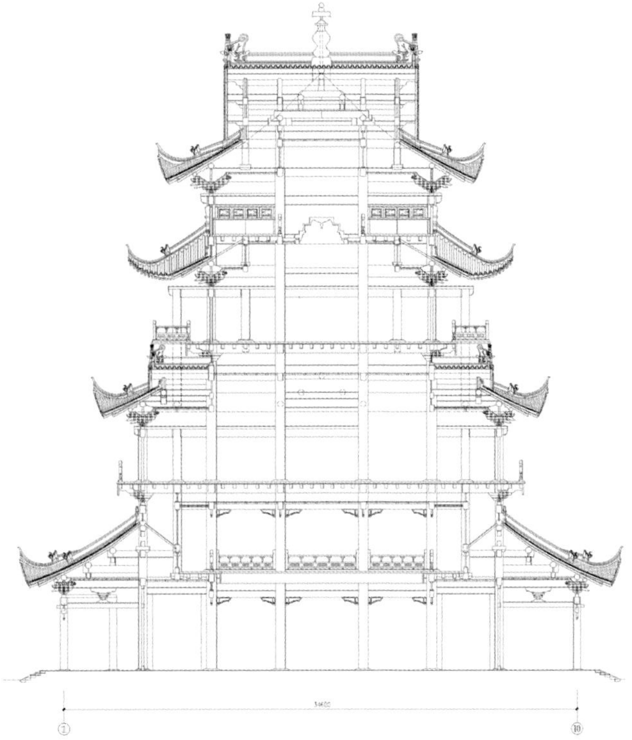

圆通阁剖面图

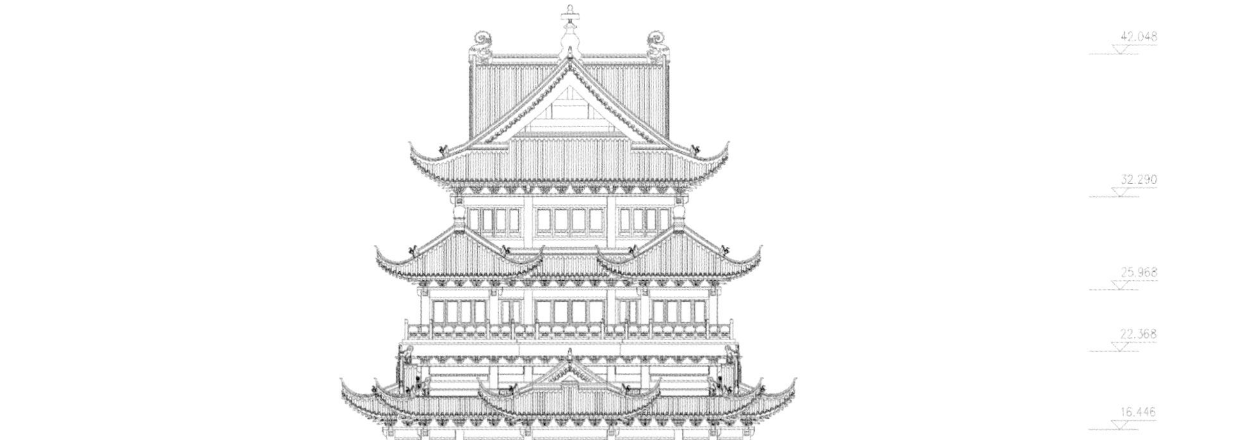

圆通阁东西北立面图

08

武汉归元寺法堂、念佛堂

工程主持人：张丽鲜　方案设计：张丽鲜
建筑设计：李小龙、雷云、唐婧持
结构设计：王大欣
设备电气设计：单成福、周启玲、李栋

武汉归元寺系佛教禅宗寺院，历经三百余年，香火缭绕，久享盛名，是一座具有悠久历史的佛教丛林，随着时代的不断发展，归元寺的建筑规模明显不能满足人们需求，法堂、念佛堂就是在原有禅寺的基础上扩建的，供僧人居住讲经及信众们念经的场所。法堂建筑布局是东西两侧为僧寮南北以连廊相接，合成一个四方院落，中间是一座地下一层地上两层的重檐歇山式建筑，主体建筑地上二层及连廊为木结构，其余均为混凝土结构。念佛堂建筑布局为院落四角是方形攒尖亭子，用长廊将亭子连接起来围合成一长方形院落，中间是一座上园下方四面出抱厦的重檐亭子，取天圆地方之意。

建筑总用地面积：9685平方米
总建筑面积：约7500平方米
其中：法堂僧寮部分建筑面积约为6000平方米。
　　　念佛堂部分建筑面积约为1500平方米。

武汉归元寺法堂透视图

武汉归元寺法堂鸟瞰图

武汉归元寺法堂鸟瞰图

武汉归元寺法堂透视图

禅意空间

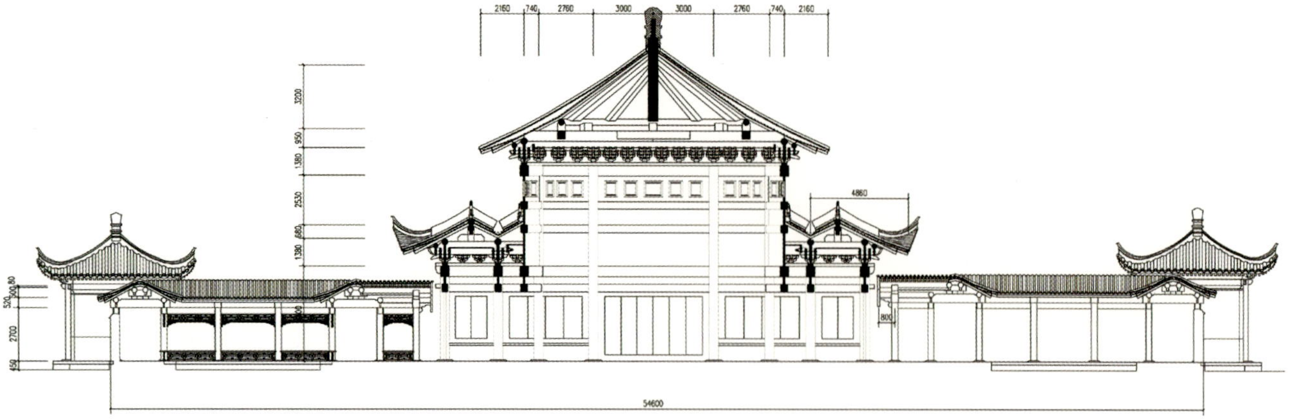

念佛堂剖面图

念佛堂立面图

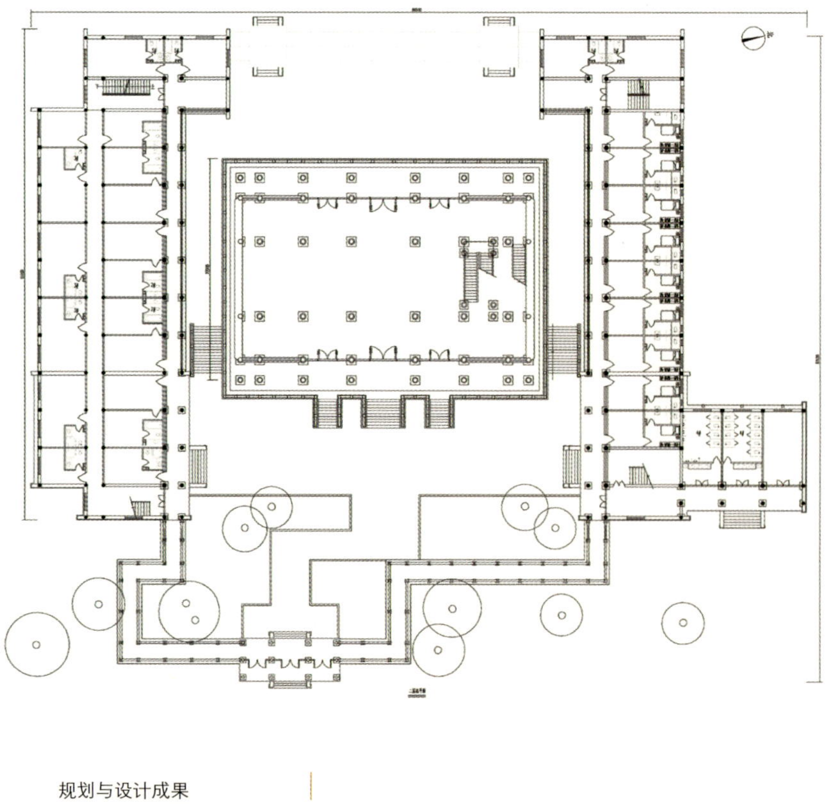

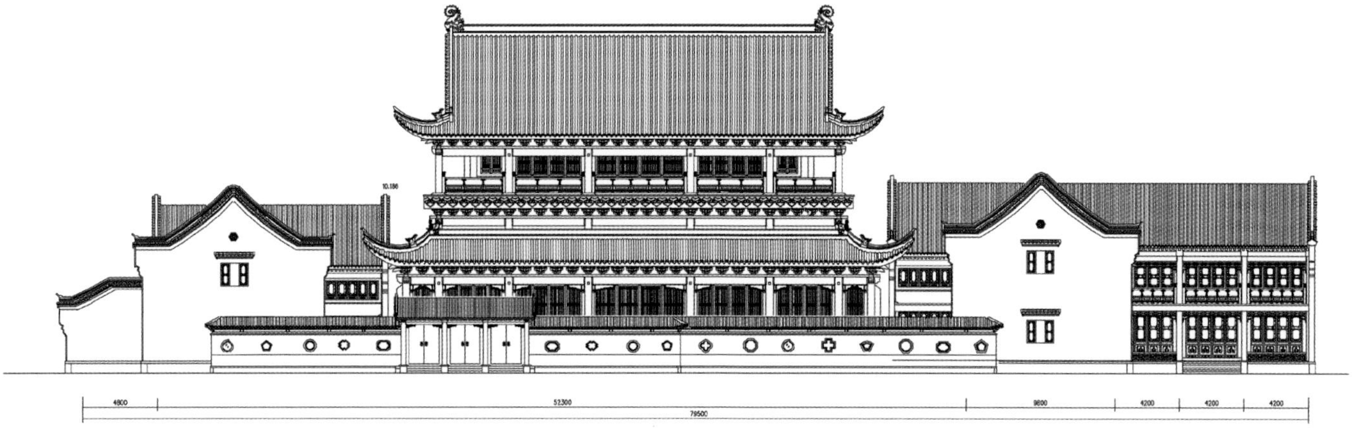

东立面图

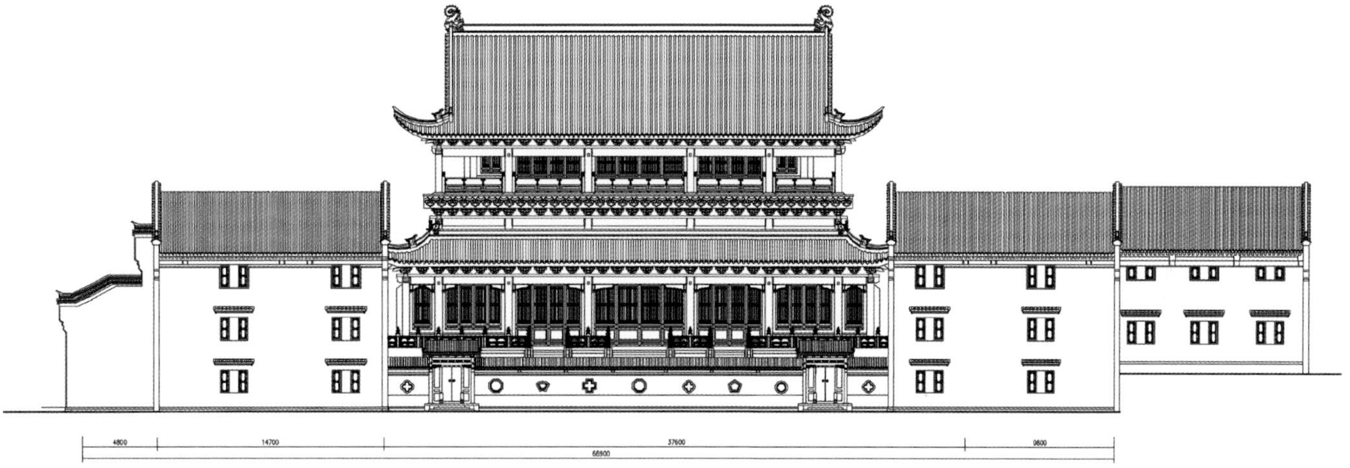

西立面图

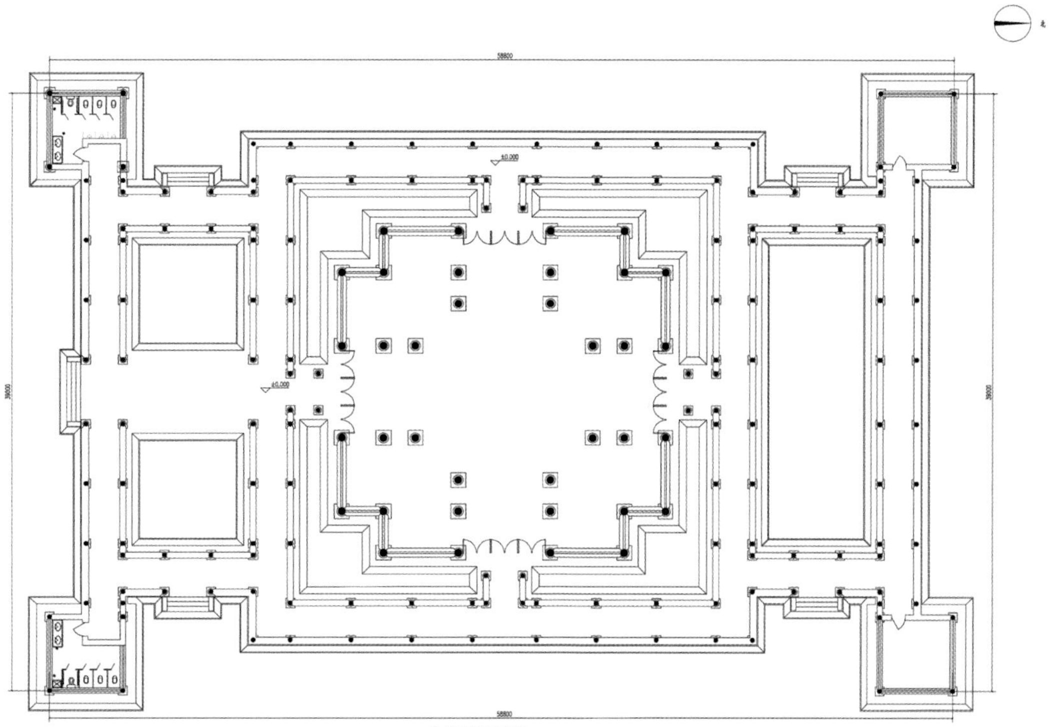

念佛堂平面图

09

山西五台山玉华寺

建筑面积：9048.9m²
工程主持人：王克刚
建筑专业：王克刚、李 琳、张 郁
结构专业：蒋宝华
设备电气专业：李栋、单成福
设计时间：2008年

玉华寺初建于东汉永平年间，据记载永平年间（公元前58-75年）五台山已有万寿寺亦称玉华寺。唐、宋、元、明，历代间屡废屡兴，“文化大革命”过后（1978年）再次被毁，仅留残垣断壁、塔基、青石碑及建筑基址。

此次对玉华寺的规划设计，是在对原有历史遗迹进行充分调查研究的基础上，根据党的宗教政策及旅游业发展的需要而做的，本设计将玉华寺规划为上院（包括上院寺院、文殊院、上院僧舍、寮房四处）、下院（包括下院寺院、东、西8套院、龙王庙四处）两部分。总建筑面积9048.9平方米。规划依山就势，尊重原有遗址和景观，不破坏山体植被，不开辟新的地块，在原有明清寺庙遗址上适当调整规模。新设计的玉华寺既保持了原有寺庙的规模和形态，又能满足僧众的使用要求，同时也为五台山恢复了一处人文景观。

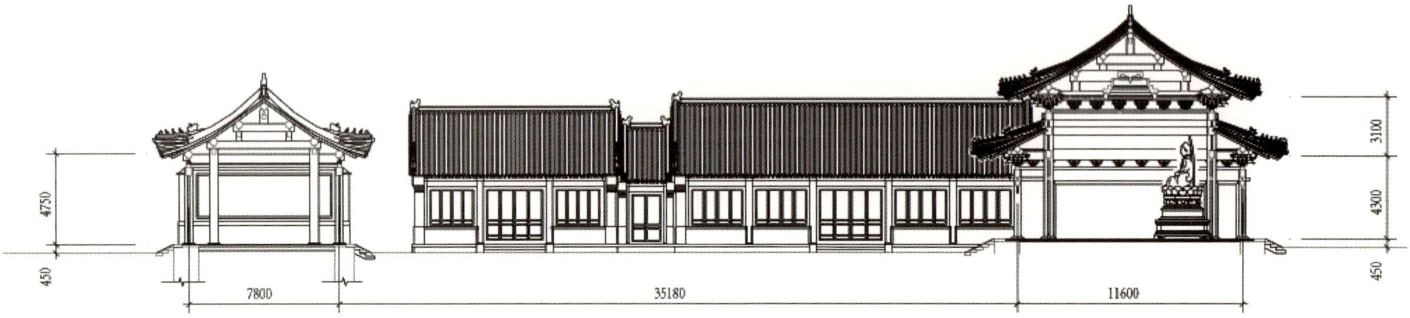

五台山玉华寺（下院）纵剖面图

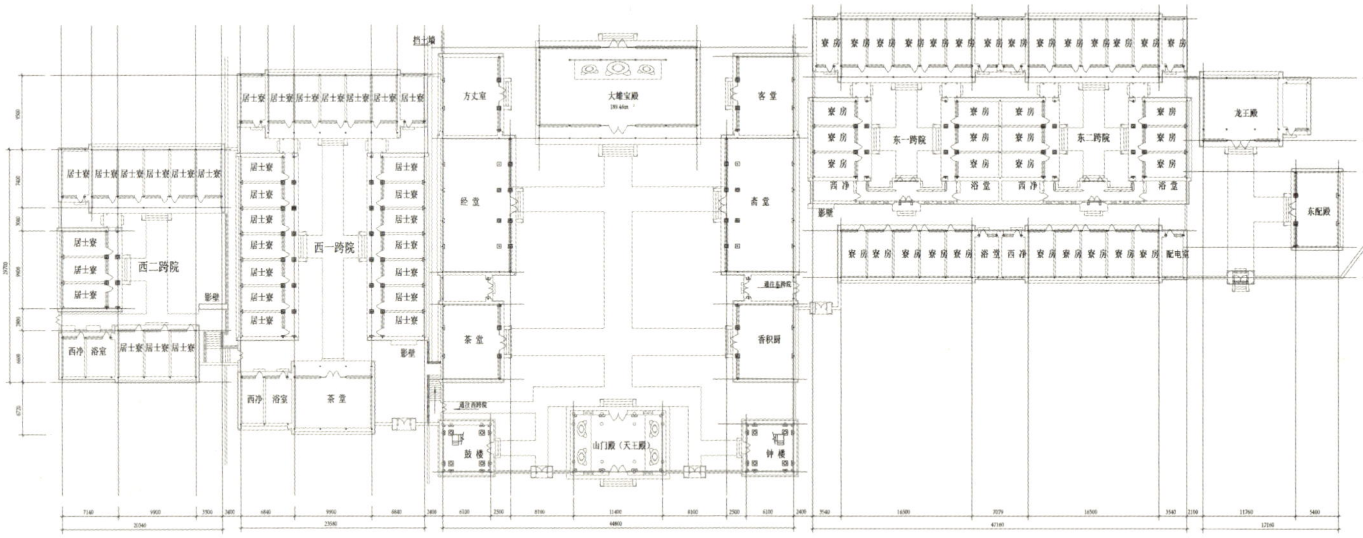

五台山玉华寺（下院）平面图

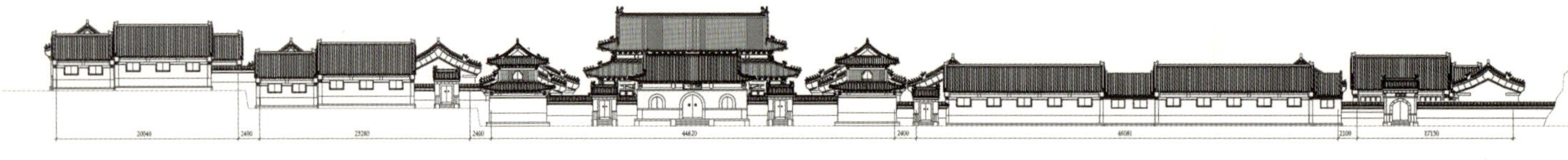
五台山玉华寺（下院）正立面图

五台山玉华寺下院

10

山西长治六府塔

建筑面积：6478m²　　工程主持人：王克刚

建筑专业：王克刚　　结构专业：易 斌

设备电气专业：单成福、周启玲、李 栋

设计时间：2006年

山西长治六府塔建在长治原六府塔（宝雨寺塔）遗迹以东。原六府塔始建于后唐明宗天成四年（929年），为十五层密檐砖塔，现只残存塔身下半部第一层（残高约10米）。

为了更好的满足人民群众的文化需求，保护文物，开发旅游，长治市政府委托我所根据现存六府塔遗迹及有关资料重新建一座六府塔。我所在新塔的设计中充分参考现存文献对该塔层数的记载，充分考虑并满足建设方对新六府塔的功能要求。外形采用密檐砖塔风格并在每两层密檐中挑出一层观光平台，以满足旅游观光的需求。新塔采用钢筋混凝土结构，造型优美，体量宏大，塔总高91.45米，建成后将成为长治市标志性建筑。

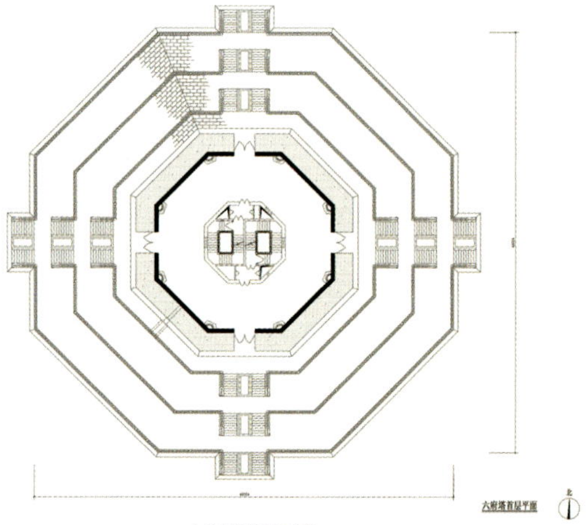

六府塔首层平面

六府塔南立面图

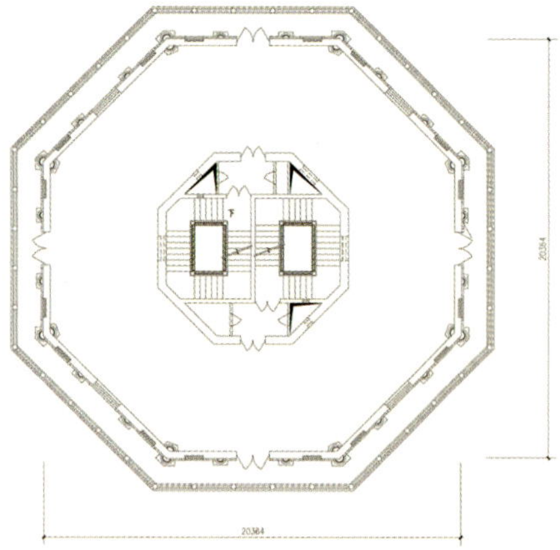

六府塔六层平面图

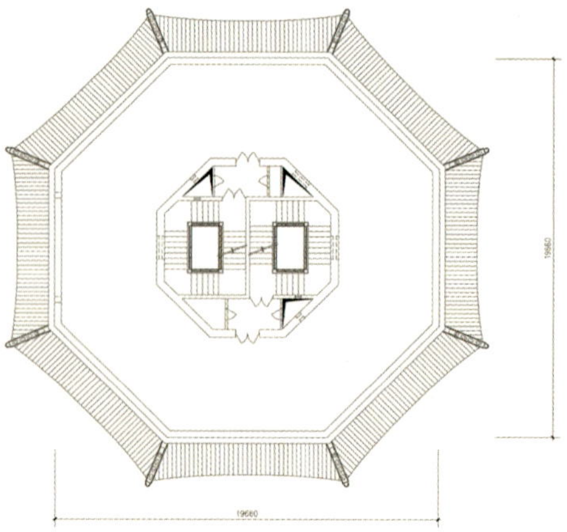

六府塔八层平面图

11 山东沂山东镇庙

总占地面积：50200m^2　　总建筑面积：13135m^2

容积率：0.26　　项目负责人：张越

建筑设计：张越

该项目位于山东临朐市沂山风景区内，寺庙南北长230米，东西宽180米，占地总面积5.02万平方米，建筑面积13135m^2。

东镇是历史上的五镇之首，历史文化源远流长。规划方案根据东镇文化和原有历史遗迹、遗存，遵循宗教规制，结合沂山旅游业发展的需要而设计。

东镇庙在原址上倚山扩建，北高南低，在建筑形式上完全采用中国传统的院落形式，四面围合，其间以甬路、花墙、长廊相隔，分为东、中、西个三院落，在山门前建有棂星门一座。

中院由南向北依次为：山门、护法殿、主殿、两侧配殿、寝宫、后罩楼。整座寺院由长廊环绕，长廊两侧布置二十四孝故事图和十二生肖图等文化内容。在中院院内完整保留汉柏、唐槐、古碑、宋代月台等历史遗存。后罩楼一层为中华民族历代武将碑刻，二层供奉历代到沂山封禅祭祀的十六位帝王牌位，其余房间为办公使用。

东院由南向北依次顺序为：贵宾接待院、财神院、救苦天尊神院、文昌神院、三官神院；

西院由南向北依次顺序为：工作人员办公院、神职人员生活院、碧霞元君神院、药王神院、六十元辰神院；

后罩楼和东西院后为东镇庙后花园，以楼阁亭台形式为游人提供小憩之所；

在寺庙四周留有6米宽道路，两侧绿化；中路与东西路之间留有4米宽道路，两侧配以绿化；寺庙与后花园之间留有6米宽道路，两侧绿化，同时东西两路各增设两条东西向道路与四周环形道路联系，方便游人和消防车进入。寺庙中除甬路、月台做硬化铺装外，其他区域均做绿化铺装，尽可能地保留原有树木外，沿道路两侧种植松柏等树木，创造庄严肃穆的环境。

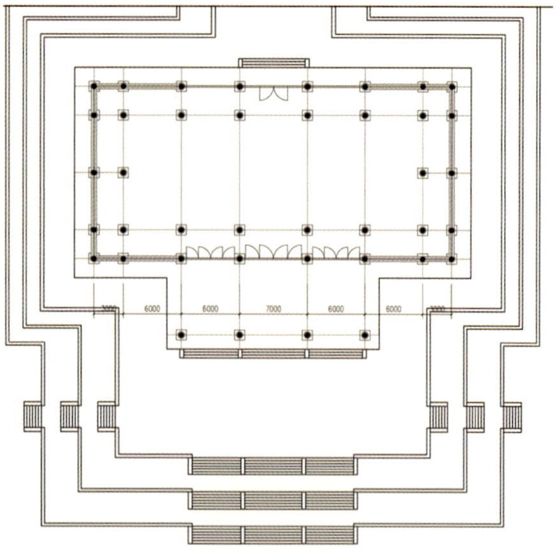

主殿平面图

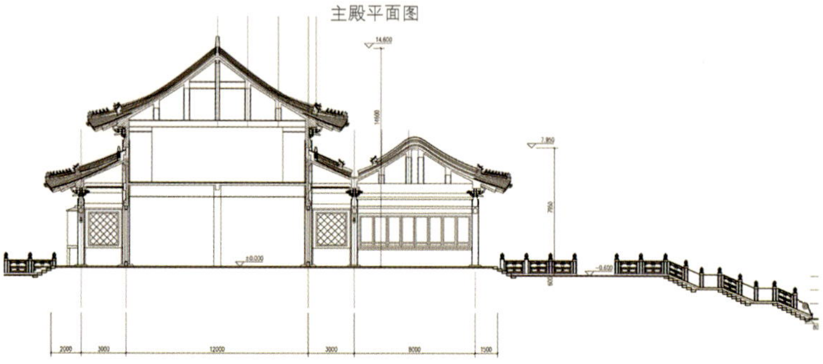

主殿剖面图

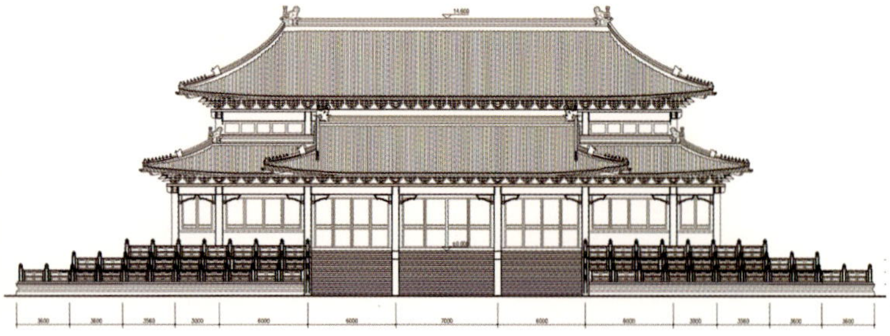

主殿和拜殿立面图

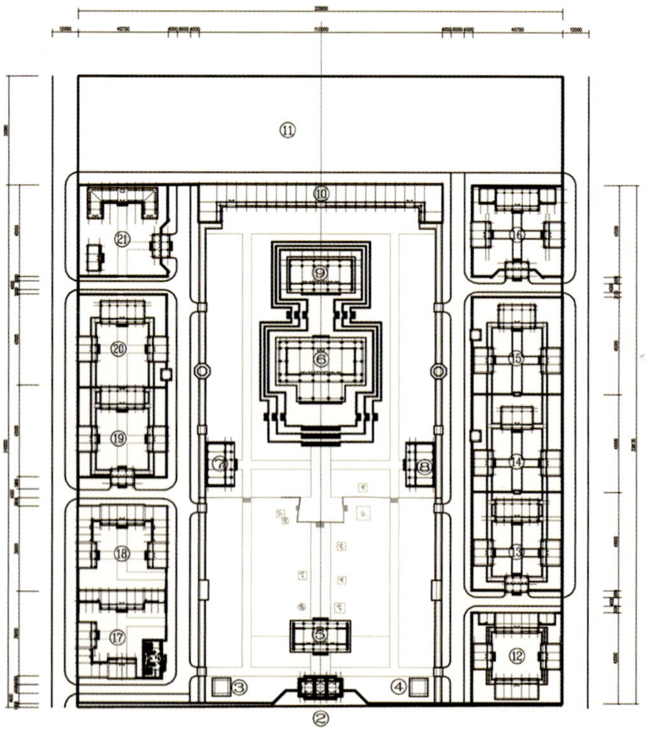

总平面图

东镇庙鸟瞰图

东镇坊

总平面屋顶渲染图

12

山东汶上县宝相寺佛牙殿

占地面积：65000m^2　　建筑面积：16702m^2
其中佛牙殿：9830m^2　　藏经楼：1156m^2
讲经堂：1156m^2　　绿化和发展用地：26370m^2
规划与建筑设计：张越、李小龙
技术顾问：马炳坚

汶上县地处山东省西南部，属济宁市辖县，汶上具有丰厚的历史文化财富，宝相寺就是重要代表之一，其始建年代，有建于唐朝和北宋两种说法。寺中最特色的建筑是太子灵踪塔。塔为八角十三层楼阁式砖塔，塔通高45.5米，精工细作，古朴典雅。1994年修葺塔体时，在地宫内发现了佛骨、佛舍利等141件佛教圣物，经专家鉴定均为国家一级文物。

本次规划设计的佛牙殿建筑群位于砖塔的北侧，是整组寺庙建筑群的高潮。基地东西宽约250米，南北长深约260米，总占地6.5万平方米。本设计把握以下原则：“与整体规划相协调，与保留建筑相协调，突出建筑特色，延续历史文脉”。

根据功能要求，在灵踪塔和佛牙殿建筑群之间留有道路和广场；并将藏经楼、讲经堂作为佛牙殿的东西配殿，单独设立。

佛牙殿是建筑群的核心建筑，东西长73米，南北深57.8米，正脊高47米，月台高4.5米，总高51.5米。考虑到建筑体量庞大，平面布局采用复合式建筑形式，中心为长方形平面，覆以歇山式屋顶，前后左右四个方向各接出抱厦，其中东、西两侧各伸出三开间抱厦，南侧主立面做五开间抱厦，北侧做单层三间抱厦，抱厦均采用歇山屋顶形式，屋顶有主有次，屋脊有横有纵，错落变化。建筑立面明三层、暗五层，各层平面尺寸递减，形成一座复合式三重檐楼阁建筑，建筑气势宏伟，造型丰富。

整组建筑采用明清官式建筑形式，屋顶做黄琉璃瓦绿剪边，以此显示佛牙殿的尊贵大气。

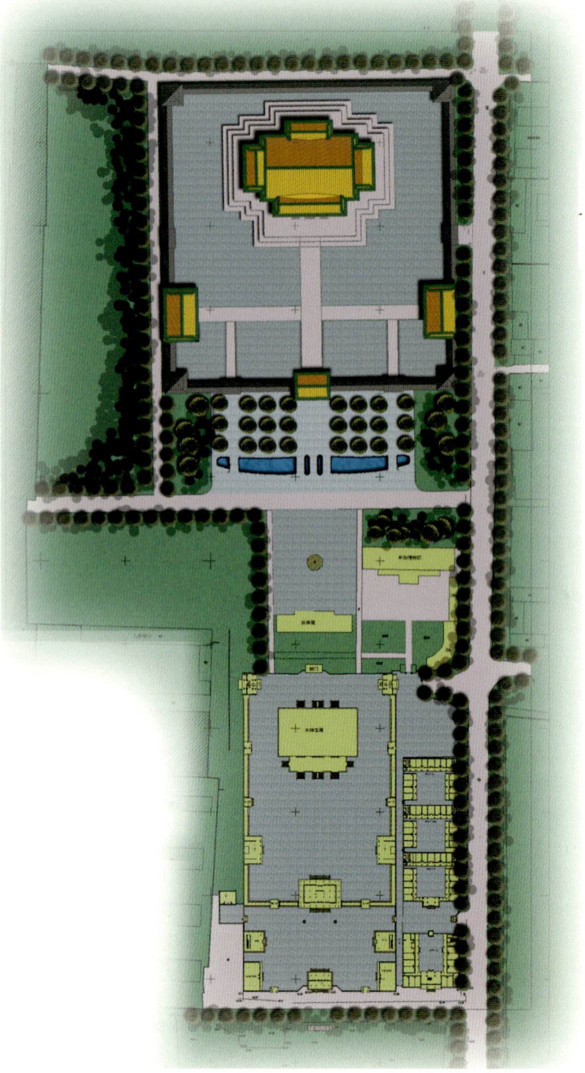
总平面图方案一

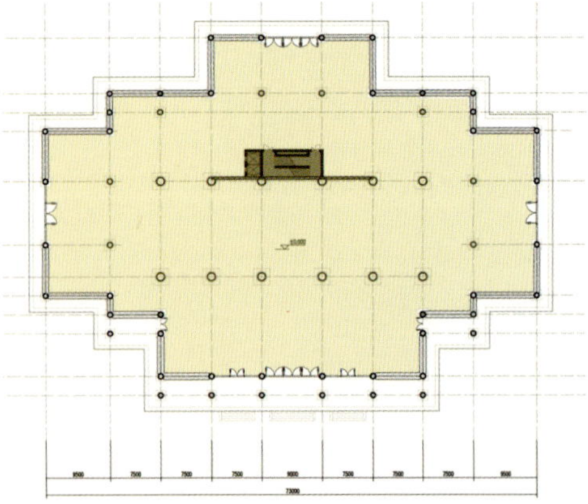
首层平面图（建筑面积3570M^2）

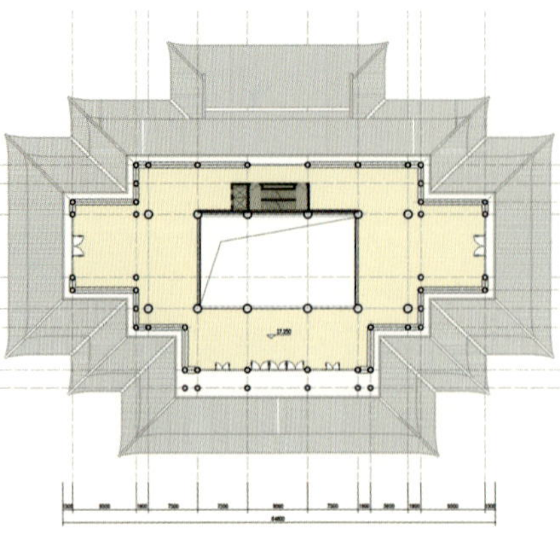
五层平面图（建筑面积1400M^2）

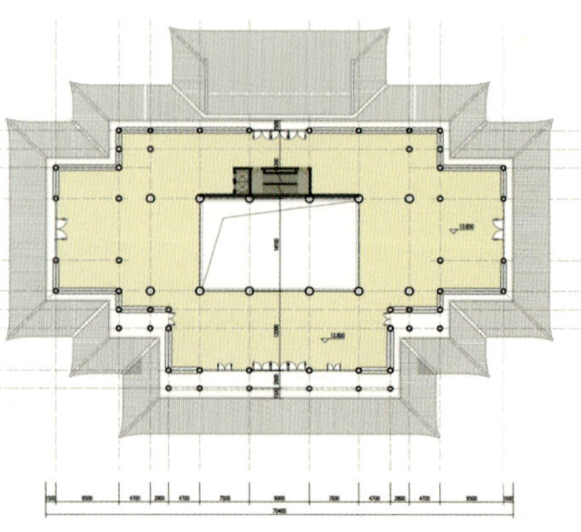
三层平面图（建筑面积1990M^2）

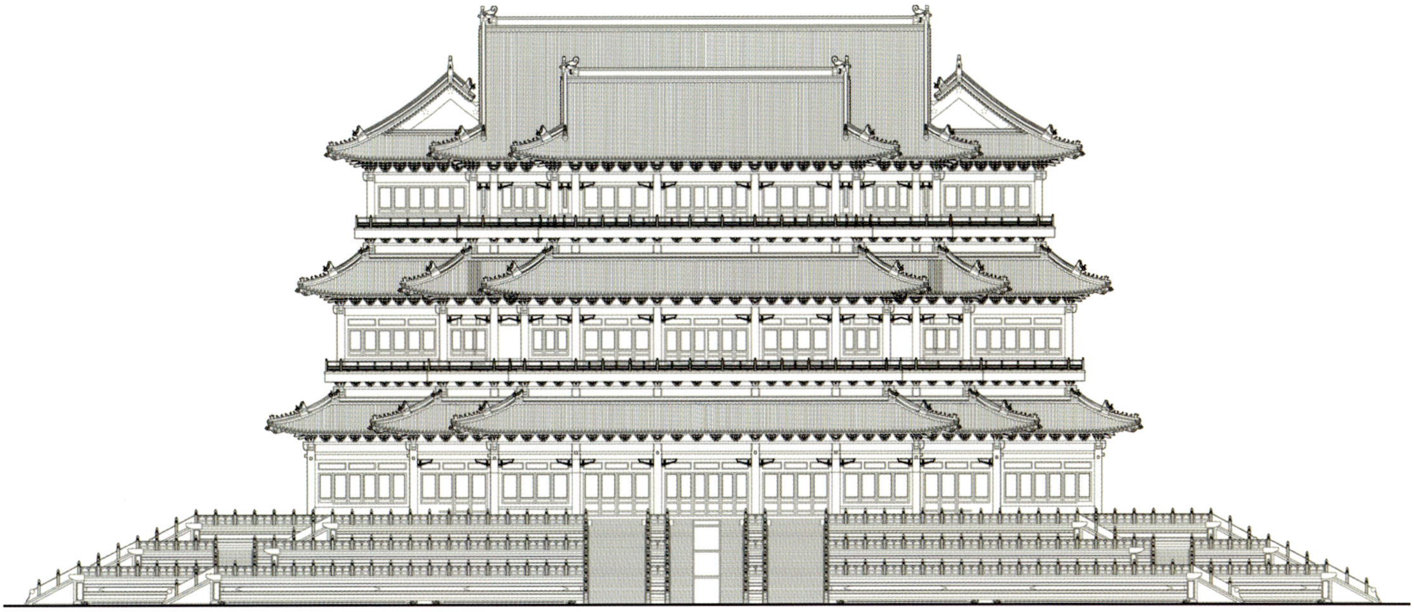

佛牙殿正立面图

佛牙殿鸟瞰图

5

园林建筑及景观设计

01

北京中共中央党校汇名园

工程主持人：马炳坚
建筑设计：马炳坚、相炳哲、蒋涛、唐婧持
结构设计：易斌 等

北京中共中央党校汇名园园林古建筑设计完成于1997～1999年，是中央党校的环境改造项目，主要内容有：正蒙斋及湖区周边景观建筑上下天光、临湖榭、扇面厅、大垂花门等，建筑面积1280平方米。

景区建筑采用传统古典园林建筑形式，有合院建筑、楼阁建筑、牌楼、水榭、亭子、曲桥等多种形式，围绕人工湖，掩映其间，犹如仙境。该项目由时任中央党校副校长（现任天津市人大常委会主任）的刘胜玉同志亲自主持。工程完成后，为前来党校学习的学员创造出优美的学习和休息环境，深受学员称赞。

本工程项目设计是我所与北京创新景观园林设计公司合作完成，我所承担建筑设计，景观园林公司承担园林设计。

大垂花门

正蒙斋入口

上下天光景区

02

北京日坛公园画舫及水榭

工程主持人：马炳坚
建筑设计：马炳坚
结构设计：易斌等

这是我所早期的设计项目之一，完成于1984年，同时设计的还有日坛餐厅。

画舫又称“不系舟”，是中国传统园林建筑常采用的建筑形式之一，这种建筑小品在江南园林中居多，北方皇家园林中则以颐和园的画舫最为闻名。本画舫设计采用北方官式建筑风格，基座为一座船形台基，由青白石砌筑。建筑主体为两个朝向和高低均不同的歇山式建筑，由一段连廊连接，构造虽不复杂，但组合巧妙，造型优美，颇有园林建筑韵味。建成二十年来深受人们喜爱，在画舫的西侧还有一座六角小亭，临水而立，与画舫遥相呼应，相得益彰。

03

北京中山公园西门改造

占地面积：400m^2　　建筑面积：308m^2

方案设计：姜振鹏　　建筑设计：张越

结构设计：易斌　　设备电气：周启玲、单成福、李栋

本工程位于中山公园西门入口处，是从西侧南长街进入公园的重要入口。建筑面积308.4平方米，工程设计在2004年3月开始，竣工于2005年10月。

原有的公园西门是围墙上直接开的门洞，此次改造在围墙入口内增设建筑，设南房售票室3间，北房小卖部两间，东房敞轩三间，游廊相连，形成入口院落。在售票室往南，设东西向管理用房5间，满足各种功能的需要。

设计方案采用传统的清式园林古建风格，平面布局与环境相结合，不仅考虑了现有树木的保留和退让，又同时满足了游人的疏散和无障碍要求。

西门改造工程与现有公园环境相协调，不但美化了西门的园林景观，而且满足了功能要求，为游人提供更加优美的游园环境。

东侧三间房

西侧三间房

从北侧看入口

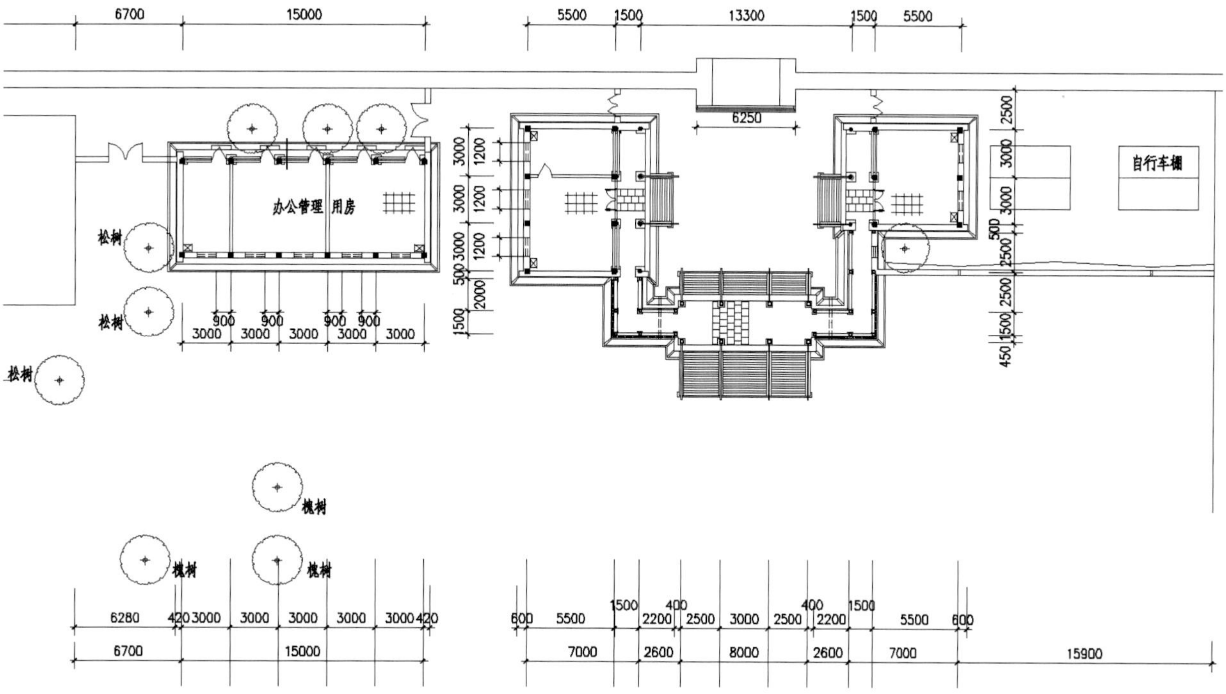

中山公园西门改造平面图

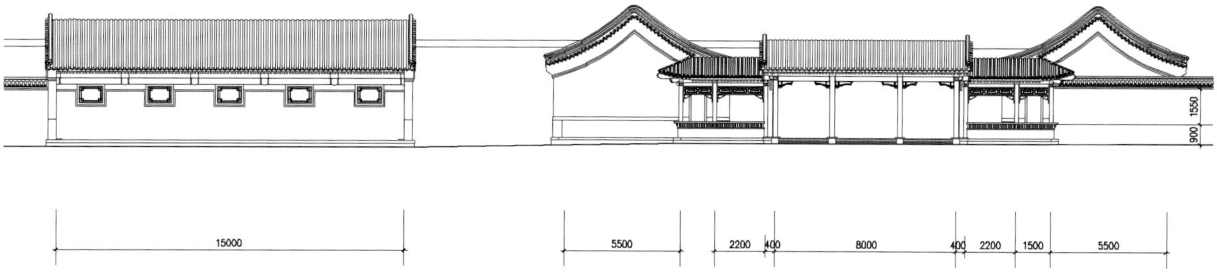

中山公园西门改造东立面图

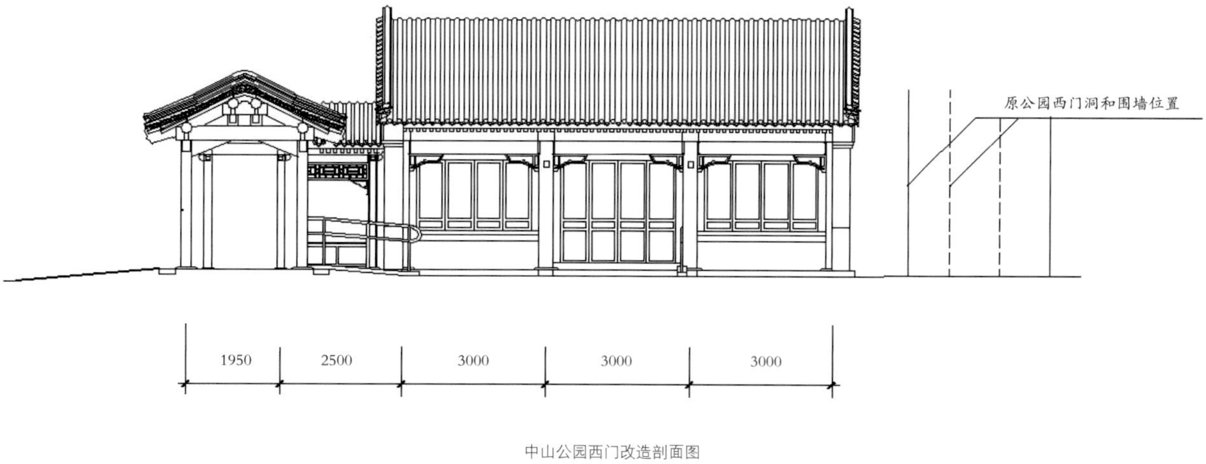

中山公园西门改造剖面图

04

保定古莲池公园景点复建

主要设计人：王思萌　　建筑设计：王思萌
结构设计：蒋保华　　电气设计：李栋
给排水设计：单成福　　暖通设计：周启玲
项目顾问：马炳坚　　其中蕊幢精舍规划占地：885.8m^2
建筑面积：625.16m^2

保定古莲池公园是我国著名古典园林之一，位于河北省保定市旧城中心。初建于元太祖二十二年，原名雪香园，园中诸景以藻咏楼、篇留洞、含沧亭、春午坡、高芬阁、万卷楼、北草堂、宛虹亭、鹤柴、蕊幢精舍、绎堂、寒绿轩组成了著名的“莲池十二景”，有“城市蓬莱”的美称。1900年秋，英、法、德、意四国联军侵入保定，古莲池内的珍贵文物被洗劫一空，“十二景”也遭到严重破坏。

2006年保定市委市政府曾对古莲池现存的九个景点进行了修缮及复建。2008年又对后三景进行复建，复建的主要依据除历史文献记载及诗文吟咏之外，还有古莲池的四种景图，其中分景绘制的有绘于清乾隆时期的《保定名胜图咏》，以及清同治时按乾隆《保定名胜图咏》重绘的十二景图；

古莲池后三景分别是：蕊幢精舍、绎堂和鹤柴。蕊幢精舍由藏经楼、禅房、煨芋和篆窠等四部分构成，总计约650平方米，是后三景恢复工程中规模最大的。绎堂是当年王公贵族们练习射箭的地方，建筑面积约70多平方米；鹤柴在古莲池西侧，面积约100多平方米。

此次“蕊幢精舍”等三处景点的复建，使鼎盛时期“莲池十二景”得以再现。

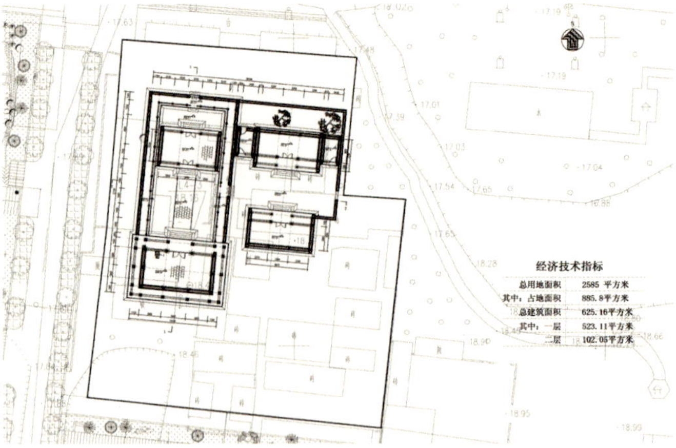

蕊幢精舍方案平面图

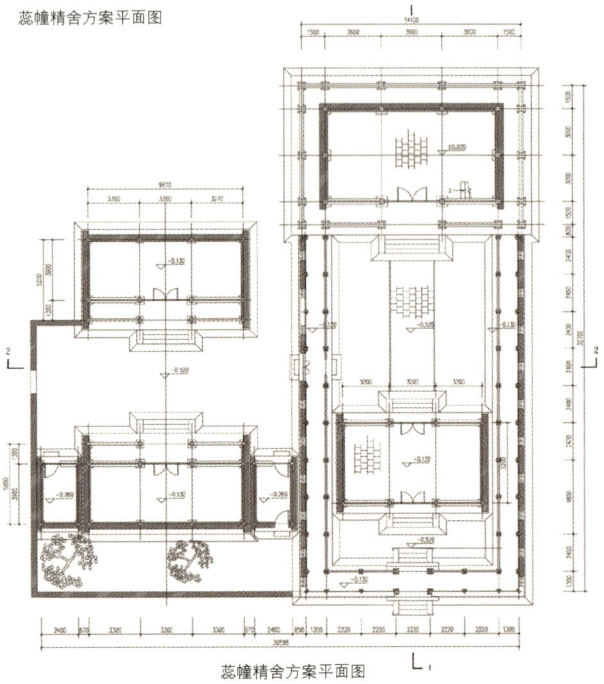

蕊幢精舍方案平面图

复建后的蕊幢精舍

《保定名胜图咏》中的蕊幢精舍

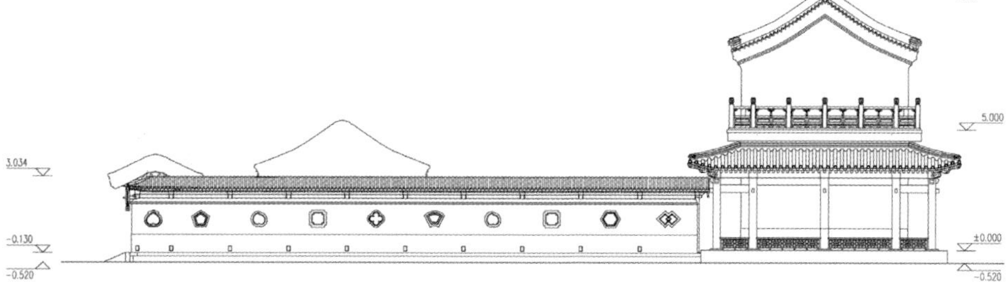

蕊幢精舍西立面图

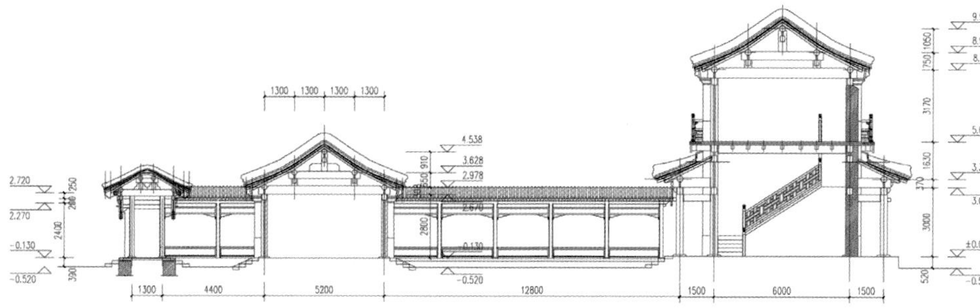

蕊幢精舍剖面图

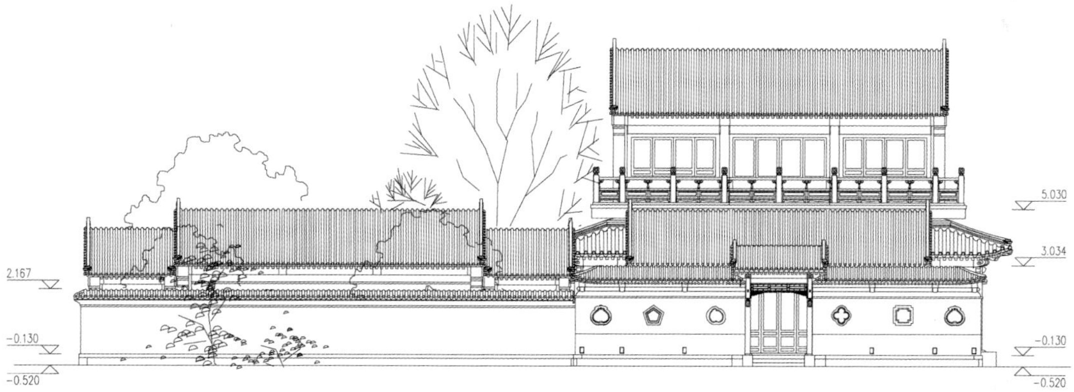

蕊幢精舍北立面图

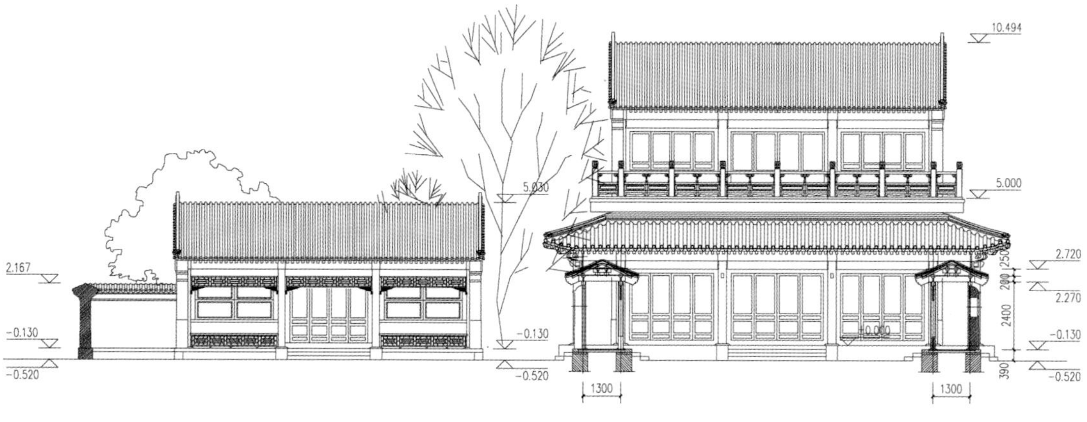

蕊幢精舍剖面图

蕊幢精舍东院鸟瞰

蕊幢精舍庭院

藏经楼背立面

蕊幢精舍入口垂花门

05

山东宏济堂生产基地园林景观设计

景观方案：檀馨
景观园林设计：马骏等

济南宏济堂制药有限责任公司生产基地位于力诺科技园，地块范围为一山谷，东西两侧是山坡，谷地为排洪沟，上游有一泉眼，现状植物主要有侧柏、刺柏、立柳、榆树、荆条、狼尾草等，还有部分农田果园。

宏济堂是拥有百年历史的中华老字号，见证了我国近代中医药产业的发展史。本项目紧扣中医文化主题，充分利用宏济堂的名牌效应和优越的自然条件，建设集生产、科研、教学、接待、游览等多种功能与一身的综合性园区。

根据上述规划原则，结合厂现状总体构思如下：

以中医文化为龙头，突出中医文化、绿色产业、生态游览等概念。

利用现状水系丰富的特点，扩大水体面积，形成中心水体景观。

中心水景分别与入口区、办公区、药用植物园形成环环相扣的景观系统。

以主要环形交通体系，步行游览系统辅助完成不同空间的组合与联系。

引入北部污水处理厂的中水输出体系。设置雨水回收系统，最大程度地节约水资源。

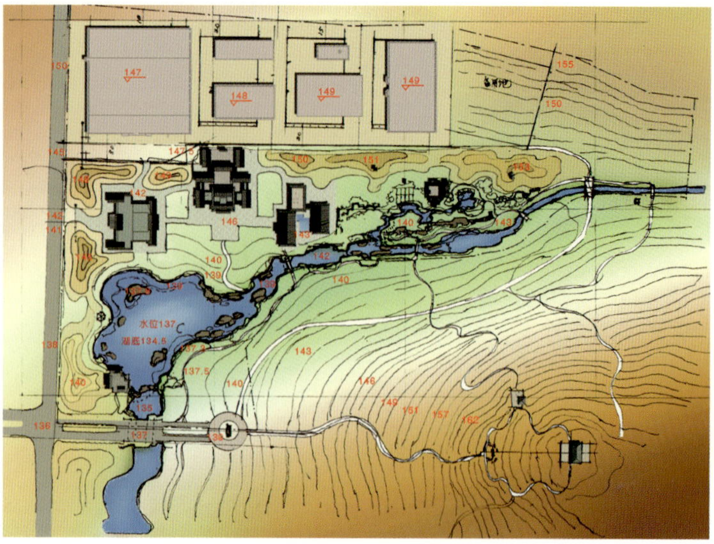

竖向规划图

总平面图

景观意向图

鸟瞰效果图

06

北京大学国家发展研究中心园林景观设计

项目负责人：覃方安

主要设计人：覃方安、晋施

北京大学发展研究中心建设用地有着清代承泽园的历史背景，现存有部分山形水系、园林小品及遗址，本环境设计本着尊重历史，传承文脉的原则，依据现有史料记载，遵循传统造园手法，尽量重现鼎盛时期的承泽园的风貌。

方案依照承泽园原有水系形状进行理水设计，并遵循北大总体规划引水入园。复原修复原有石桥，对原有破旧的自然山石驳岸在原风格基础上进行整修，并且增加一些较大石块和水边的休息坐椅加以点缀，进一步加强临水的景观效果。

依据原有布局对绵延东西两湖之间的山丘进行恢复，保留原有树木，复原山坡叠石，并且在主要入口和景观节点上增加一些微地形，既与原有山形形成呼应，又能明确分清主次，保留原有地形的主导地位。

原有大树名木一概予以保留，清理杂树，选用北京传统造园树种进行配植，种植手法上做到疏密结合，张弛有度，突出道路对景和景观节点，在重点区域形成丰富的植物景观；种植方式采用乔、灌、草结合的复层种植形式，增大绿地量，利用有限的绿地面积发挥最大的绿地效应。

在南侧新建建筑的两个中庭的环境设计中严格依照清代传统造园手法，营造出古朴典雅，安逸舒适的环境氛围。

由于现代功能的需要，传统的道路铺装做法已无法适应要求，所以在本次设计中对于道路铺装采用了传统色彩、图案、质感，与现代材料、工艺相结合的做法，使之在满足使用要求的前提下与全园风格相统一。

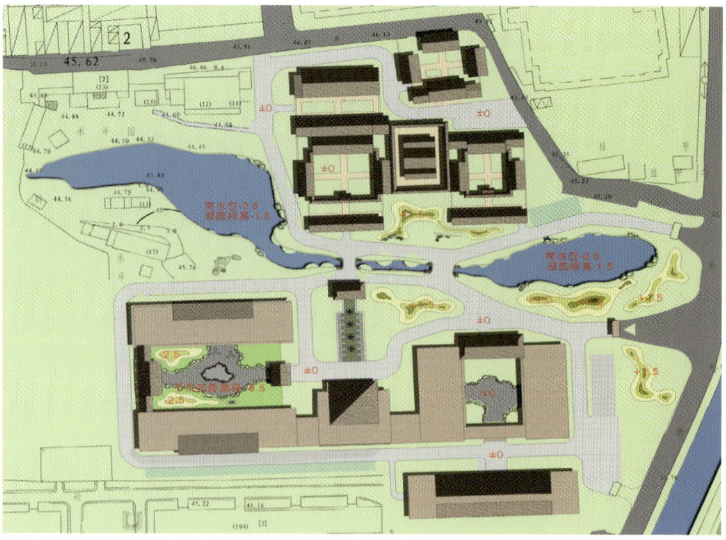

竖向设计图

景观意向图

景观意向图

景观意向图

总平面图

07

山东桓台王渔洋故居园林景观设计

项目负责人：覃方安　　　主要设计人：晋施、覃方安

王渔洋故居是文物保护单位，本设计严格遵循“尊重历史原貌、体现文化内涵”的设计原则，在恢复历史园林的前提下，发挥景观的最大效能。

根据保护规划，王渔洋故居门前区设置了服务中心、休息空间和生态停车场，本设计利用停车场东侧比较完整的绿地种植景观林，在满足功能需要的同时，尽量把游人视线吸引到故居和植物景观上，对停车场等场所尽量屏蔽，这一区域主要种植银杏、国槐、七叶树、柿树、大叶女贞、西府海棠、碧桃、榆叶梅、紫藤、鸢尾、大花萱草等植物，做到乔、灌、地被相结合的复层种植，充分发挥绿地效益，丰富景观层次，放置奇石、盆景，彰显文化气息，种植多采用白玉兰、海棠、丁香、南天竹等庭院树种。

西北角的花园是本次设计的重点所在，我们根据历史记载，在原有珍贵的“苍云、振玉”两块奇石的基础上，建一座南太湖石的假山并设置水潭和瀑布。假山高8米，山顶建一观景凉亭，石蹬道攀援其上；山洞贯穿其中，整个假山玲珑剔透。山前设一个水潭，最深处水深2米，岸边水深0.8米，既保证安全，又可使水体实现一定程度的自净化，并且水中鱼类可以顺利过冬。花园中种植云杉、银杏、梧桐、广玉兰、梅花、桂花、石榴、二月兰、玉簪等等名花名木，并配合多种水生植物，形成丰富、精致的植物景观，凸显故居主人的闲情雅兴。

总体效果图

花园效果图

花园效果图

门前区景观效果图

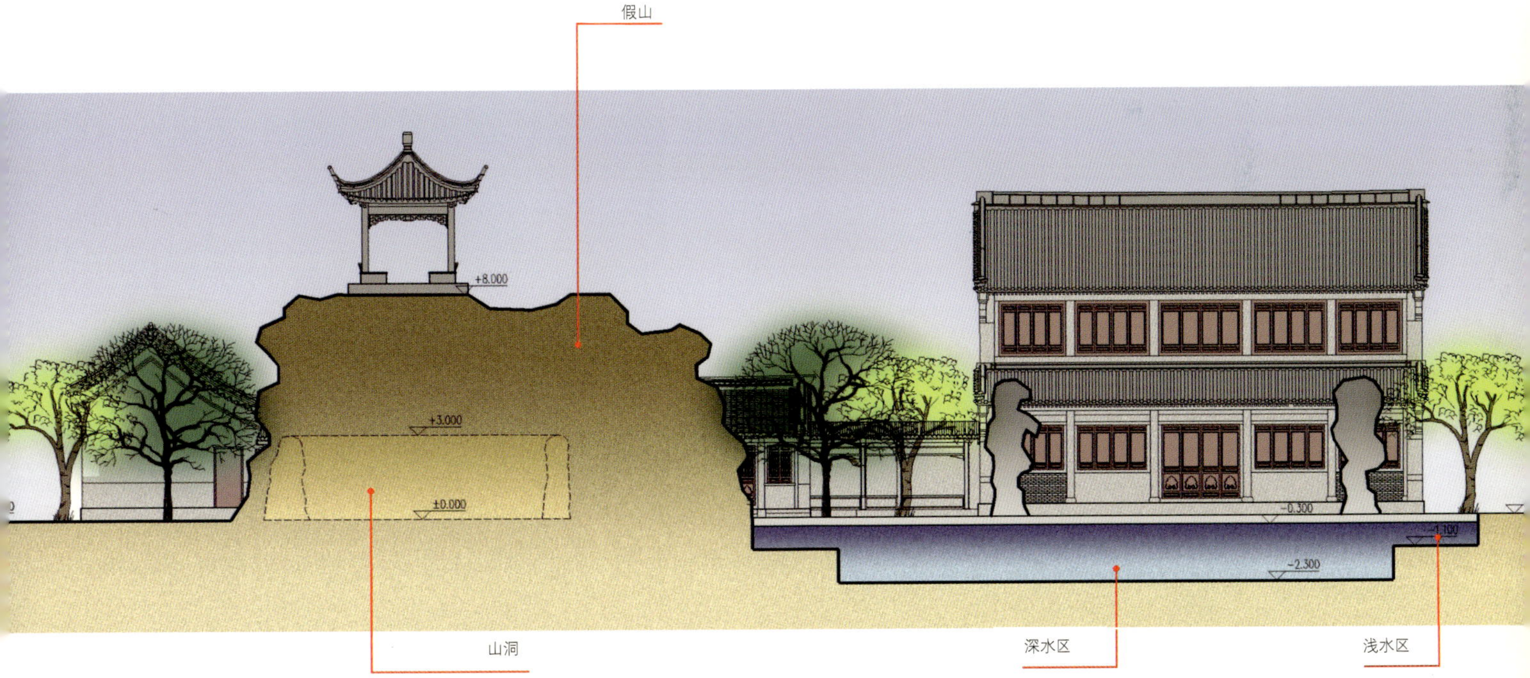

花园剖面图

种植、小品及灯饰意向图

地面铺装意向图

08

北京单田芳文化公园园林景观设计

景观方案设计：覃方安
施工图设计：晋施、覃方安

本次规划采用以水面为中心，景观、建筑周边式布局的中国传统园林布局形式，通过挖湖堆山，形成多种自然的地形地貌，并且大量种植乔、灌木和地被植物结合的系统。

在树种选择方面：以乡土树种为基本树种，在重点景区、景点适量配植名贵花木，提升全园档次，做到三季有花、四季常青。在配植手法方面：采用乔、灌、地被相结合的复层种植形式，形成人工自然群落，有利于植物的自然衍替。在植物景观方面：根据不同分区形成不同的景观特色。入口前区大量种植观花的乔灌木，烘托热烈气氛，中心湖区大量种植秋色叶植物，形成“层林尽染”的景观效果，东部的曲艺艺术研究区种植各类水生植物，形成湿地景观的展示。在遗址保护区种植梅、兰、竹、菊等雅致的名花名木，衬托古刹的清幽、静谧。营造“春花、秋色、夏荫、冬资”的四季优质景观。

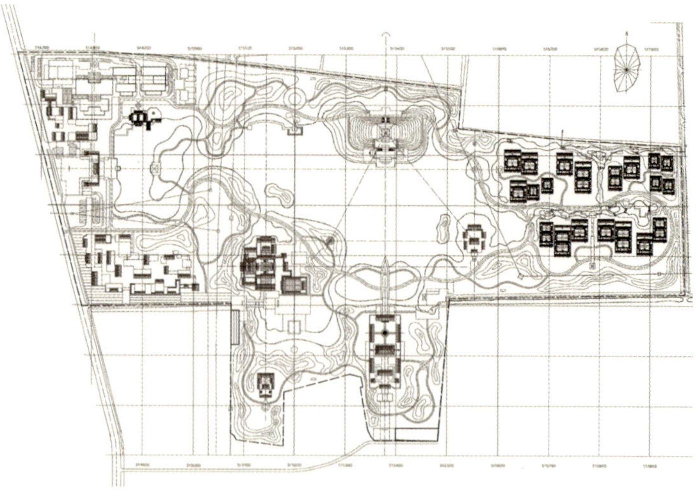

总平面图

09

北京大兴时尚驾校园林景观设计

景观方案设计：覃方安
施工图设计：晋施、覃方安

大兴时尚驾校接待中心是一处集接待、餐饮、娱乐、住宿等多种功能于一身的高档休闲场所。针对这一特点，在园林景观的设计中，主要突出以下特点：

1）中式古典风格，皇家园林的尊贵、大气与私家园林的清幽、秀美相结合：

园林景观采用中式传统风格，以水面为中心，景观周边式布局，集合了假山、景石、水池、曲桥、小径等传统皇家园林符号，同时，也包含了卵石铺地、天井绿化、景窗框景、翠竹石笋等江南私家园林的元素。

2）注重季节变化和植物景观多样化：

在种植设计中乔、灌、草相结合，形成复层种植，达到绿地效益最大化，同时注意树种的搭配，形成泽春、清夏、生秋、冬意等不同的四季景观，做到四季皆有可观、可游、可咏之处。

3）景观结合功能展开，空间错落有致，步移景异：

结合建筑不同区域的功能特点，在景观上采用了抑扬顿挫，疏密有致的空间分割方式，隔绝了门前区的喧嚣，突出了主餐厅的观赏主视线，并且在后部居住区结合小空间形成不同主题的植物特色景观区域，实现了景观的丰富多彩，做到了步移景异。

综上所述，针对接待中心的功能、定位，在本次设计中力争形成有品位、有档次、有特色的精品园林，在同类场所之中脱颖而出。

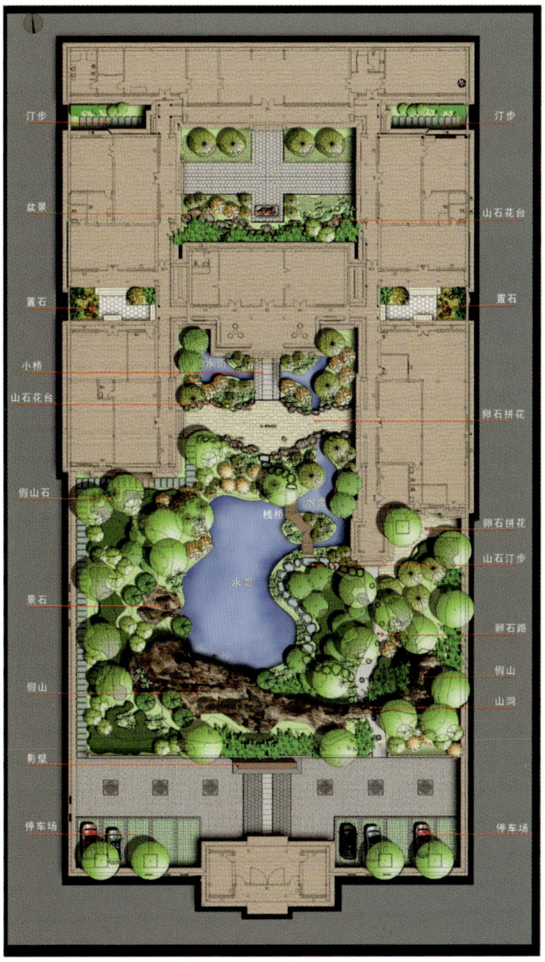

绿化种植平面图

建筑及景观效果图

10 天津迎宾馆后花园改造工程

建筑设计：王思萌、张越、石诺、李小龙、唐婧持

园林设计：马骎等　　　　　项目指导：马炳坚、檀馨

总占地面积：38848m²；总建筑面积：12590m²

天津迎宾馆后花园又名燕园，位于天津市河西区马场道188号干部俱乐部院内，是一组建于20世纪80年代初的传统园林建筑，占地面积27748平方米；原有建筑面积1500余平方米。

本改造方案是我所与北京创新景观园林设计有限责任公司合作的项目，主要内容是添建改建园内建筑，改造园内交通流线和水系、驳岸，营造宜人舒适的环境，并赋予新的功能。

设计的重点主要有：

1. 保留三开间歇山式大门，拆除门内假山，建成一组伸向水中的庭院，并与西岸的院落连通，形成园中之园；院落占地2979.2平方米，建筑面积2476.5平方米；

2.将原有琼楼碧照景区改为中心岛，并在其上建一组四面临水的工字形建筑，西边敞轩伸向水中，东边的二层楼阁式建筑为整个园林的中心；占地1649.6平方米，建筑面积992.3平方米；

3. 南部较为开阔的区域添建两组传统四合院式的功能建筑；占地1675平方米，建筑面积1435.3平方米；

4. 东南部增建一处二层船舫式建筑，建筑取材于天津柳墅行宫相关记载，与天津地区的建筑历史相呼应；占地482平方米，建筑面积722平方米；

5. 宴游居位于燕园东北部，此次保留，并进行室内外改造，赋予新的功能；占地771平方米，建筑面积597平方米；

此次改造，还将西侧的部分水面扩入园区，增加了园区面积，并在西岸增建三幢西洋古典式建筑。

改造后的园林，传承中国古典园林的精华，兼具观赏、游览、餐饮、接待等功能于一身，通过对园内道路的梳理，对水系的整合、建筑的添改建，新功能的赋予，使天津增加了一处精典的景观园林。

鸟瞰图

中心区主建筑

船舫

西洋古典式小楼

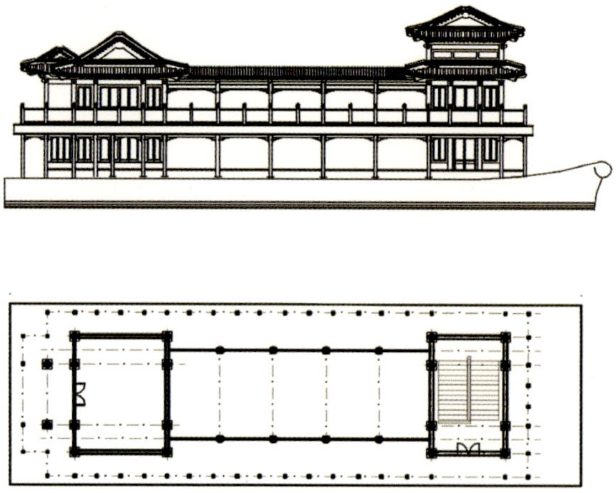

船舫立面、平面图

西洋古典小楼立面图

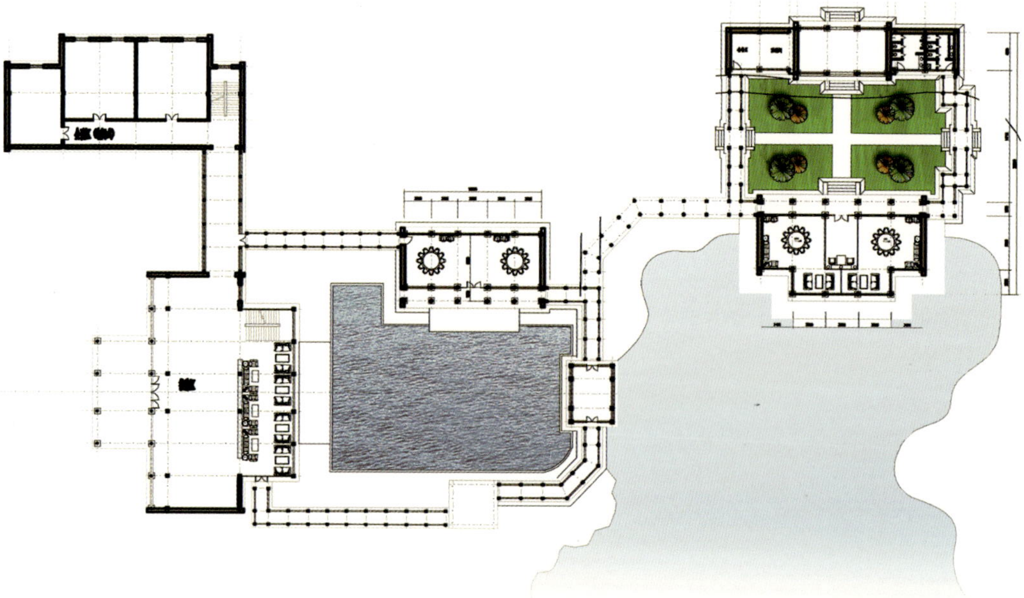

大门及西侧庭院平面图

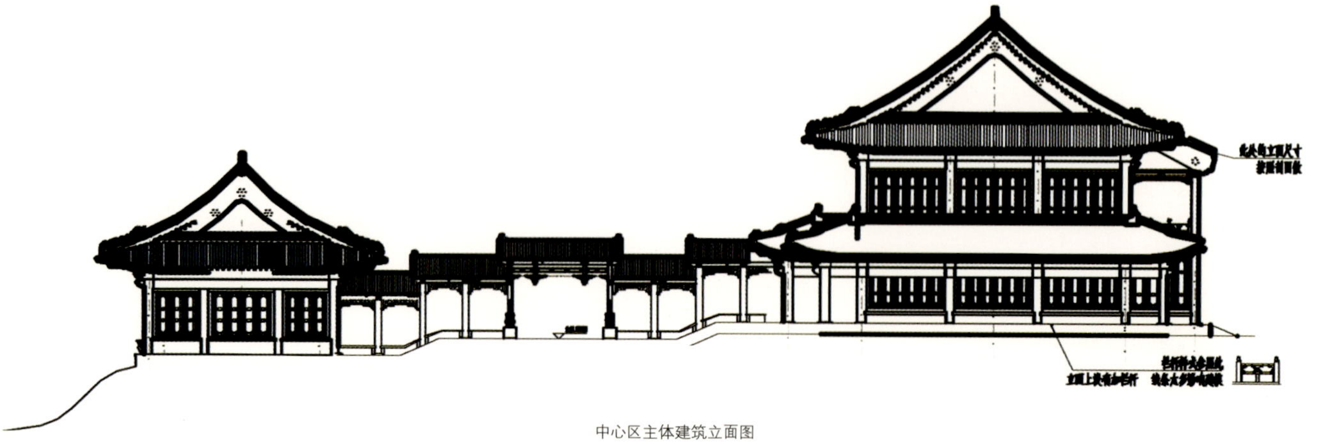

中心区主体建筑立面图

园林总平面图

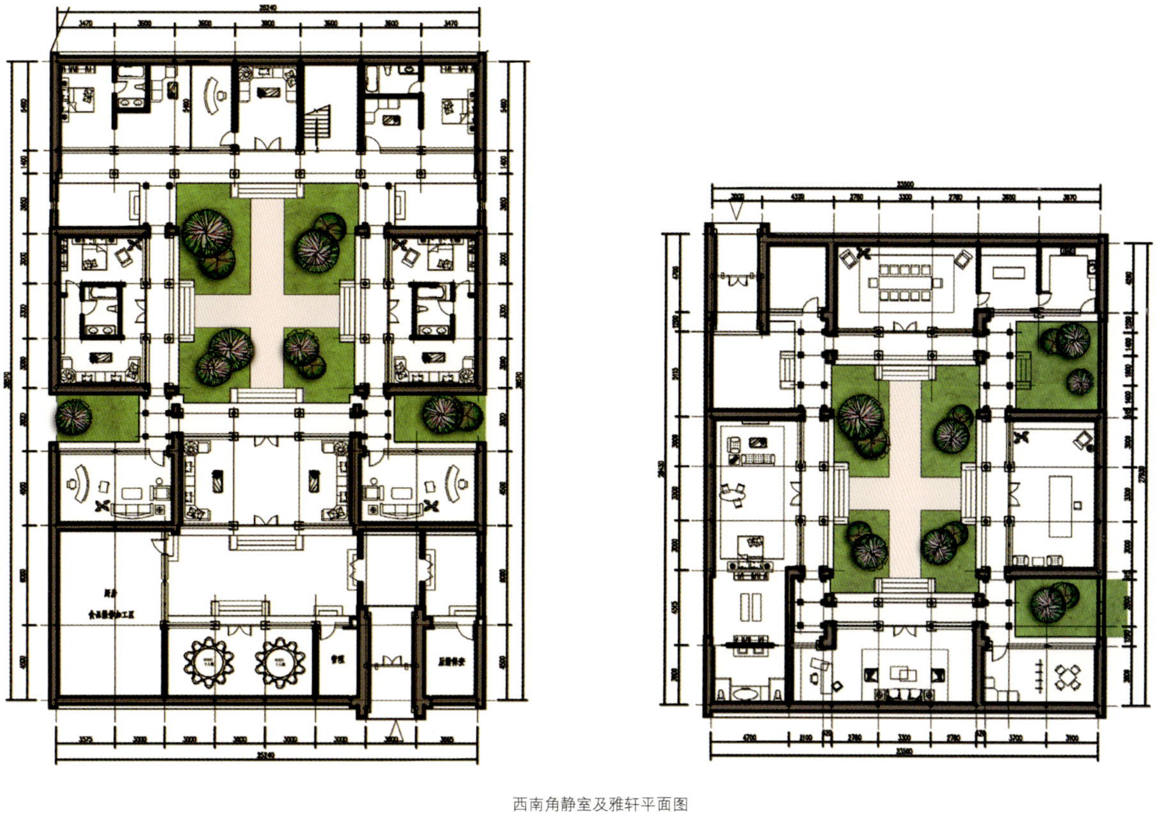
西南角静室及雅轩平面图

6

境外工程设计

01

美国华盛顿中国城牌楼

项目负责人：庞树义
主要设计人：马炳坚（建筑）　　　　边精一（油饰彩画）

华盛顿中国城牌楼落成于1986年，建在华盛顿市西北区7号街和H街交叉路口处，它是北京和华盛顿结为友好城市后政府间的友好交流项目之一，是中美两国人民友谊的象征。

牌楼高14.6米，柱间轴线跨度19.6米。牌楼造型取材于中国古代传统的四柱三间七楼牌楼。但因横跨H街马路，路面不能落柱子，所以将四柱落地改为两柱落地，中间两柱改为悬空垂柱。原有每间两只的雀替也改为两个长3.65米的大雀替。

跨度19.4的牌楼采用了钢结构，外面包钢筋混凝土板，形成中国牌楼固有的梁枋造型。

牌楼总体方案和细部装饰设计由北京市古代建筑设计研究所承担，结构设计（含基础和混凝土框架）由美国华盛顿综合建筑事务所承担，牌楼施工由中美双方共同配合完成。

具有浓郁中国传统特色的牌楼矗立在华盛顿中国城，不仅是中美两国人民友好的象征，也成为该地区重要的标志性建筑。

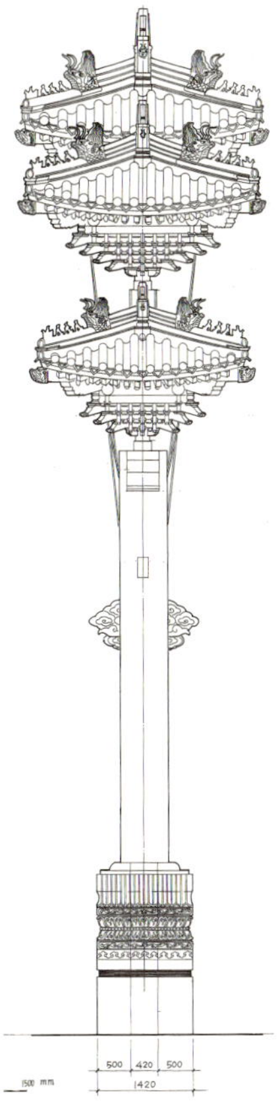

侧立面图

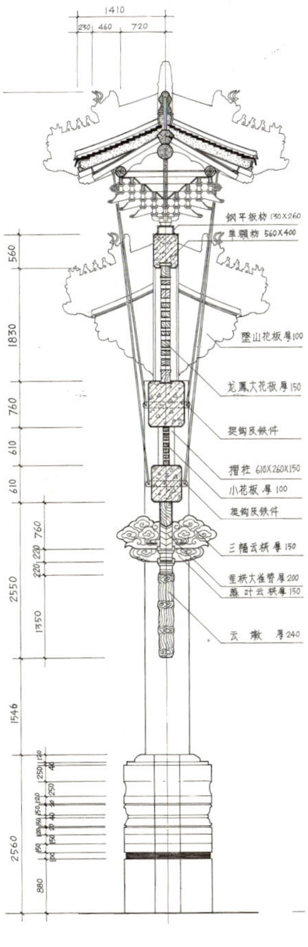

次楼剖面

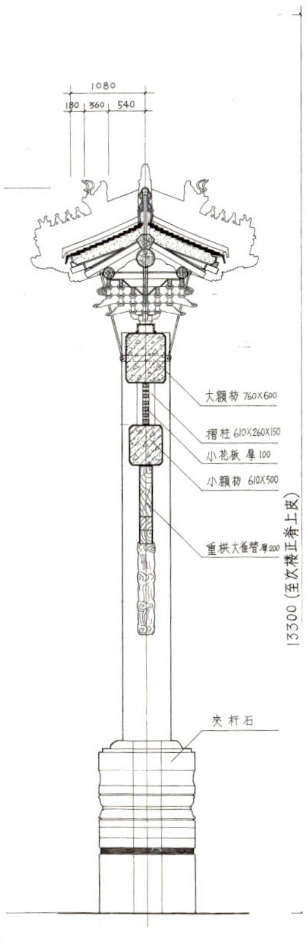

边楼剖面

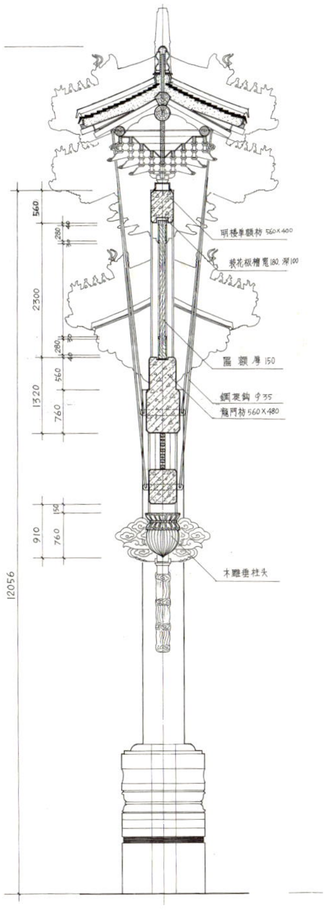

明楼剖面

牌楼正立面图

02

美国费城华埠牌楼

工程主持人：庞树义
建筑设计人：程万里

费城华埠牌楼位于美国费城唐人街街口，是天津市与费城结为友好城市后，天津市政府委托我所设计，由房修二公司负责施工的项目，建于1982年。

费城华埠牌楼外形设计参照我国明清四柱三楼牌楼形式，由于道路上不能立柱，故改为二柱三楼形式。

费城牌楼是钢筋混凝土仿木结构，主框架为混凝土结构，斗栱、檐楼为木结构，通过钢件进行连接，表面绘制金龙和玺彩画。牌楼跨度9.6米，高9.0米。雍容华贵、金碧辉煌。它的建成不仅是中美两国人民友谊的象征，还成为费城华埠的地标性建筑。

03

莫斯科北京饭店室内装修

主要设计人：马炳坚、蒋广全等

莫斯科北京饭店位于莫斯科市马林柯夫斯基广场，该饭店是20世纪50年代中国与前苏联合建的友好项目。

20世纪80年代，随着中苏两党两国关系的改善，文化交流随之开展，莫斯科北京饭店室内装修即为其中之一。

莫斯科北京饭店室内装修要求与中国的北京饭店相一致，体现中国皇家风格。我所承担了装修设计任务，房修二公司承担了装修施工任务，工程于1987～1988年完成并交付使用。

这项工程，既是中苏友好的见证，也是莫斯科一处独具中国艺术特色的高档餐饮场所。

室内局部

饭店入口

室内装饰局部

莫斯科北京饭店室内

04

扎伊尔金沙萨恩塞莱总统庄园

主要设计人：马炳坚、胥蜀辉等

扎伊尔金沙萨恩塞莱总统庄园是扎伊尔总统蒙博托在任时建造的中国式园林，其中有水榭、角亭、游廊、垂花门等中国园林建筑以及迭山、理水等环境建设，该项目设计于1983年，1984年完成施工并交付使用。

园内主要建筑水榭系参照故宫乾隆花园古华轩设计，为一幢五开间周围廊歇山式建筑，两侧游廊环绕，亭台玉立，丹楹彩绘，玉石围栏，具有浓郁的中国民族风格。

该园林是建在非洲的第一座中国传统园林，对于中非文化交流具有深远意义。

05

马来西亚峇株吧辖市德教紫英阁新址规划设计

占地面积：42362.93m² 总建筑面积：14061.59m²
容积率：0.33 停车位：205个
项目负责人：马炳坚
主要设计人：马炳坚、张越、王思萌、覃方安、谢成涛等

紫英阁新址位于马来西亚柔佛吧辖市，是一块坐西南朝东北的长方形地块，宽141m、长300m，西南高，东北低，地形自然高差约76米，占地面积约42362.9m²。

根据甲方提出的功能要求，本规划将该地块分为四个部分：第一部分为入口区和停车场；第二部分为墓园区和洗肾中心；第三部分为文化园林区；第四部分为祭拜区。

主入口位于东边界偏南位置，与主殿同轴，入口内分别设人流集散广场和大、小停车场。

墓园区沿轴线自前向后依次设影壁、牌坊、石桥、大愿殿、院落式骨灰堂、德教双峰塔、龟纽、花台。

洗肾中心位于墓园区南侧，中间有主干路相隔。

文化园林区，以德教文化为主题，内设有水面、溪流、亭、廊、轩、榭、舫、斋等小品。园林景点以德教之“十德”（即：孝、悌、忠、信、礼、义、廉、耻、仁、智）命名，分别为：恭孝轩、尊悌斋、悯忠亭、诚信廊、达礼亭、大义榭、守廉轩、知耻桥、仁爱亭、明智舫。

师尊殿所在位置，是一块95米见方的平台。师尊殿居中偏后，殿前有28.9米宽的平台。北侧作为临时停车场和车行路。师尊殿是紫英阁新址的主要建筑，将宫殿建筑与潮汕、闽南地区的传统建筑风格相结合，主色调以黄红为主，白色为辅，体现出师尊殿的高贵和神圣；屋顶形式采用中国传统建筑屋顶中的最高形制——庑殿顶。由于建筑体量庞大，屋顶设计采用复合式手法，由五座庑殿式屋顶组成完整的屋顶部分。其中，中路用三个庑殿式屋顶。以勾连搭形式组合，两侧用两个独立的庑殿式屋顶，按垂直方向摆放，五座屋顶主次分明，错落有致，以中间最大的屋顶为主，四面拱卫对称，象征德教五教共奉，以道教为主的教义主旨。中路三个屋顶重檐与单檐结合。从外观看，师祖殿屋顶高低起伏，层次分明；从室内看，祭拜堂中心部分高大敞亮，营造出庄严神圣的气氛，达到了外观与功能的高度协调统一。

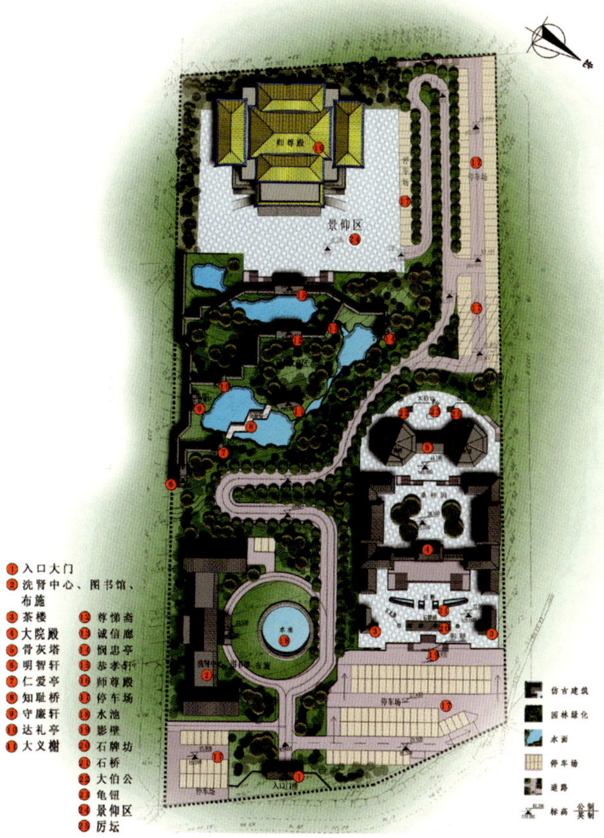

规划及设计方案平面图

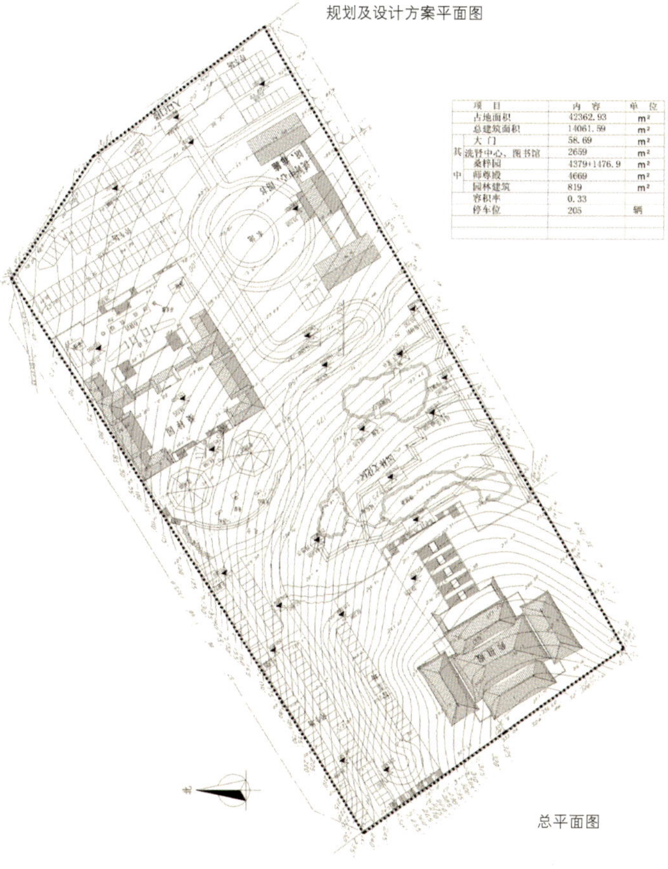

项目		内容	单位
占地面积		42362.93	m²
总建筑面积		14061.59	m²
其中	大门	58.69	m²
	洗肾中心、图书馆	2659	m²
	桑梓园	4379+1476.9	m²
	师尊殿	4669	m²
	园林建筑	819	m²
容积率		0.33	
停车位		205	辆

总平面图

祖师殿效果图

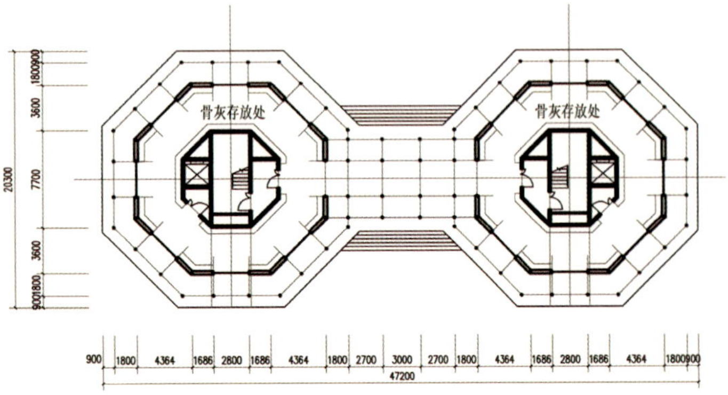

骨灰塔首层平面图

骨灰塔正立面图

德教双峰塔效果图

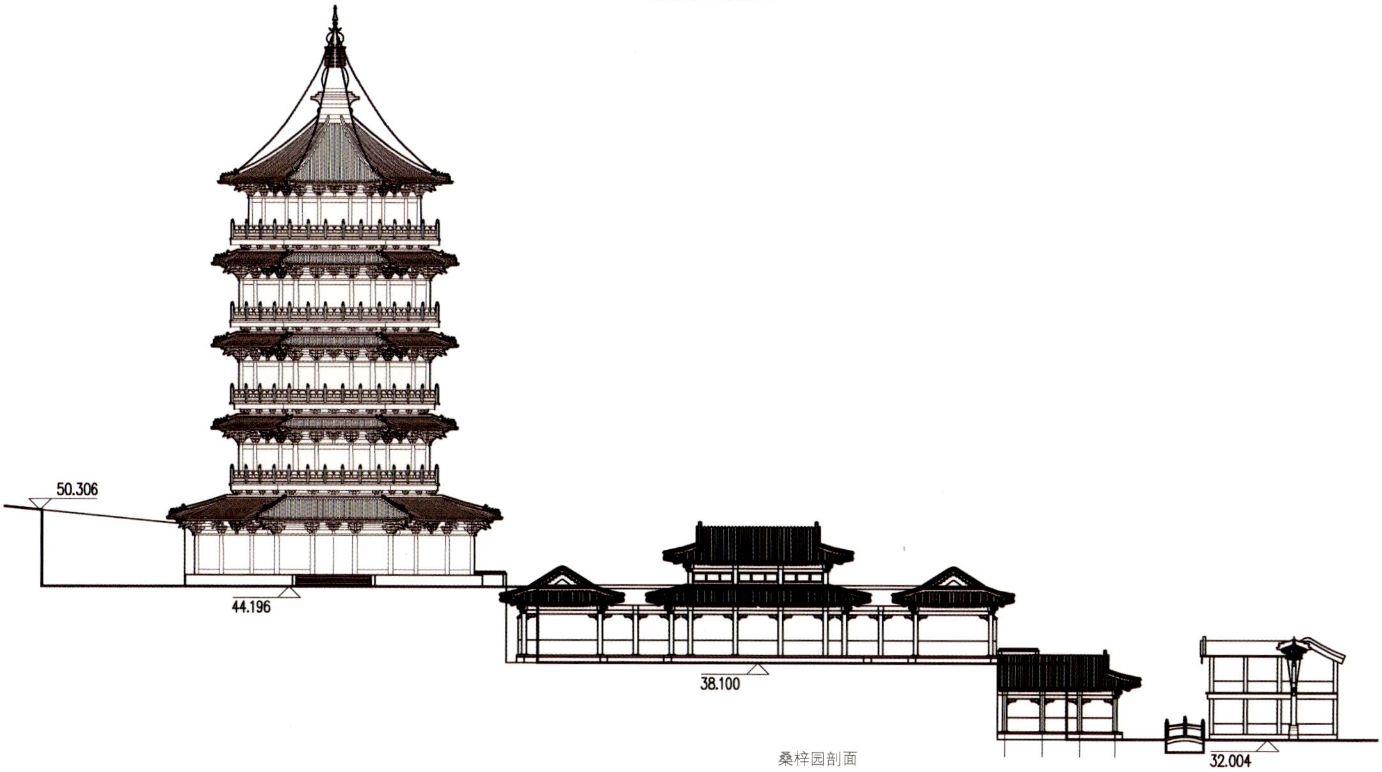

桑梓园剖面

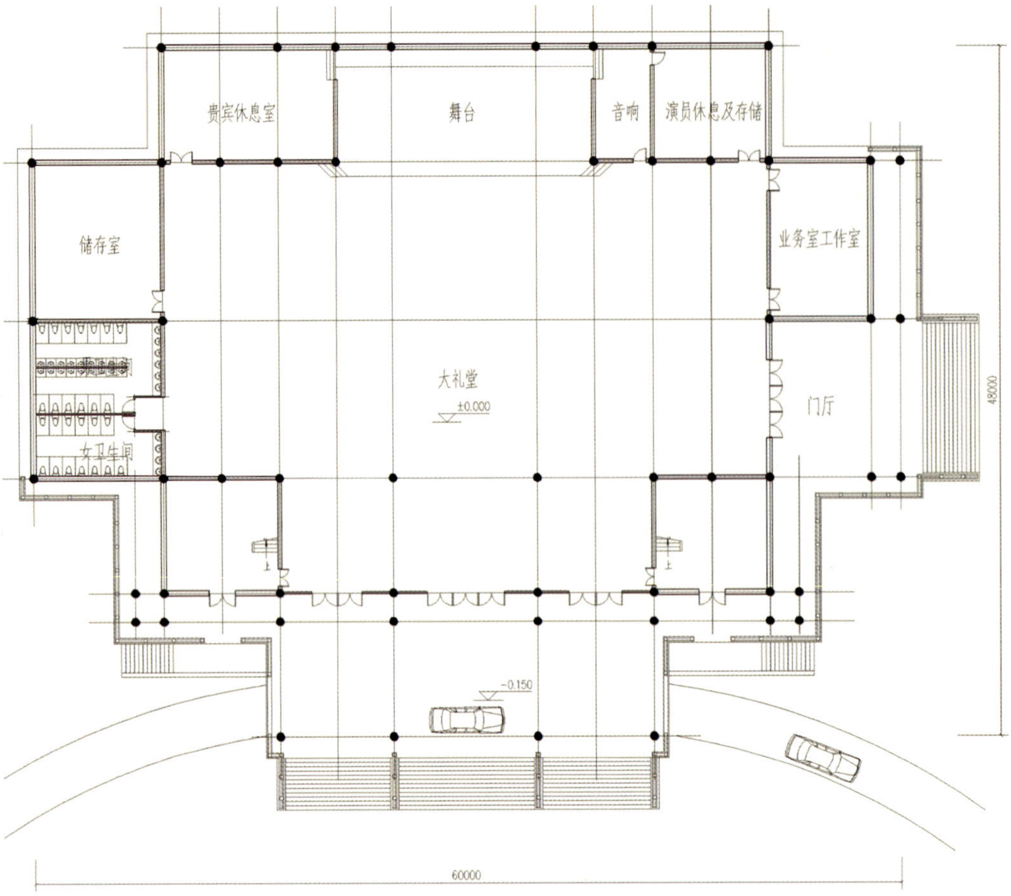
贵宾休息室
舞台
音响
演员休息及存储
储存室
业务室工作室
大礼堂
±0.000
门厅
女卫生间
-0.150
48000
60000

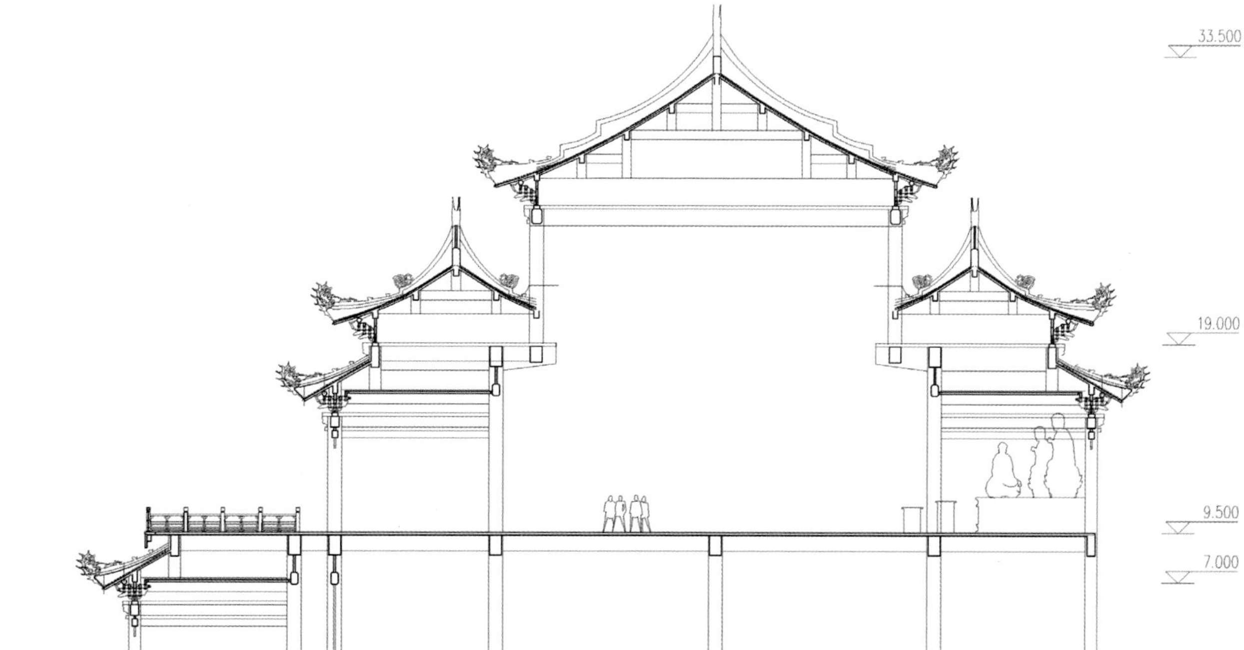
33.500
19.000
9.500
7.000
敞厅
一层大礼堂
-0.150
-2.000
1500
48000
1000

7

装修装饰设计

01

北京中央戏剧学院外装修改造

工程主持人：张越
主要设计人：张越、夏天、任一帆、谢成涛
结构设计人：王大欣　　　　项目顾问　：马炳坚

中央戏剧学院是中国戏剧艺术教育的最高学府之一，学院校区位于北京东城区南锣鼓巷历史文化保护区内，占地约25亩，总建筑面积25698.6m^2，共有建筑12幢，为多层楼房，分别建造于20世纪50～90年代，时代特征不同，建筑风格各异，且与历史文化保护区的环境风貌不相协调。要通过外装修改造，使校区的建筑风貌与保护区相互协调，并充分体现出学校深厚的艺术文化内涵，实现民族建筑风格、艺术殿堂、高等学府的有机结合。

1、整体风格的统一

要使12幢与传统建筑格格不入的楼房融入历史文化保护区中，必须使这些建筑的风格与传统建筑相统一。建筑大师梁思成先生在表述中国传统建筑立面构成时，将其高度概括为“三段式”，即台基、构架（墙体）、屋顶三部分。不论中国建筑是何种形式，只要在立面上采用了三段式的形式，其大的风格就取得了一致。我们在做中戏的装修改造时，首先采取了三段式的立面形式，使校园内的建筑达到基本统一。

2、统一中的变化

在控制校园建筑整体风格的同时，根据各个单体建筑的现状和功能，力求使其个性鲜明。对现有的坡屋顶部分，予以保留和改造；对现有的平屋顶部分，在结构允许的前提下，在檐口部分增加中国传统建筑符号，进行丰富完善；对少数建筑屋面进行“平改坡”的设计，使校园内的建筑避免了千篇一律，体现出统一中的变化。

3、文化的延续

学校作为文化教育和知识传播的窗口，其文化的延续体现在设计中尤为重要。我们力求通过细部传统建筑语汇（中式符号）的运用来体现和隐喻文化，例如把四合院建筑中廊心墙砖雕的形式运用到建筑的窗间墙上，把简化变形的檐檩、垫、枋运用到建筑物的檐口部分，使人们在不经意间感受到传统建筑的气息。

在材质和色彩的选择上，大多数建筑选用青灰色石材和灰色面砖，在色彩上与环境协调，更好地体现“青砖文化”。

改建后的中央戏剧学院礼仪门

改造前的剧场北面

改造前的剧场西面

学生宿舍楼外装修南立面图

改造后的宿舍

剧场外装修效果图

北京中央戏剧学院外装修改造效果图

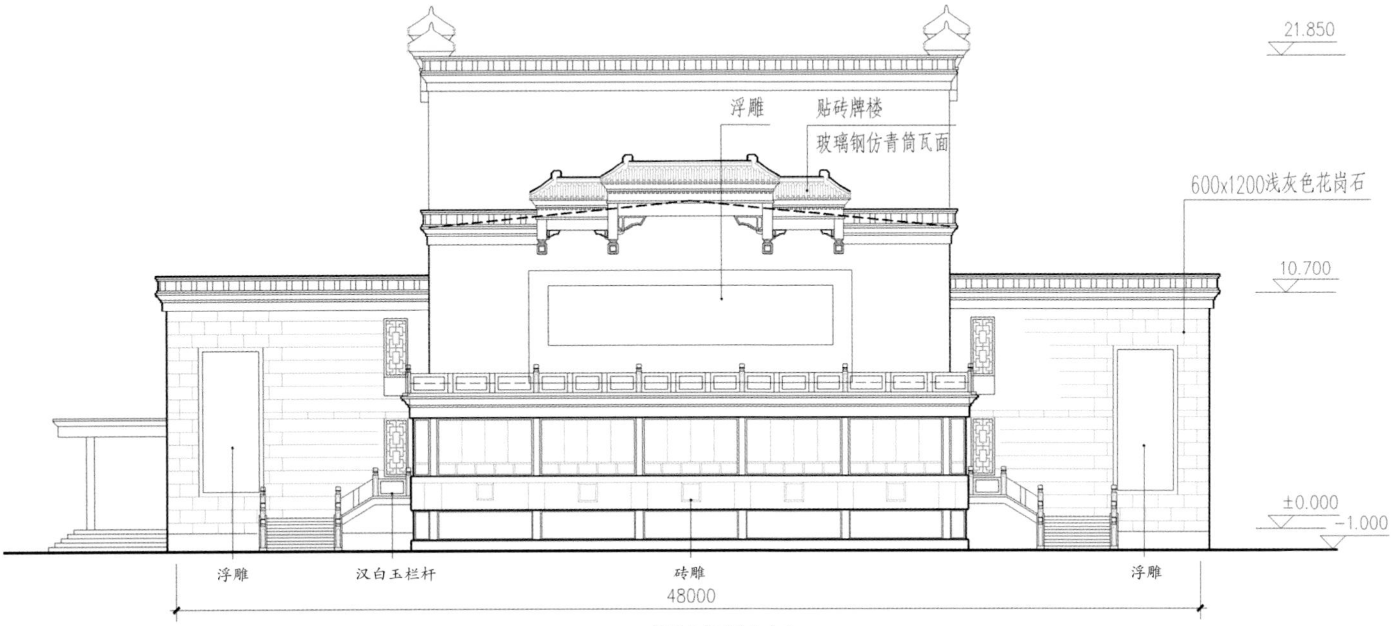

剧场南立面改造方案

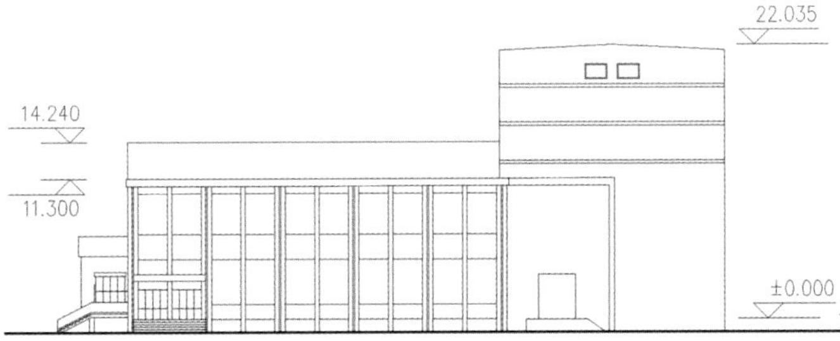

剧场现状东立面

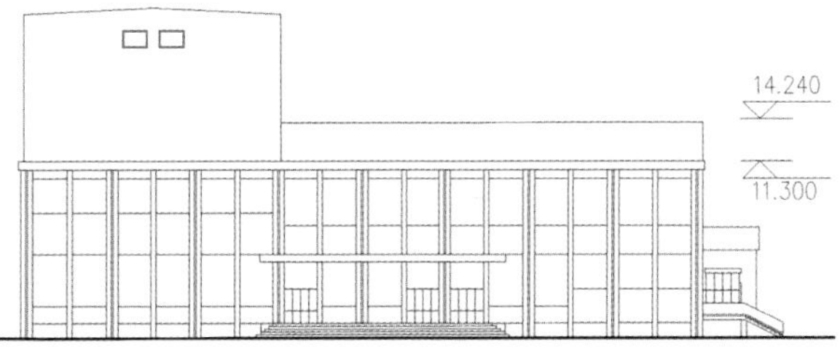

剧场现状西立面

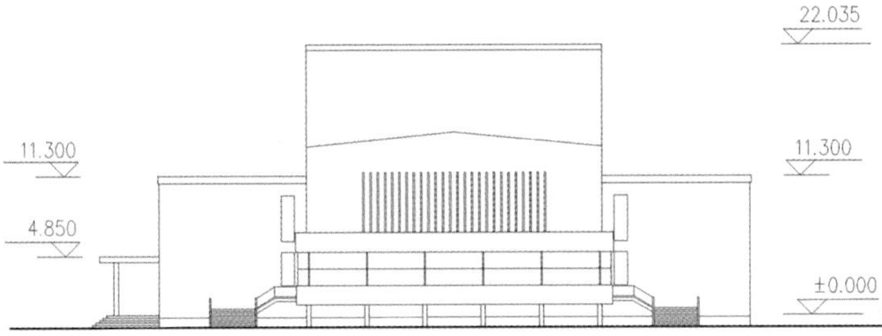

剧场现状南立面

剧场现状北立面

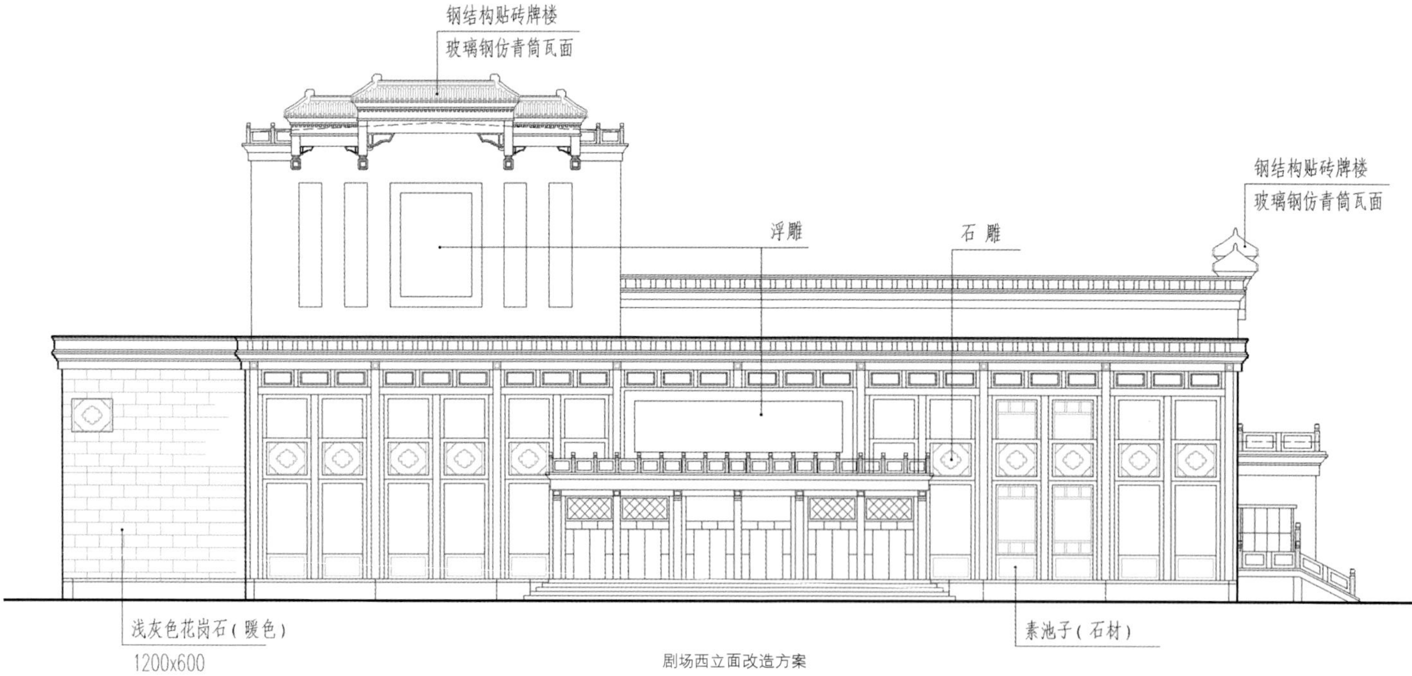

剧场西立面改造方案

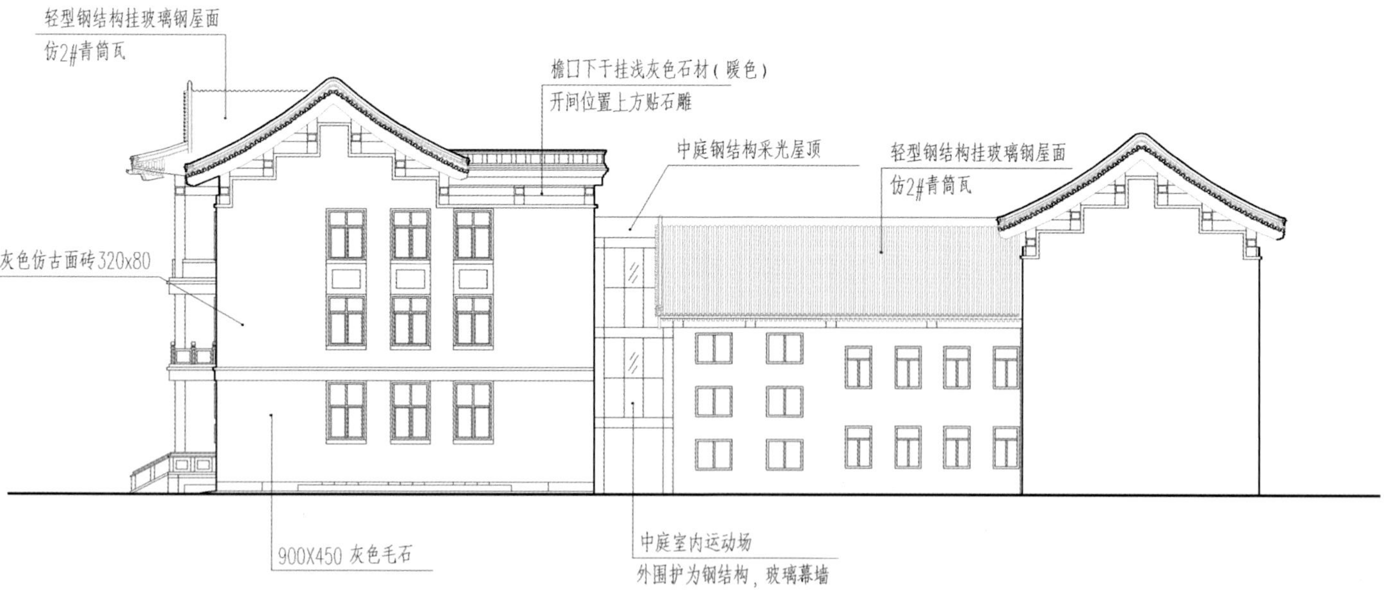

东小院东立面改造方案

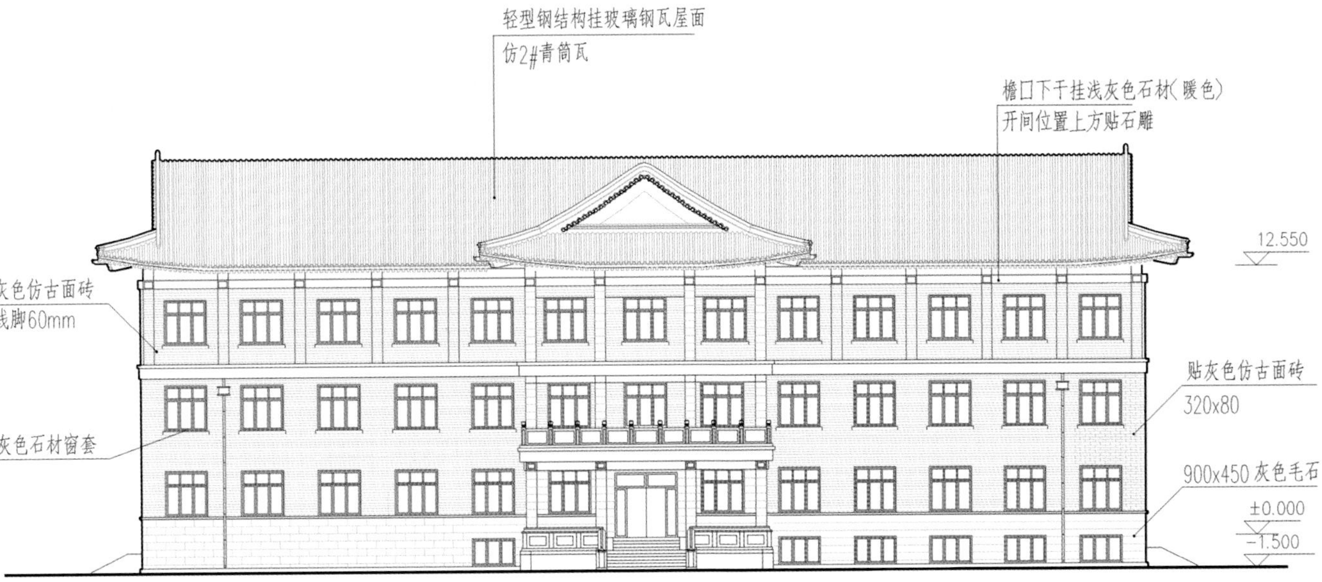

北教学楼南立面改造方案

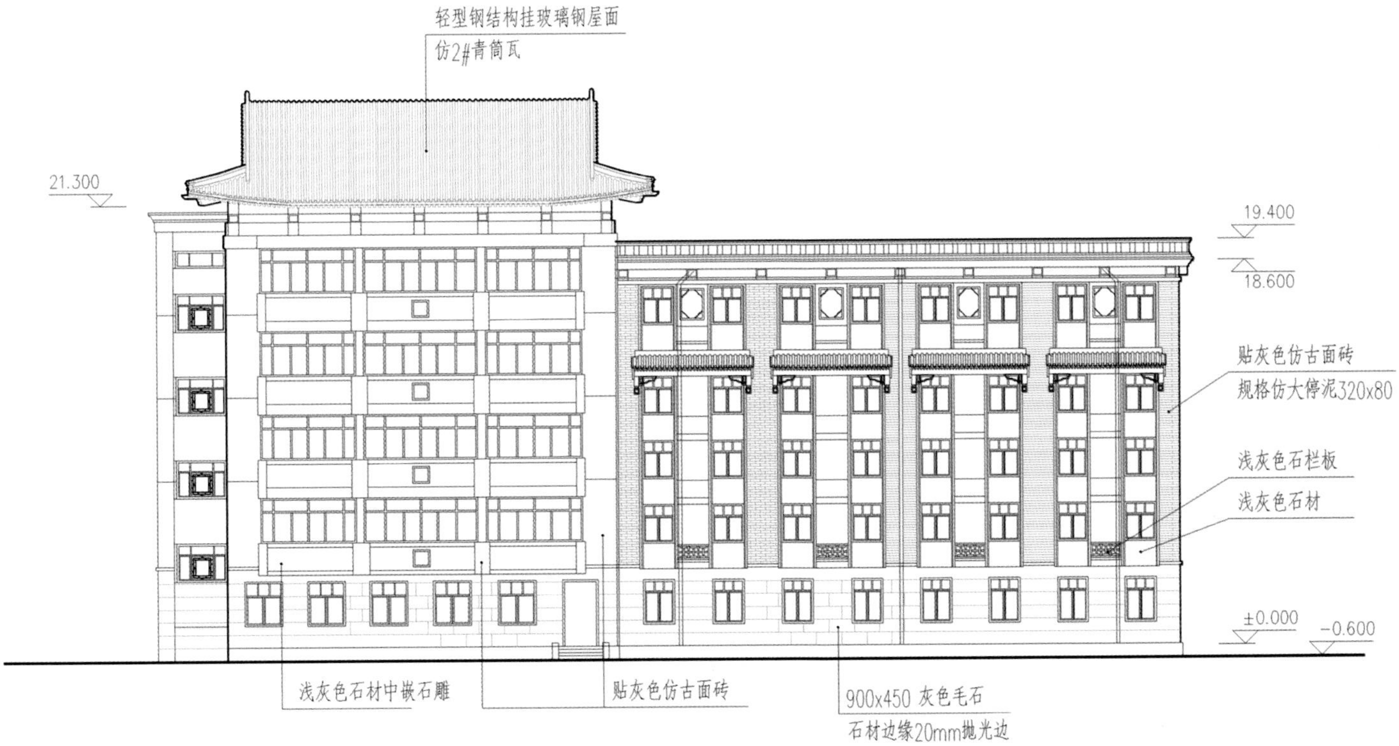

图书馆、留学生宿舍楼南立面改造方案

02

北京顺义国家计委培训中心内装修

建筑与装修设计：徐新伟

国家计委培训中心由一组不同风格的建筑组成，坐落在温榆河西岸。其中的四合院占地2165平方米，建筑面积1509平方米；单体建筑除廊子、垂花门为木结构外，其他均为钢筋混凝土结构；室内的空调、地板采暖、卫生间等现代设施一应俱全。

室内装修尤为考究，大量的运用了北京地区传统工艺和材料进行装饰，如：雕漆的太师壁、景泰蓝的天花枝条燕尾、岫玉的装饰卡子花以及由双玻夹双面绣组成的隔扇和双玻夹富贵牡丹刺绣的采光天花等，这些传统材料与现代手法相结合的做法，使整组建筑在满足人们现代生活需要的同时表现出传统装饰的优雅、高贵、大气的风格。

会客厅

四合院远望

花罩雕刻

餐厅局部

书房

书房局部

花罩雕刻

书房局部

起居室

主卧室一

主卧室二

03 北京新东安市场老北京一条街

项目负责人：马炳坚
主要设计人：马炳坚、相炳哲、唐婧持等

老北京一条街位于北京新东安市场地下一层，是我所专业技术人员在管线纵横、空间高度十分局限的条件下，营造中式传统商业街氛围的一次尝试。该项目完成于1998年。

本设计将商业街风格定位在清末民初时期，采用中式门头、过街楼、朝天坊、铺面房、茶馆、戏台以及栏杆、挂落、花板、牌匾、楹联、京剧脸谱等中式建筑文化元素和西洋建筑、少数民族建筑语言，把一个黑暗、低矮、呆板、凌乱的地下空间装饰得极富生气和传统商业建筑氛围。“老北京一条街”建成后，吸引了大批中外客人到此购物参观，体验老北京传统商业气氛。

伊斯兰风格店面

中式茶庄外立面

西洋风格店面

传统风格店面

中式店面

过街楼装饰

中式茶庄

茶室内小戏台

04

北京长安大厦中餐厅室内装修

主要设计人：刘爱平、李越等

长安大厦中餐厅装修设计完成于1999年，是一处高档次、豪华、有特色的室内装修工程。设计者把中国传统建筑室内外常用的天花、彩画、隔扇、墙面雕饰以及楣子、花牙子、挂落、团寿字等建筑和装饰元素用于室内装饰之中，采用皇家装饰风格，营造出华丽、庄重、高雅的文化氛围。

大堂装饰

入口部分装饰

从大堂看入口

05

北京新华社礼堂（原国民议会会堂）室内装修改造

项目负责人：崔建航
工程主持人：李大雪
建筑专业：崔建航、李大雪
结构专业：易斌
设备电气专业：王培杰、周启玲、单成福

新华社礼堂位于新华通讯社院内，原为民国建立之后的国会礼堂，是参众两院会议、总统选举等重大政治活动场所。属欧式风格建筑，现为国家级文物保护单位。建筑面积1693.65平方米，分上、下两层，砖木结构，瓦楞铁层面，室内阶梯环形坐椅布置，可容纳千余人集会。

我所应使用单位新华社之邀，于2000～2001年对该礼堂进行测绘，并提出修缮方案。

本修缮工程以维修加固为主，并进行室内外可逆性装修，所有材料、做法严格按照“四原”的原则，维修加固后仍保持原建筑风貌不变。

具体修缮内容包括木屋架加固、外墙体立面整修、屋面整修、增加防火措施，楼梯、地板、内墙整修见新，乐池整修改造，增加照明、音响、空调、消防等设施。

修缮后的新华社礼堂，不仅保留了原国民议会礼堂的原貌，保护了一座重要的承载着民国初年历史的近代建筑，而且恢复了使用功能，成为有生命力的历史建筑。

原国民议会会堂

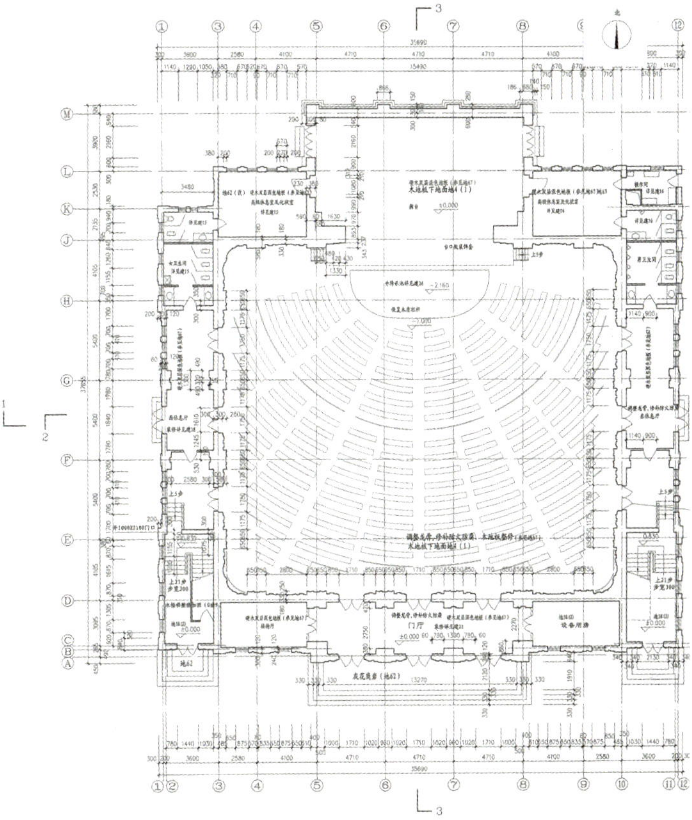

一层平面图

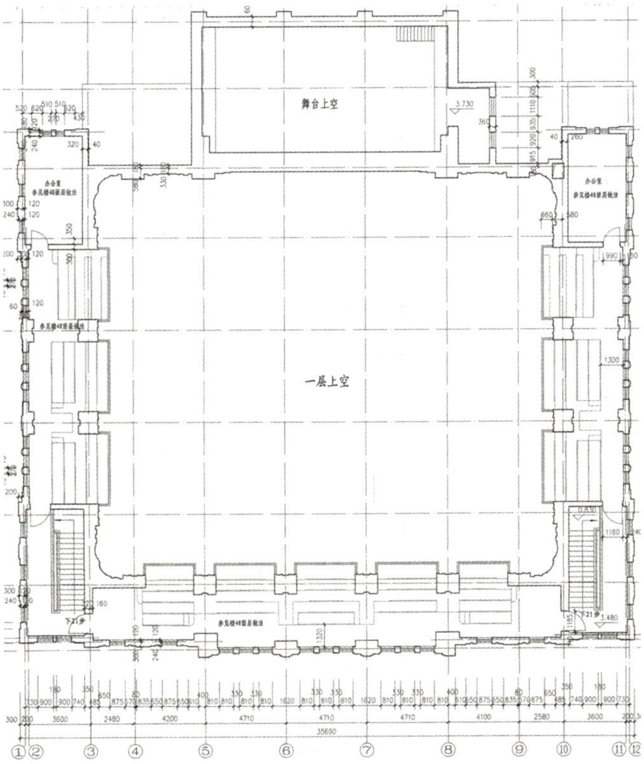

二层平面图

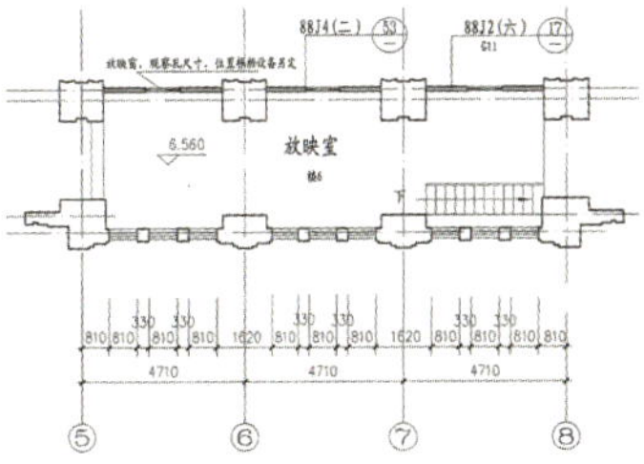

夹层平面图

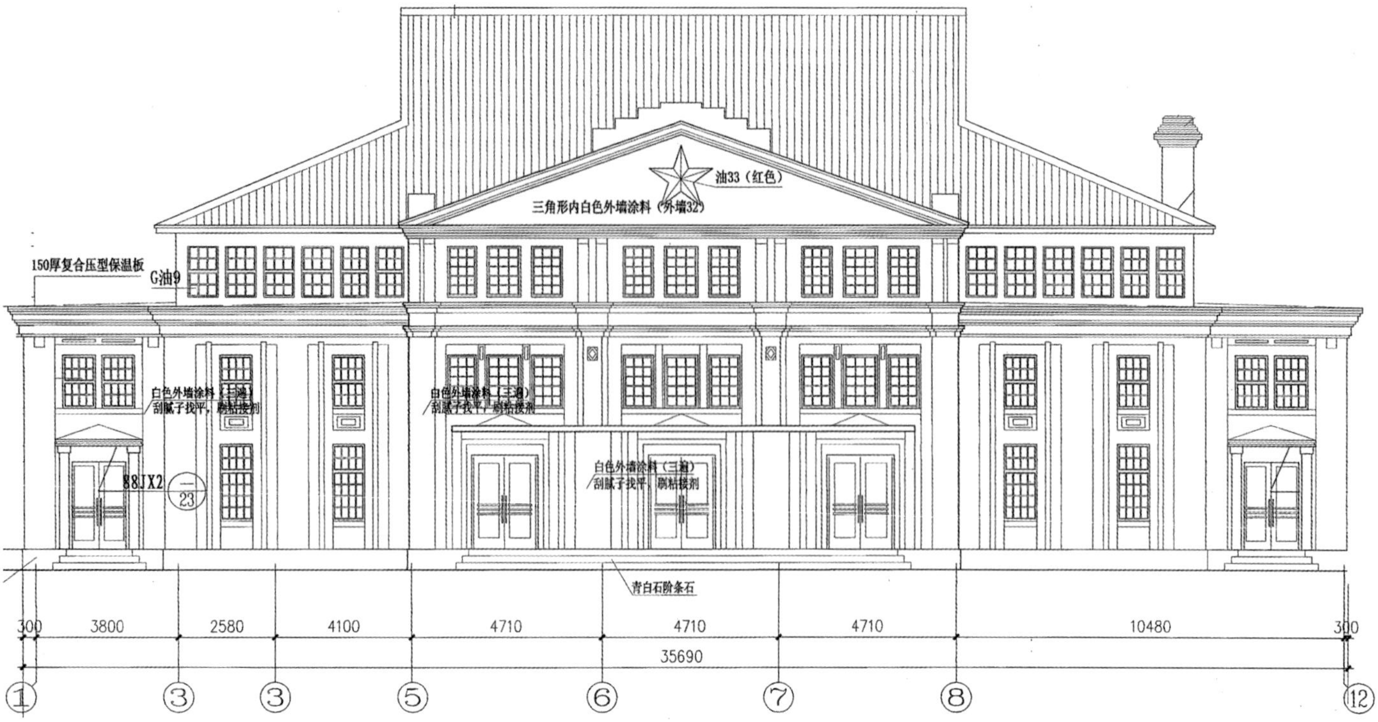

油33（红色）
三角形内白色外墙涂料（外墙32）
150厚复合压型保温板
G油9
白色外墙涂料（三遍）
刮腻子找平，刷粘接剂
88JX2
23
青白石阶条石
300
3800
2580
4100
4710
4710
4710
10480
300
35690

南立面图

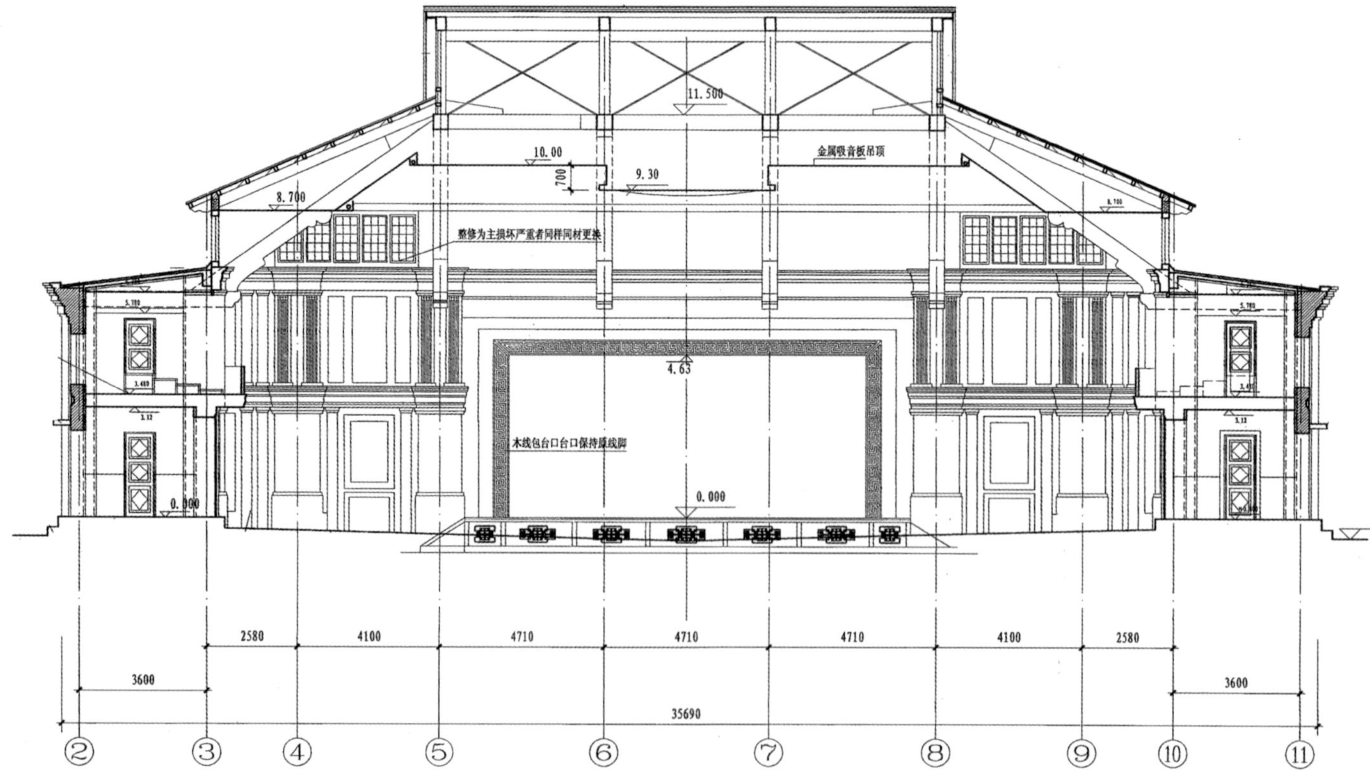

11.500
10.00
9.30
8.700
金属吸音板吊顶
整修为主损坏严重者同样同材更换
4.63
木线包台口台口保持原线脚
0.000
2580
4100
4710
4710
4710
4100
2580
3600
3600
35690

剖面图

新华社礼堂内景

新华社礼堂外景

新华社礼堂内景

8

文物古建筑保护修缮设计

01

北京历代帝王庙保护修缮设计

工程主持人：马炳坚
主要设计人：马炳坚、张越、相炳哲等
油饰彩画设计：蒋广全

历代帝王庙位于北京西城区阜成门内大街路北，是明清两代祭祀历代帝王和名臣的祀庙，占地面积2万余平方米，建筑面6000余平方米，大修前由北京159中学占用。

历代帝王庙初建于明嘉靖十年（1532年），清雍正七年重修，清乾隆29年（1764年）再修，并易盖黄琉璃瓦。此后，未见进行修缮的记载。

历代帝王庙主要建筑有：庙门、景德门、景德崇圣殿、东西配殿、碑亭，以及神库、神厨，宰牲亭、钟楼等。此次修缮对已经被毁的大祭器库、小祭器库、壝官房、关帝庙等建筑进行复建。（依据《古今图书集成》上刊载的历代帝王庙全图）

历代帝王庙因年久失修，损坏十分严重。2000年北京市迁出占用单位北京159中学，作为重点工程对帝王庙进行大修。

我所承担修缮设计任务后，组成强有力的设计班子，遵照文物法规定的“不改变文物原状”原则，紧密结合帝王庙的实际情况，仔细勘察，认真制定切实可靠的修缮方案，与施工单位密切配合，对帝王庙进行为期三年的精心保护修缮。我所专业技术人员坚持把研究工作与修缮设计紧密结合，不断对修缮工作进行总结和完善，并写出《历代帝王庙修缮设计》，《历代帝王庙油饰彩画设计》以及《从历代帝王庙维修保护的实践看我国文物古建筑保护修缮的特殊规律》等论文，并与北京历代帝王庙管理处、中国文化遗产研究院、北京富景旅游文化开发有限公司等单位共同编写出版了《北京历代帝王庙古建筑修缮工程专辑》一书。

历代帝王庙保护修缮工程荣获北京市长城杯奖，是文物古建筑保护修缮工程的典范。

修缮后的景德门局部

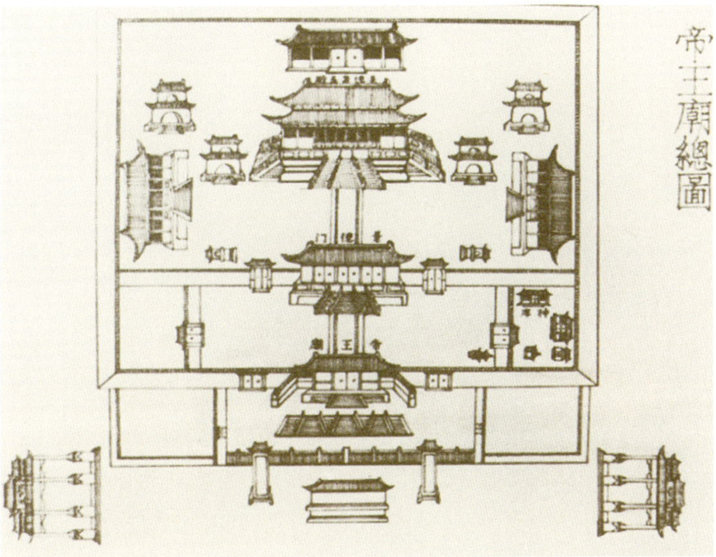

《古今图书集成》所载历代帝王庙全图

修缮前的碑亭

修缮后的景德崇圣殿斗栱彩画

修缮后的碑亭室内

修缮后的景德崇圣殿外檐彩画

宰牲亭与井亭

景德崇圣殿

景德崇圣殿与碑亭

景德门

东小院神库、神厨

修缮前的景德崇圣殿

修缮前的碑亭（上）、景德门（中）、宰牲亭局部（下）

02

北京西城烟袋斜街广福观修缮设计

工程主持人：王思萌　　主要设计人：王思萌、李小龙
电气设备：李栋、单成福、周启玲
油饰彩画设计：蒋广全　　项目顾问：马炳坚

烟袋斜街广福观，位于西城区烟袋斜街东口路北，包含37号院及51号院，属西城区什刹海地区，现为西城区文物保护单位。广福观初建于明天顺三年（1459），清雍正年间重修，改名孚佑宫。光绪九年改建山门。民国后又复称广福观，并于民国二十年对观内建筑进行过测绘。烟袋斜街51号院原为广福观西跨院。

此工程涉及的修缮建筑包括位于广福观37号院的山门、三清殿、三官殿，以及位于51号院内的吕祖殿；复建建筑包括：天王殿、崇玄殿、演法殿、转角房51号院、一进院东厢房、二进院东西厢房及耳房、正房及耳房，共计建筑面积1474平方米。

广福观是什刹海商业街里重要的历史文化景观，现存的四座建筑为明、清两代遗构，具有很高的历史价值、艺术价值和科学价值；观内三清殿外檐及室内的彩画十分精美，是北京地区道观建筑中不多见的。

为准确地将广福观恢复到鼎盛时期的原貌，我们除对现存建筑进行了仔细详尽的勘察外，还搜集了《日下旧闻考》、《北京名胜古迹辞典》，以及清代《乾隆京城全图》、民国二十年九月的北平研究院测绘图，11张拍摄于20世纪30年代的历史照片和史料；这些史料和图片使整个设计论据充分，使本设计真正贯彻了“不改变文物原状”的原则，再现了整个道观建筑原有的格局，全面提升了其文物价值，为研究和保护什刹海地区的寺观建筑提出可供借鉴的珍贵信息和经验。

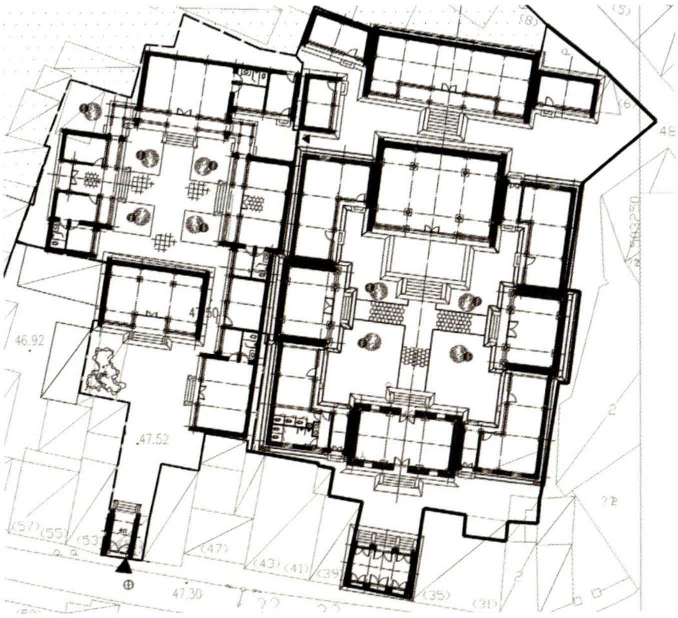

总平面图

历史照片——广福观崇玄殿

历史照片——广福观三清殿

历史照片——广福观山门

修缮后的三清殿

修缮后的三清殿与崇玄殿

修缮后的三官殿

03

北京西城三里河清真寺修缮设计

工程主持人：张越
设计人：张越、李琳、任一帆、谢成涛
彩画设计：蒋广全
项目顾问：马炳坚

三里河清真寺又名清真永寿寺，是北京的一座名寺，位于阜成门外三里河地区，始建于明朝万历年间（1573–1619年），距今已有近400年的历史。

寺院占地1206m^2，主要建筑有拜殿、南北讲堂，男女沐浴室等。

修缮方案的制定严格遵守“不改变文物原状”的原则，通过修缮，祛除病害，延长文物寿命，恢复古建筑的健康状态。损毁构件的替换把握在最小限度，尽可能多地保留原构件；对必须更换的构件，采用原材料、原结构和原工艺，按照原形制进行修复。不仅保证了文物的自身安全，保持了原物真实性，而且满足了伊斯兰教信众的使用要求。

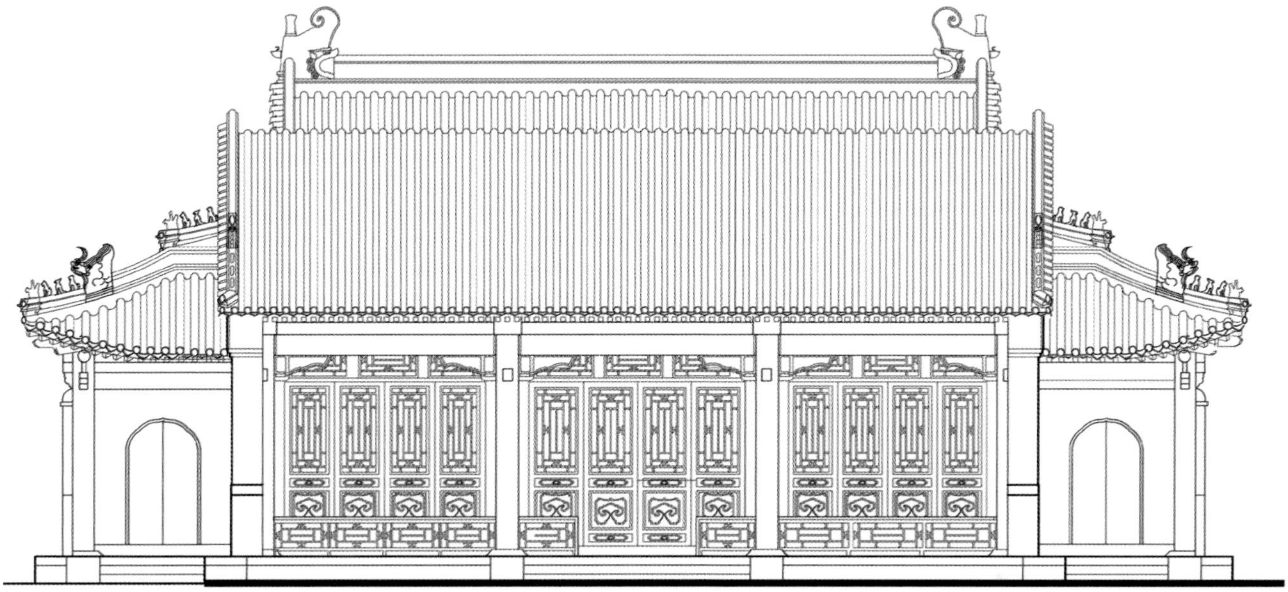

清真寺拜殿东立面图

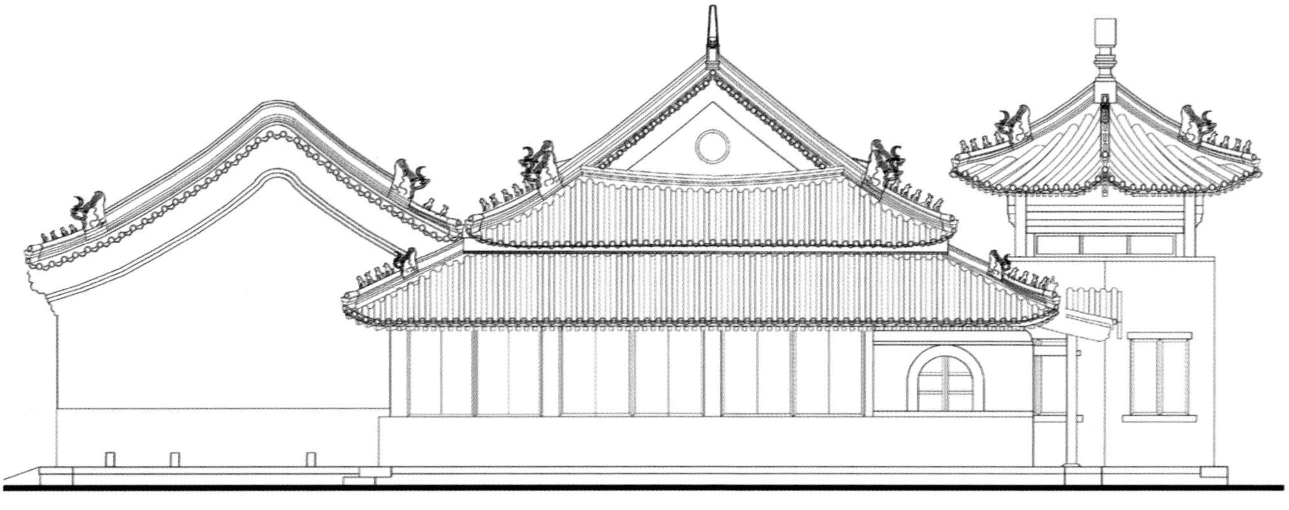

清真寺拜殿侧立面图

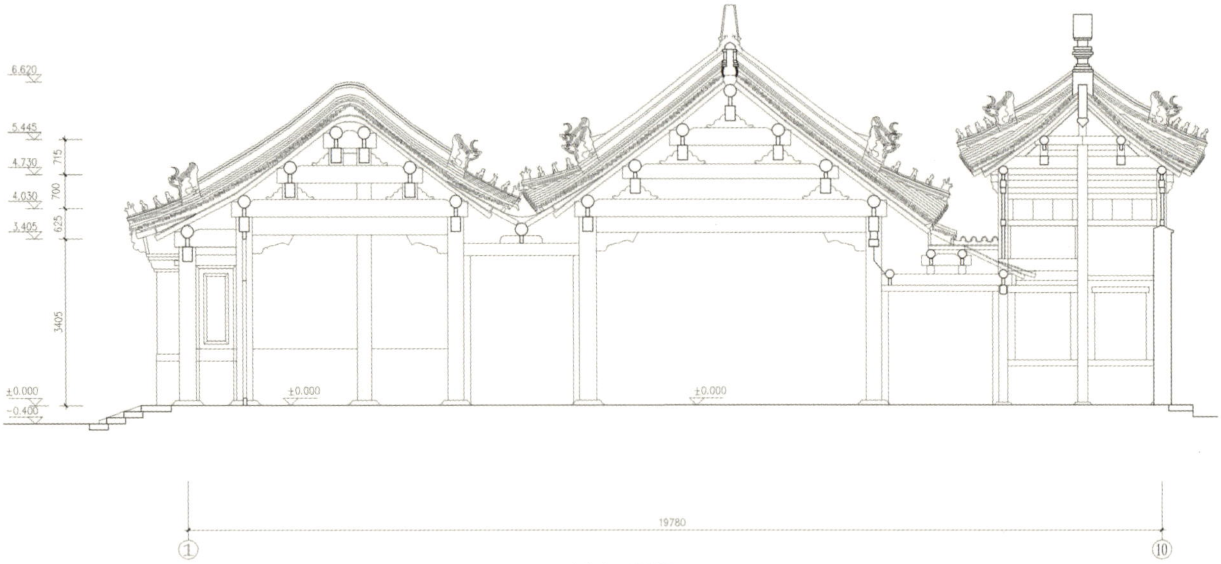

清真寺拜殿剖面图

寺门外景

窑殿外景

拜殿内景

外檐彩画

拜殿入口

室内梁枋彩画

修复后的拜殿正立面

04

北京古观象台保护修缮设计

主要设计人：徐新伟等

北京古观象台位于建国门立交桥西，是世界最古老的天文台之一，始建于明正统七年（1442年），是明清两代皇家的御用天文台。台上陈列着八架造型古朴、雕刻精湛的铜制天文观测仪器，这些仪器是东西方文化交流的历史见证。1982年被列为第二批全国重点保护单位。

我所于2004年承接了观象台修缮设计，通过设计解决了台体存在的三大主要问题，即墙体歪闪开裂问题、台面防水问题和垂直排水问题。

修缮设计是对台体存在问题进行充分了解和分析的基础上作出的。它既忠实地贯彻了文物古建筑保护修缮原则，又在隐蔽部位采用了现代材料和科技手段，使台体既保持了原状又科学地解决了存在的隐患。

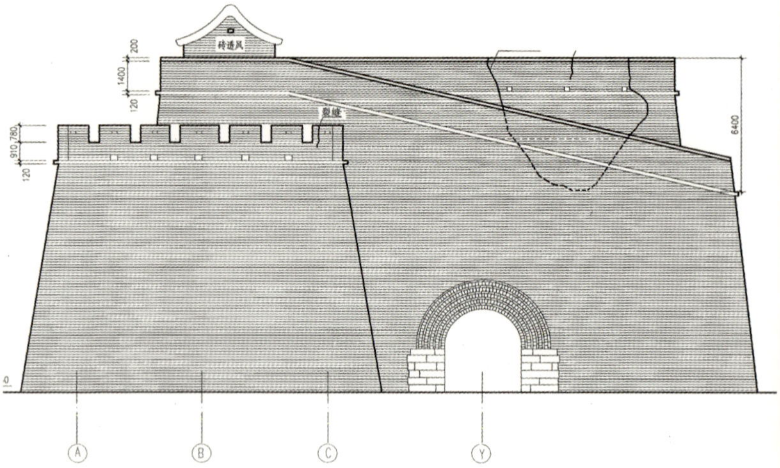

北立面

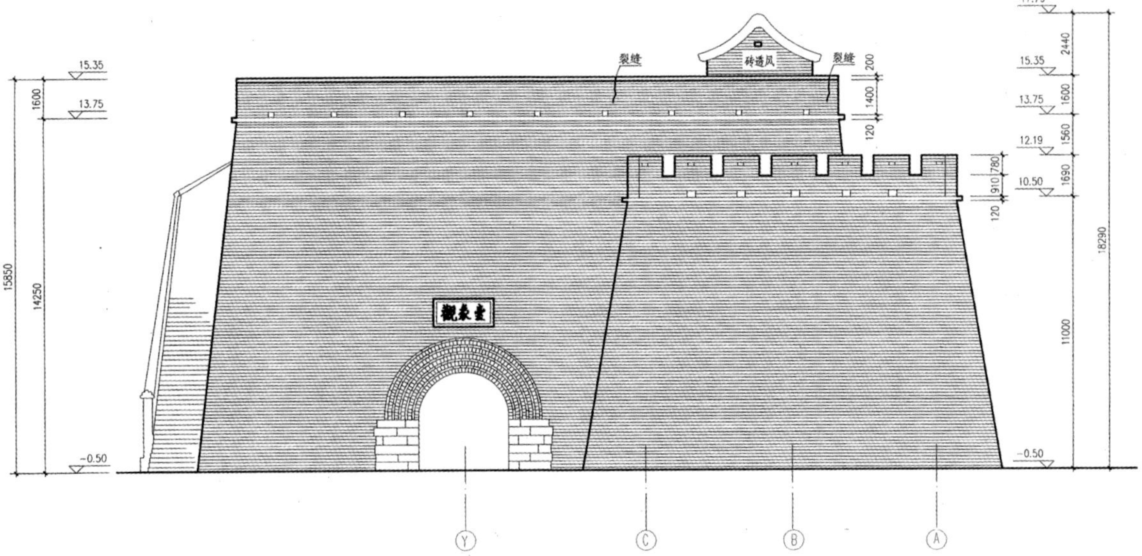

南立面

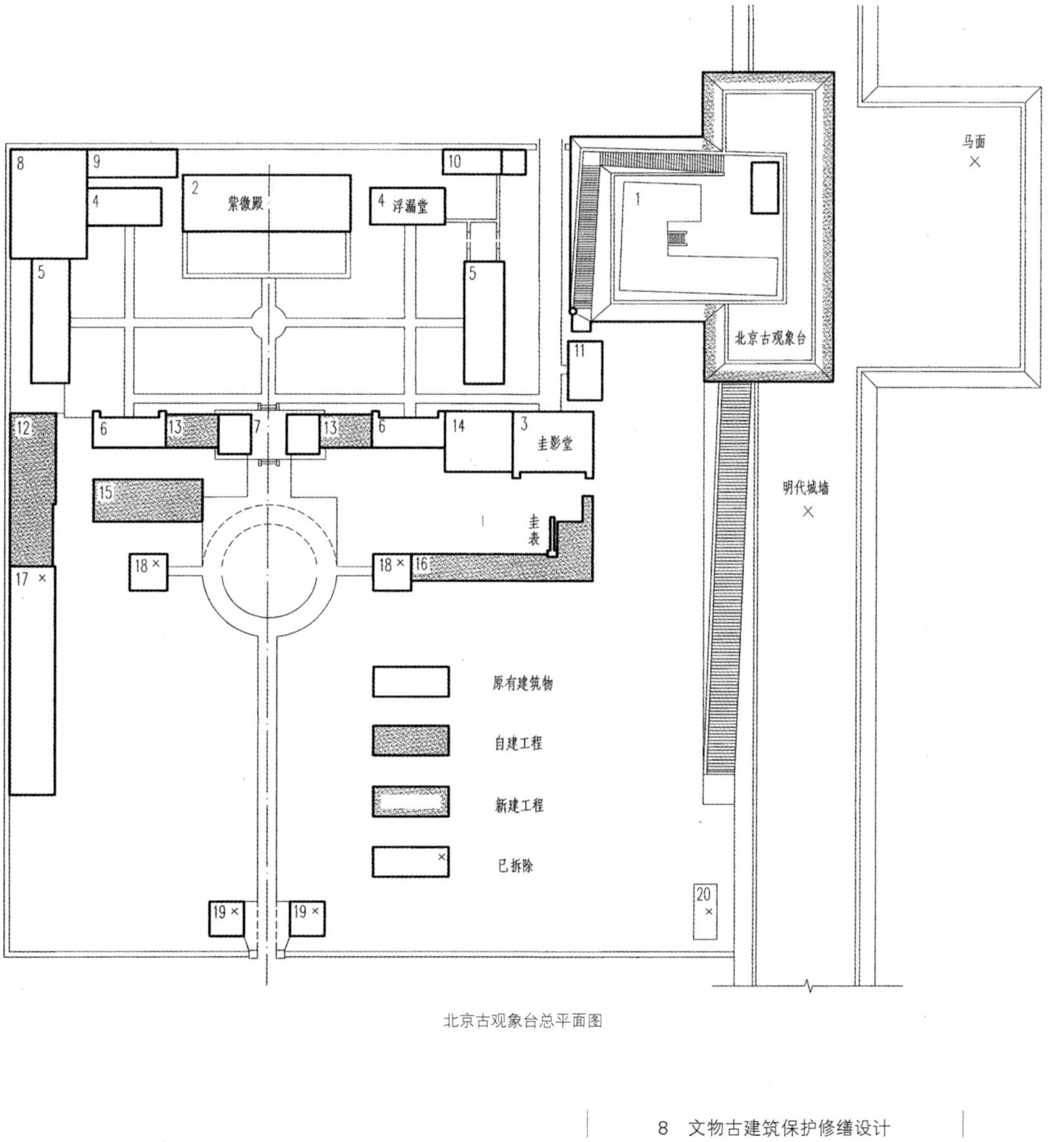

北京古观象台总平面图

05

北京交通银行旧址修缮设计

工程主持人：徐新伟
建筑设计 ：徐新伟、王颖　　彩画保护方案：蒋广全
结构设计 ：王大欣　　电气设计 ：李 栋
给排水设计：单成福　　暖通设计 ：周启玲
建筑面积：327m²

北京老交通银行位于北京前门西河沿街9号，是一所近代建筑，原为一组院落，坐落于街北侧，占地2600余平方米，沿街半地下一层，地上三层，局部四层。院落北侧建有集马房、汽车库、宿舍等两栋功能性建筑。该组建筑由我国近代著名建筑设计师杨廷宝先生设计，由原天津基泰工程公司绘制施工图。该建筑于1931年落成，距今年已有近80年历史。现仅存主楼。1995年列为北京市文物保护单位。

对该主体建筑的修缮设计分两个阶段进行，外立面及主体修缮设计于2005年完成；2009年进行了室内装修保护修缮及设备改造。

经过精心设计的这座近代文物建筑不仅很好地保持了原状，为我们留下了一座优秀的历史文化遗产，而且对内部进行了科学合理的设备改造，使之充分满足功能使用要求，使这座古老建筑焕发了青春。

修缮前东立面

修缮前南立面

南立面修复图

剖面图

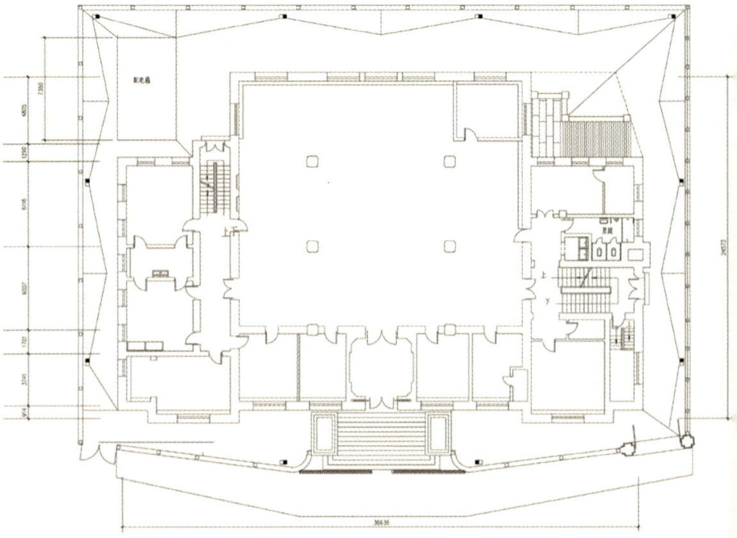
一层平面图

修缮后的老交通银行东立面

大堂北侧室内

大堂入口及室内

06

北京蔡元培故居保护修缮设计

占地面积：680m² 建筑面积：379m²
工程主持人：雷云 建筑设计：雷云、王颖
设备电气设计：李栋、单成福、周启玲

蔡元培故居位于北京市东城区东堂子胡同西口75号和77号，是我国近代著名教育家蔡元培先生1917年自出任北京大学校长一职后租住的房屋。该院落前后三进，分东西两院，是保存比较完好、形制比较规整的四合院，它陪伴蔡元培先生目睹了五四运动的全过程，是中国近代史的实物见证。其中75号院在1986年6月由北京市东城区政府公布为区级文物保护单位。故居坐北朝南，主要由第一进院的沿街倒座房、第二进院南房、北房、东西厢房及第三进院的北房组成。

蔡元培故居占地面积680平方米，建筑面积370平方米。原故居建筑年久失修，大部分木构件糟朽严重，墙体酥碱；院内建筑均为危房，本次修缮为抢修性修缮，所有建筑落架大修，并根据使用的要求增加电视、电话、广播、网络及监控等弱电系统；重新做了给排水、暖通及消防系统。对故居的使用和保护提供了更好的条件。

蔡元培故居南门

蔡元培故居后院北房

蔡元培故居二进院正房

蔡元培故居南院耳房

蔡元培故居东夹道

蔡元培故居后院北房

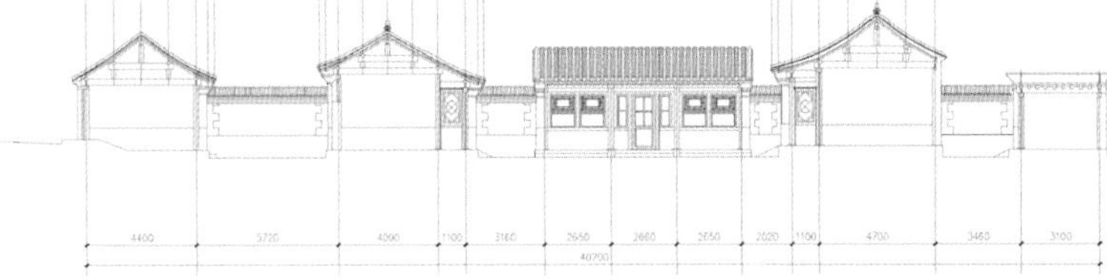

剖面图

剖面图

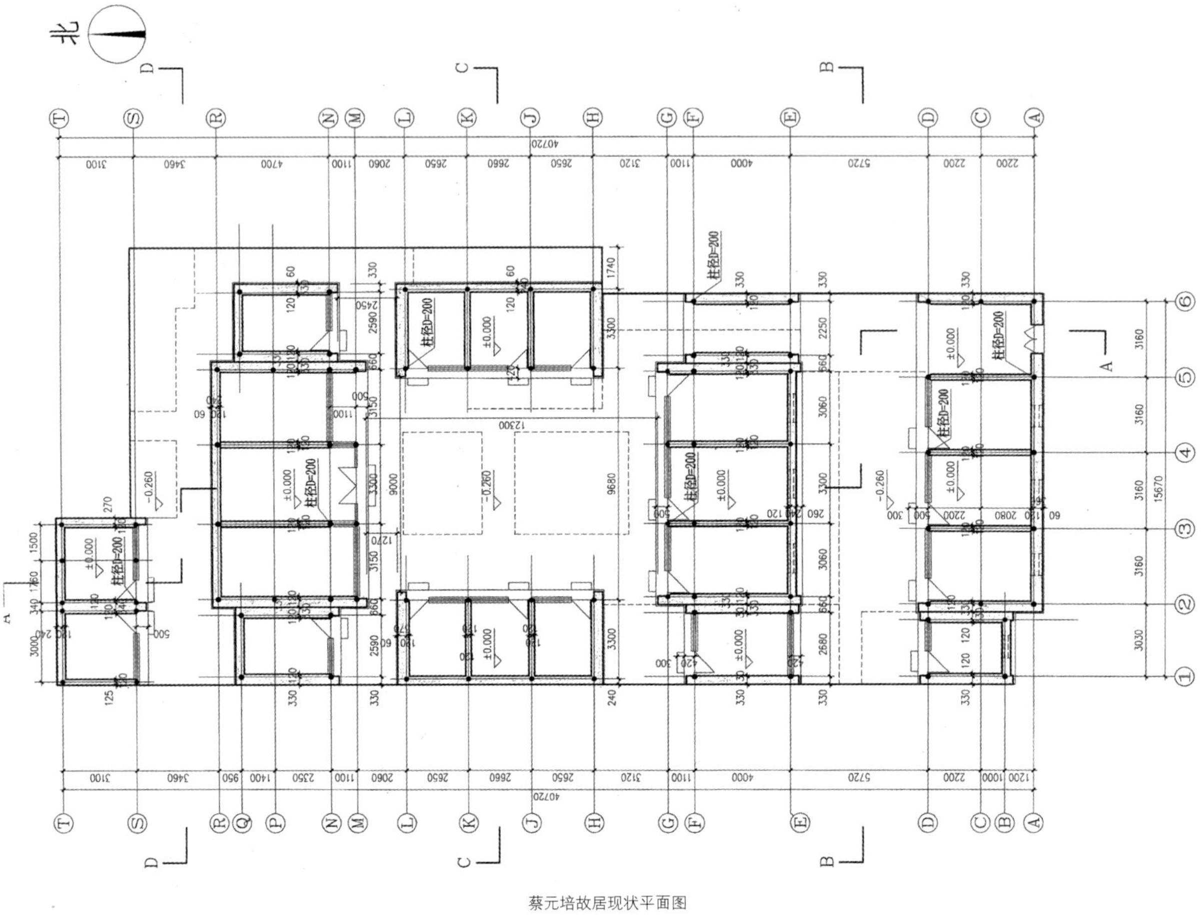

蔡元培故居现状平面图

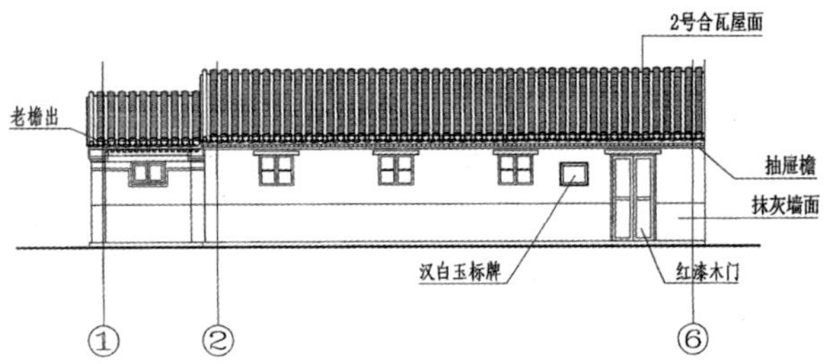

蔡元培故居现南外立面图

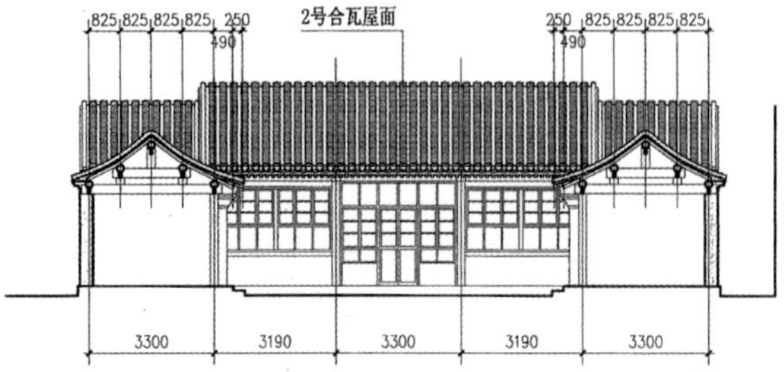

剖面图

07

北京茅盾故居保护修缮设计

故居占地：881m²　　建筑面积：572m²

工程主持人：雷云

建筑设计：雷云、谢成涛　　电气设计：李栋

暖通、给排水：单成福、周启玲

茅盾故居位于北京市东城区后圆恩寺胡同13号，是茅盾先生1974年至1981年初逝世前居住的地方。该院落为二进院，是保存比较完好、形制比较规整的中小型四合院。

茅盾故居坐北朝南，主要由第一进的大门、倒座房、东西厢房、北房；第二进的北房、东西厢房组成。占地面积881平方米，建筑面积573平方米。1984年公布为北京市级文物保护单位。此次修缮的主要内容有：对故居建筑进行保护性修缮，整修院落，给排水、电气、暖通改造，消防设施添加，室内重新装饰布展。

经过修缮，使故居恢复到1981年初茅盾先生逝世时的原貌。

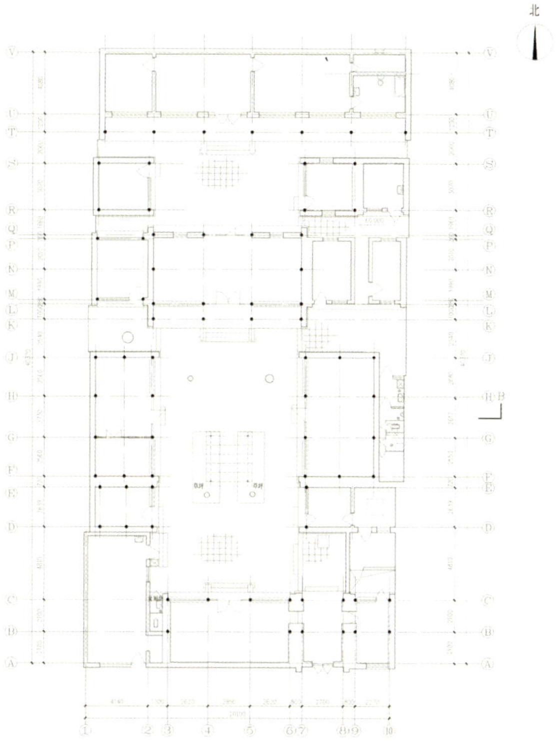

平面图

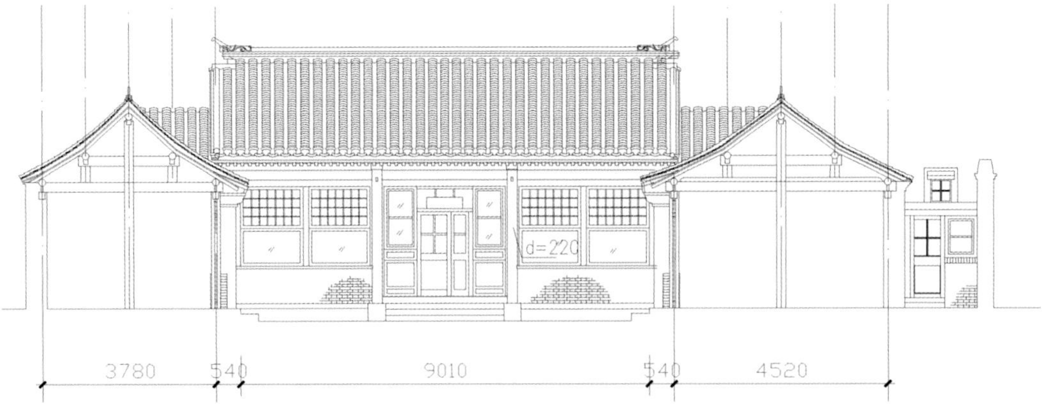

剖面图（复原图）

剖面图（复原图）

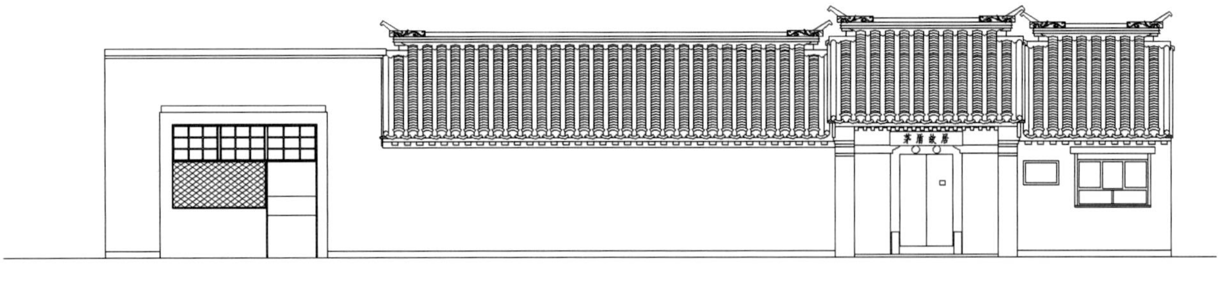

茅盾故居复原街立面图

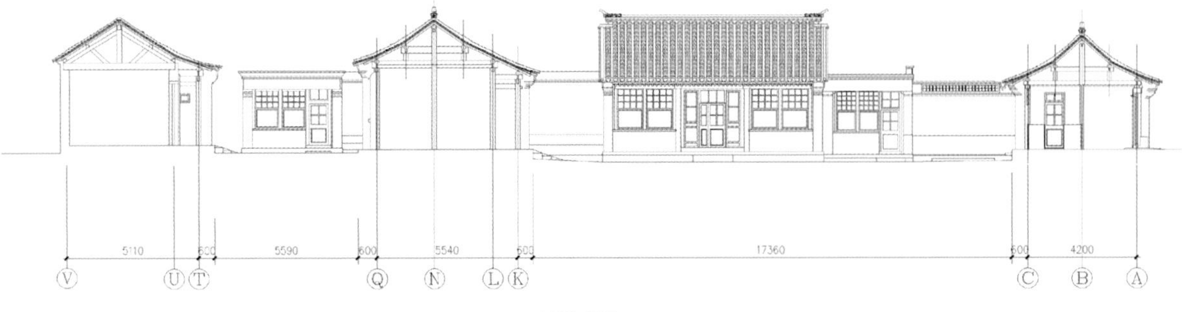

剖面复原图

茅盾故居正门

茅盾故居西厢房书房

茅盾故居一进院庭院

茅盾故居东厢房餐厅

08

北京八大处四处大悲寺修缮设计

占地面积：4000m^2　　建筑面积：2500m^2

工程主持人：雷云

建筑设计：雷云、任一帆、谢成涛、王颖

电器暖通设备：李栋、周启玲、单成福

彩画保护设计：蒋广全

大悲寺位于北京市西山八大处公园内，原名隐寂寺。始建于北宋或辽金时期（不晚于1033年），后经元大德二年、明嘉靖二十九年、清康熙五十一年数度重修，规模愈大、气势益宏，康乾盛世时香火极旺。现存主要建筑为清代建筑。

大悲寺为北京市重点文物保护单位。该寺坐西朝东，整个寺庙为三进四合，建筑群分布在三个平台上。第一个平台上建筑为三开间的山门殿，两旁为砖影壁及砖门楼；第二个平台上有三开间大雄宝殿、五开间的药师殿、观音殿及左右配殿组成的建筑群；第三平台建筑为五开间的大悲殿及配殿。在整个院落的东侧为和尚坟及后勤用房。

本次修缮设计内容主要包括：揭宼瓦顶，更换残缺瓦件，更换糟朽望板、连檐、瓦口，局部墙体拆砌，木结构抽换加固，油饰彩画找补、保护，阶条石、柱顶石添配等。

配殿立面

药师殿彩画

大雄宝殿

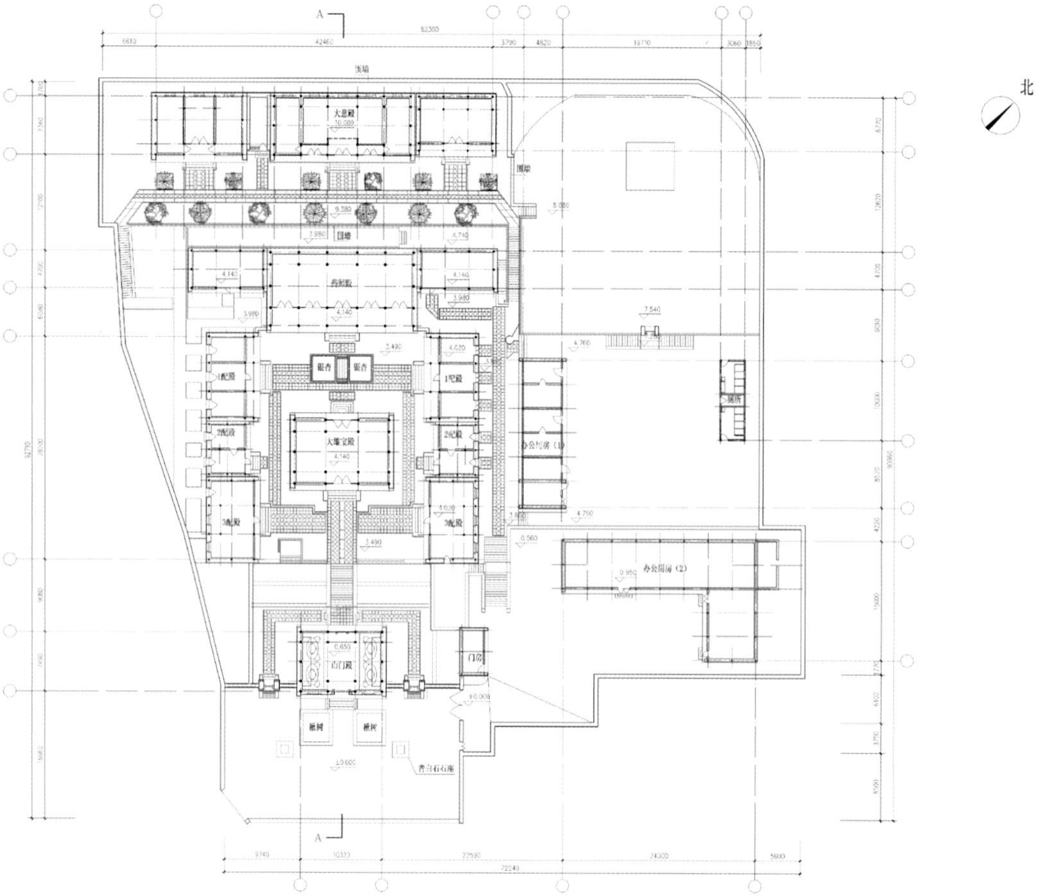

八大处四处（大悲寺）平面图

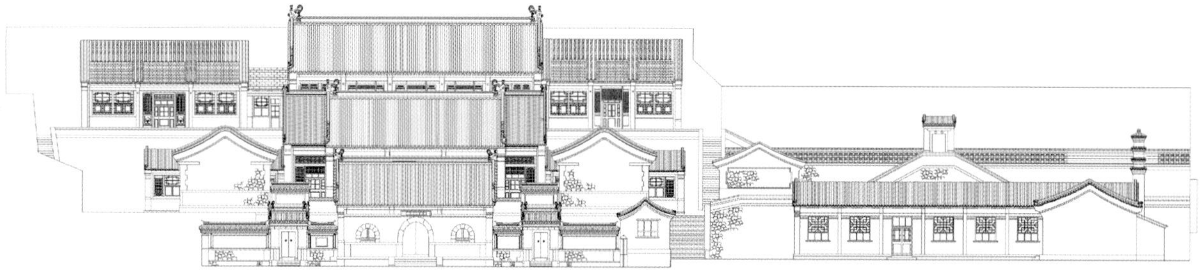

现状外立面图

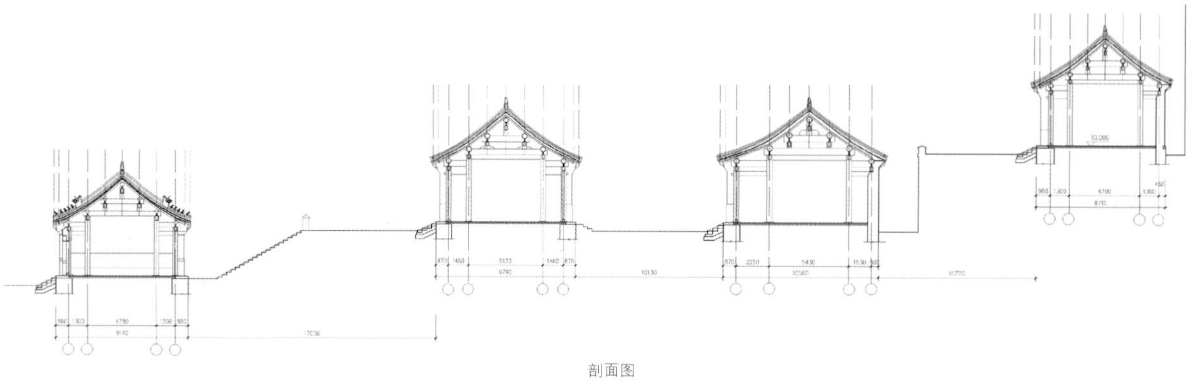

剖面图

西厢房配殿立面

从东南方向看山门

药师殿立面

山门正立面

09

山海关兵部分司署复建设计

占地面积：3032.94m²　　　建筑面积：1202.41m²
工程主持人：王颖
建筑设计：王颖、雷云　　　结构设计：易斌
设备电气设计：单福成、周启玲、李栋
彩画设计：蒋广全

山海关兵部分司署位于河北省秦皇岛市山海关区，最早建于明代，由于年代久远，保护不善，已面目全非，本项目是根据残存遗迹和史料记载所做的复原设计。

据明嘉靖《山海关志》记载：“兵部分司署位于城东门内，南向，即正厅，正厅之后为穿堂，接中堂，中堂之后为后堂，堂后为寝室，左为书房，后为吾与亭，厅前为前廊，左右为椽房，厅下即阶，阶西为大门。大门外为兵部分司、东北第一关牌坊各一座。”

我所根据现场勘查和相关文献考证，在原址上进行了复原设计，在场地最南端复建了四柱三楼牌坊，牌坊以北20米处是整个院落的第一道大门——仪门，仪门两侧设置了服务用房，仪门北面是垂花门，垂花门两侧游廊与正厅连接，再就是文献记载的正厅，正厅之后以穿堂相接到达中堂，中堂之后的院落左侧为书房，右侧为寝室，正后为中堂，建筑油饰彩画按明代制度设计，整个设计都以史文献内容和实物勘查为依据，是一个忠实于历史的复原设计。

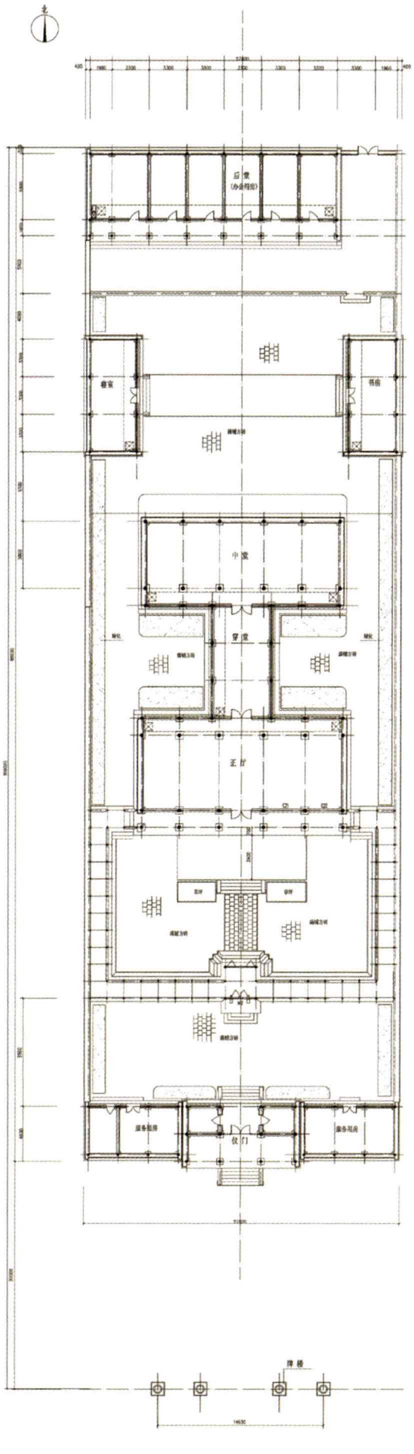

山海关兵部分司署复原平面图

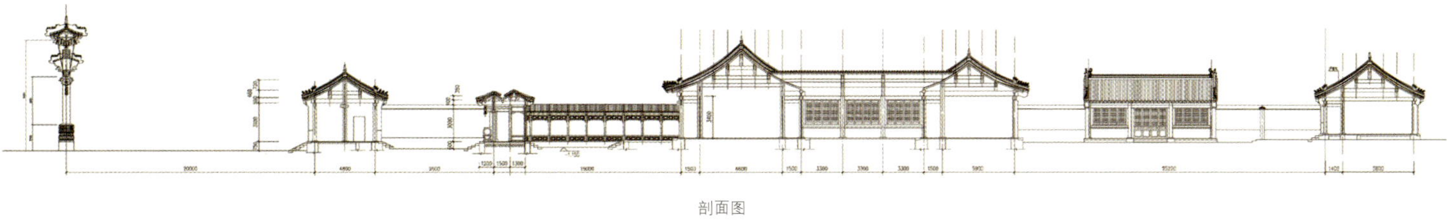
剖面图

正厅立面图

书房及庭院

10

天津李叔同故居迁建设计

工程主持人：李大雪

建筑设计：李大雪　　　　结构设计：王大欣

油饰彩画：蒋广全

设备电气设计：单成福、周启玲、李栋

李叔同故居位于天津市河北区粮店街62号，是一座建于近代的传统民居建筑，现为天津市文物保护单位。

院落座西朝东，为典型的“田”字形格局，原建筑南侧中路拆改严重，其余较为完整。现存建筑中，以西院正房及中书房门窗花格保存较为完好，富有特色。

李叔同故居原计划就地保护修缮，后因天津市规划调整，迁建于原址北侧地块。

接受该故居保护修缮任务后，我所对原故居进行了认真仔细的勘察测绘，掌握了详实的技术资料，然后在新地块做了迁建复原设计。

本设计完全忠实于故居建筑格局及建筑尺度，最大限度地利用原有构件和砖瓦材料，使迁建后的故居忠实地反映了原故居的格局、风格、样式及尺度。同时，对迁建故居进行了设备、电气配套设计，给李叔同故居赋予新的生命，成为天津市文化建设的一个新亮点。

李叔同故居正门

李叔同故居园林设计

李叔同故居园林小景

李叔同故居正房图

11

天津玉皇阁修缮设计

项目负责人：李大雪　　测绘及修缮设计：李大雪
彩画保护修缮：蒋广全　　项目顾问：马炳坚

天津玉皇阁位于天津市古文化街北端，临近海河，坐西朝东，是一座道教建筑。玉皇阁始建于明代，为二层木结构楼阁式建筑，首层五开间，通面宽15.9米，进深四开间，通进深11.5米，屋面覆六样黄色绿剪边琉璃瓦，脊饰为龙凤纹琉璃饰件，工艺精湛考究。

玉皇阁1954年被列为天津市级文物保护单位，2003年，结合天津市海河开发建设项目的开展，我所承接了玉皇阁修缮设计。

玉皇阁为明代建筑，出檐尺度很大，翼角冲出深远，因年久失修，檐头、翼角下垂严重，造成角梁等大木构件深度糟朽，埋在墙内的木柱也有深度朽烂。我们依据损坏状况，做出了科学合理的修缮方案，在“不改变文物状况”和“最少扰动”的原则下，对玉皇阁进行了保护修缮，使其恢复了原有的健康状态。

修缮后的玉皇阁已成为天津市文化街的重要景观。

玉皇阁正立面

12

北京西黄寺前部建筑复建设计

建筑面积：314.19m²
工程主持人：姜嘉慎
建筑专业：姜嘉慎、张丽鲜、李大雪、雷云、王颖
结构专业：姜津
设备电气：单成福、周启玲、李栋

西黄寺位于北京市西城区，是国家级重点文物保护单位，始建于1652年，乾隆年间重修，建清净化城塔及山门殿、钟鼓楼、天王殿、大殿、碑亭、配殿等。后来天王殿以南建筑均遭毁无存。

为恢复原建筑格局，更好地保护和利用西黄寺这一古代寺庙建筑群，2004年，我所受国务院宗教事务管理局之托承担了复建山门、钟鼓楼及东西耳房、腰门围墙的设计任务。

本工程总体建筑布局是以原主轴线为中心，采取东西对称布局。其中，山门、钟楼、鼓楼为复建建筑。售票室、保卫室、法务流通处、展览室为新增建筑。建筑结构形式，中路山门、钟楼、鼓楼、售票室、保卫室均为木结构；山门、钟楼、鼓楼采用绿琉璃瓦黄剪边歇山屋面，售票室、保卫室采用筒瓦硬山屋面。两边的法务流通处和展览室为混凝土仿木结构，筒瓦硬山屋面。山门两侧做黄琉璃瓦绿剪边八字影壁。院墙为传统大式做法。

山门等建筑的复建，使西黄寺恢复到鼎盛时期的原貌，保护了它的完整性。

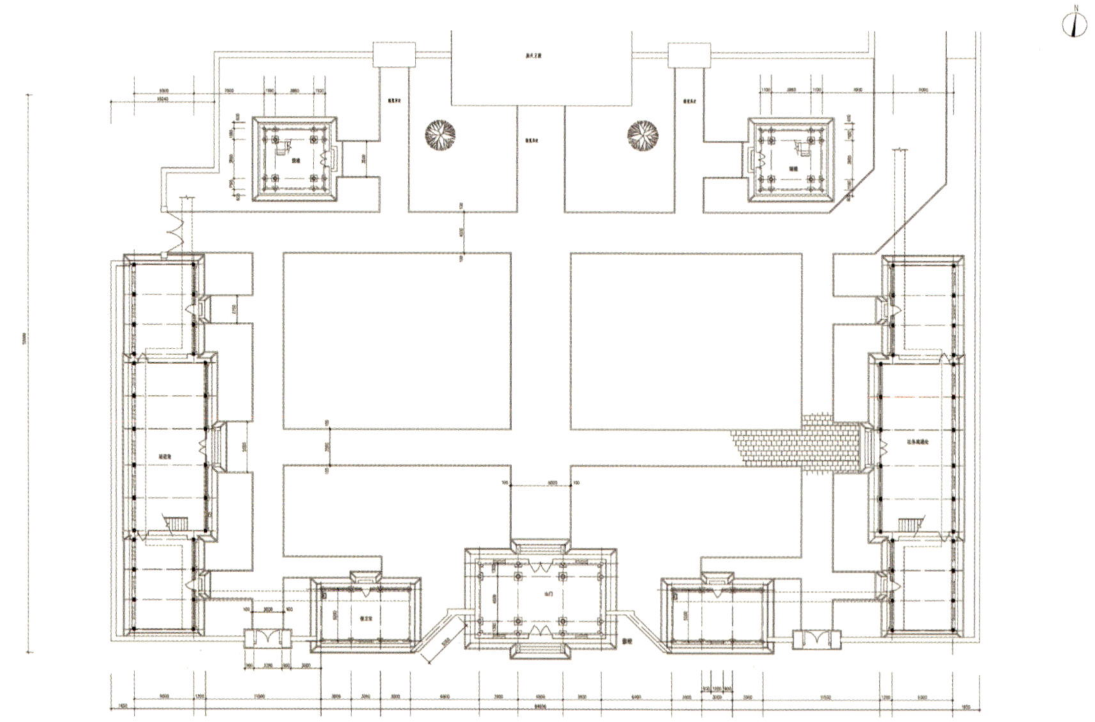

平面图

复建的山门

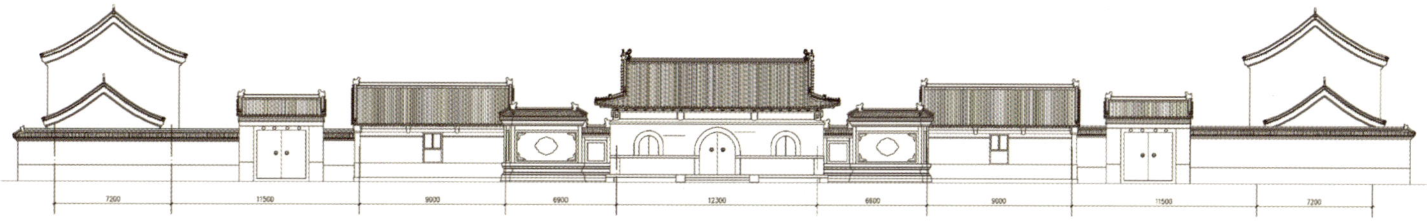

山门外立面图

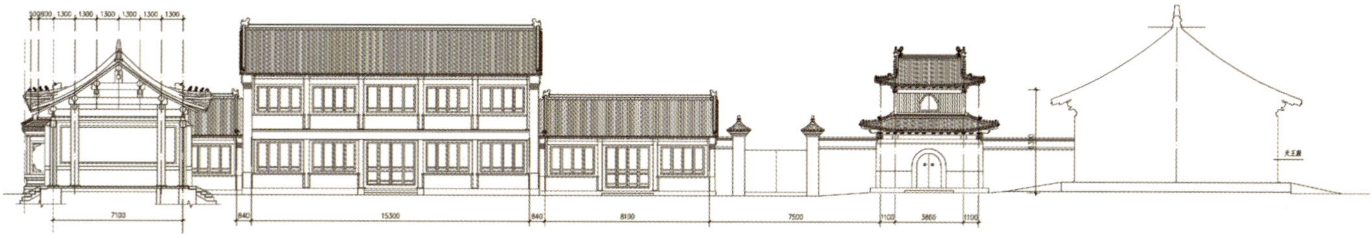

剖面图

复建的大殿

复建的影壁墙

复建的影壁墙角

第二部分

研究与学术成果

开展中国传统建築技术与学术研究，为祖国的文物保护事业和民族建筑事业服务

庚寅年秋月　馬炳坚题并书

1、

出版学术技术专著

研究工作是我所的重要基础性工作。近三十年来，我所的研究成果不仅为本所的设计工作打下了坚实基础，更重要的是为我国的古建园林事业作出了重要贡献。

这些研究成果和对国家的贡献主要有以下几个方面：

出版学术技术专著；

创办《古建园林技术》杂志；

编写古建筑规程、规范、图集；

发表古建筑专业学术、技术论文；

进行传统建筑彩画的研究。

这些研究与学术成果，直接关系着我国三十年来古建园林事业的发展，值得认真回顾。

出版学术技术专著

我所是从研究整理古建筑传统工艺技术工作起家的。20世纪70年代末80年代初，在经历了十年文革之后，随着改革开放的深入，古建筑的保护修缮也进入一个新阶段。当时，肩负着北京市故宫以外古建筑修缮任务的北京房屋修建二公司面临着老工匠陆续退休，年轻技术力量青黄不接的困境。为改变这种状况，决定对青年职工进行专业技术培训。

当时，房修二公司古建工程处有两个年轻人：一个是毕业于同济大学建筑学系的程万里，一个是高中毕业后在古建筑木工班组实干了八年的马炳坚。这二人有比较深厚的文字功底，又经过多年实践，从老工匠那里学得了较为扎实的古建筑技术知识，同时他们都有将古建筑技术知识整理出来，使之见于经传的志向，于是他们就自然而然地成为编写培训教材的骨干。在相关领导的支持下，他们成立了“古建筑技术研究小组”，开始进行发掘、研究、整理古建筑传统工艺技术的工作。

他们工作了一段时间之后，于1981年在时任房屋修建二公司总工程师庞树义先生的支持下，调入公司机关，正式成立“古建筑技术研究室”，并增派张家骧、边精一和吴敏芝为研究室成员，专门从事古建筑技术研究和编制为企业服务的“古建筑工程定额”的工作。

在此期间，他们编制了《古建筑修建工程定额》，写出了《清代木构建筑的节点和榫卯》、《古建筑翼角的构造、制作与安装》、《古建砖料及加工技术》、《单、双排坐车戗架子》以及《捉缝灰》等专题技术文章。

马炳坚、刘大可、边精一等早年编写的讲义原件

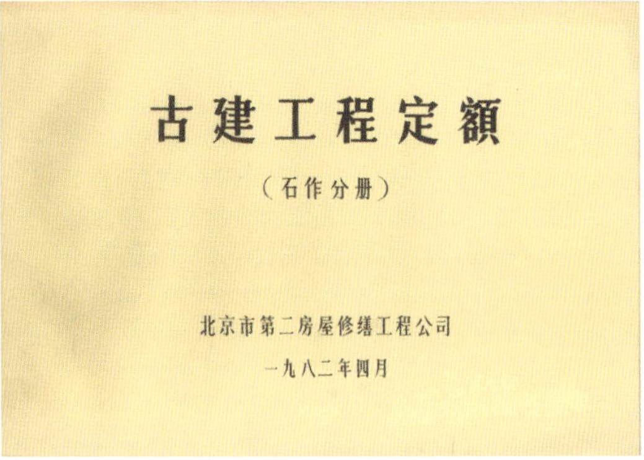

以上为研究室成立之初编制的《古建工程定额》，现行的古建筑修建工程定额就是根据这套定额改编

1983年，刘大可同志从北京市西城房管局调入房屋修建二公司古建筑技术研究室，专司瓦作技术的研究整理工作。1984年，为培养古建筑工程技术人才，北京市房管局决定在房管局职工大学创办“古建筑工程专业”，并要求房修二公司组织力量编写古建专业课教材。这项工作落在了古建筑技术研究室身上。当时，程万里从总论和建筑学的角度，编写了《中国传统建筑》；马炳坚从古建筑木结构（包括大木、斗拱和木装修）工程技术的角度，写了《古建筑木结构营造修缮技术》；刘大可从瓦石工程角度，写了《古建筑瓦石工程》；边精一根据多年的技术积累，编写了《彩画讲义》。

这些教材，是当时全国仅有的较为系统的有关古建筑技术方面的资料，十分引人注目。它一方面在北京房管局职工大学讲授，另一方面在业内不胫而走，广为流传。

1991年，在有关方面建议下，马炳坚先生的木作专著由科学出版社正式出版，书名为《中国古建筑木作营造技术》；1993年，刘大可先生的瓦作专著由中国建筑工业出版社正式出版，书名为《中国古建筑瓦石营法》；1991年程万里先生主编的《中国传统建筑》，也由香港万里书店正式出版。1992年，边精一先生调出古建室从事其他工作。翌年，热衷于古建彩画研究的蒋广全先生调入古建研究室，并开始古建彩画的整理研究。2005年，他的著作《中国清代官式建筑彩画技术》一书出版。至此，系统阐述我国明清官式古建筑木作、瓦石作、油饰彩画作三大主要工种的传统技术专著基本出齐。这几本书的出版，在我国历史上是从来没有过的，它填补了我国古建筑传统工艺技术书籍的空白，在我国古建筑保护和传统建筑的设计、施工、教学等各个方面均发挥了十分重要的作用，成为业内人员的必读之书。

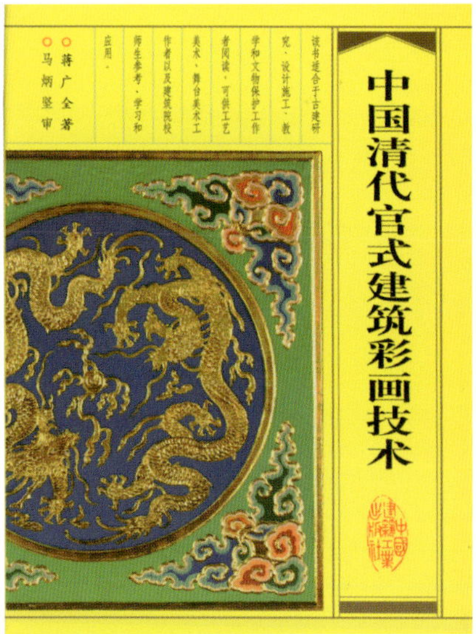

马炳坚、蒋广全、刘大可撰写的学术、技术专著

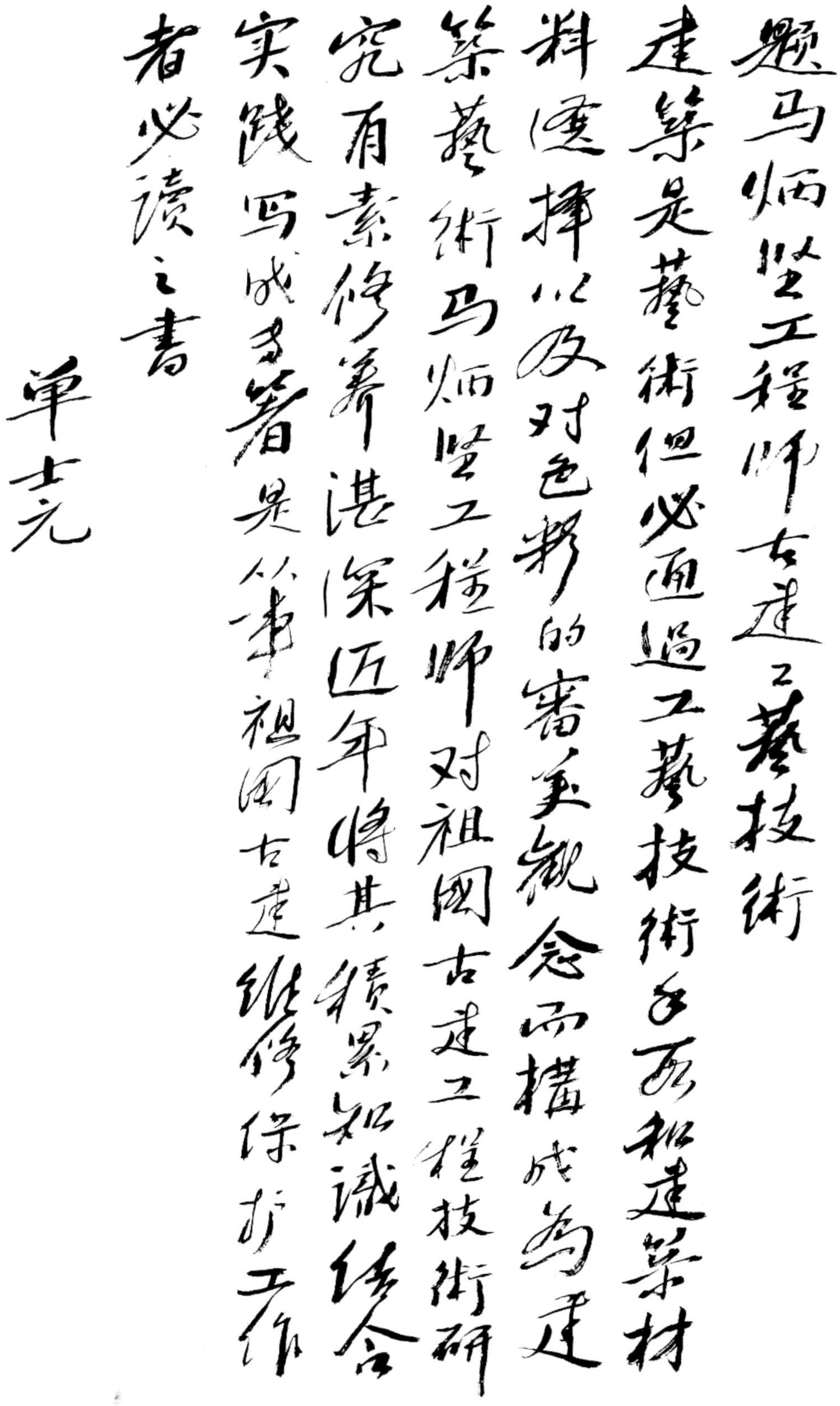

已故前辈单士元先生为《中国古建筑木作营造技术》一书题词

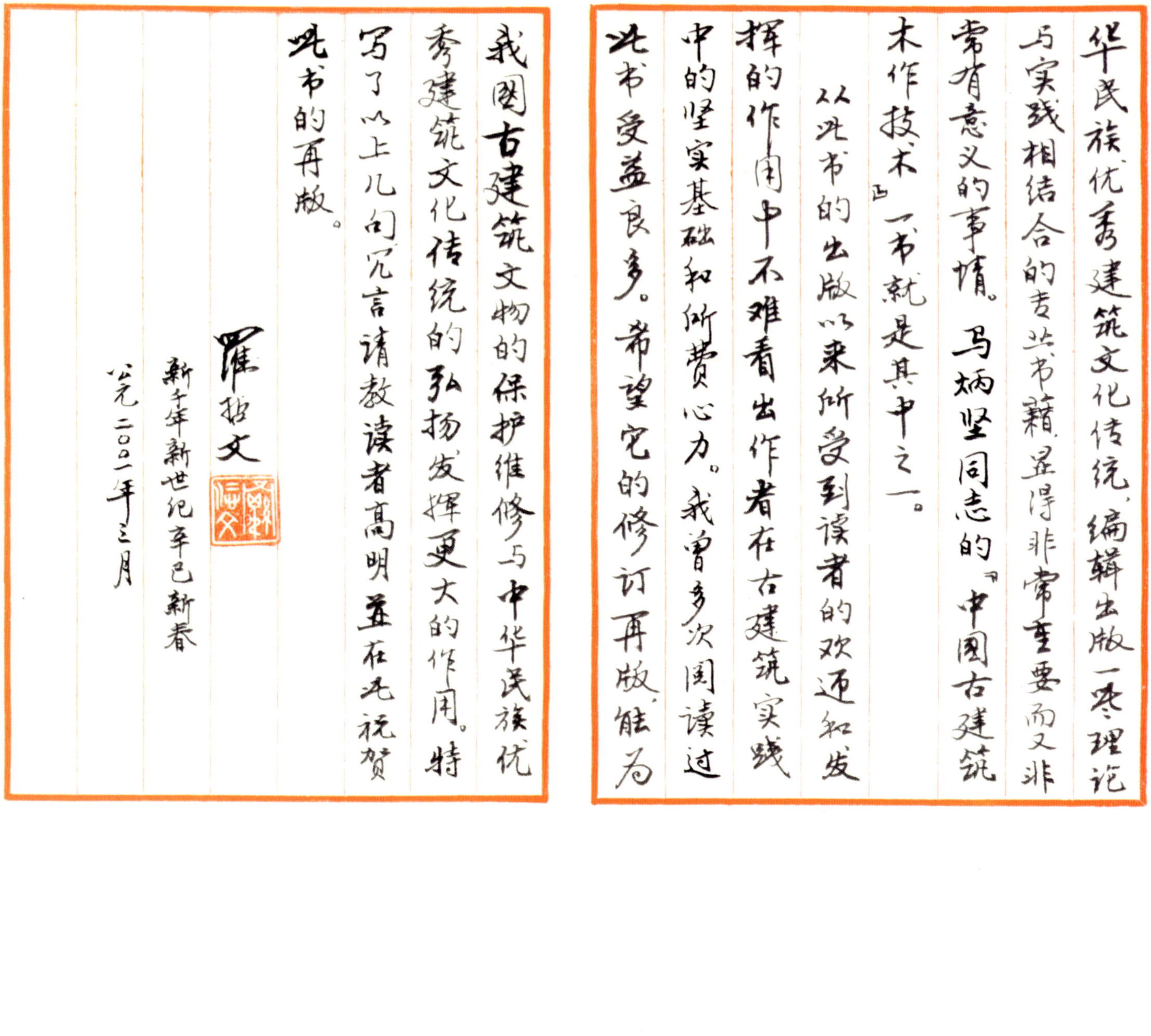

华民族优秀建筑文化传统，编辑出版一些理论
与实践相结合的专业书籍，是得非常重要而又非
常有意义的事情。马炳坚同志的『中国古建筑
木作技术』一书就是其中之一。
从此书的出版以来所受到读者的欢迎和发
挥的作用中不难看出作者在古建筑实践
中的坚实基础和所费心力。我曾多次阅读过
此书受益良多。希望它的修订再版，能为
我国古建筑文物的保护维修与中华民族优
秀建筑文化传统的弘扬发挥更大的作用。特
写了以上几句冗言请教读者高明并在此祝贺
此书的再版。

罗哲文

新千年新世纪辛巳新春
公元二〇〇一年三月

罗哲文先生为《中国古建木作营造技术》一书再版的题词

中國古代建筑不仅有着悠久的历史文化传统而且有着丰富的理论与实践的经验。古代的能工巧匠哲先贤以他们的聪明智慧血汗辛勤为我们留下了许多辉煌的杰作不朽的华章。长城、故宫、天坛、颐和园、布达拉宫、秦始皇陵兵马俑等、数不完的音符与乐章。它们不仅是中华民族的瑰寶而且已经列入了世界文化遗产的名录成为全人类共同的财富。

遗产要保护、传统要继承与弘扬。关键要有理论的指导与可供技术操作的经验。在这方面梁思成、刘敦桢先生等、先辈们曾经为之建立了不朽的功绩。然而由于各方面的原因一些古建人才行将断代，特殊技艺濒于失传、理论与实践、学术与技术相脱离的情况相当严重。为了更好保护珍贵的建筑文化遗产、弘扬中

祝炳坚兄著书再版

独成体系自根深

古建园林中而新

木作致工谁问底

书香自有后来人

郑孝燮

书名：中国古建筑木作营造技术

郑孝燮先生为《中国古建木作营造技术》一书再版的题词

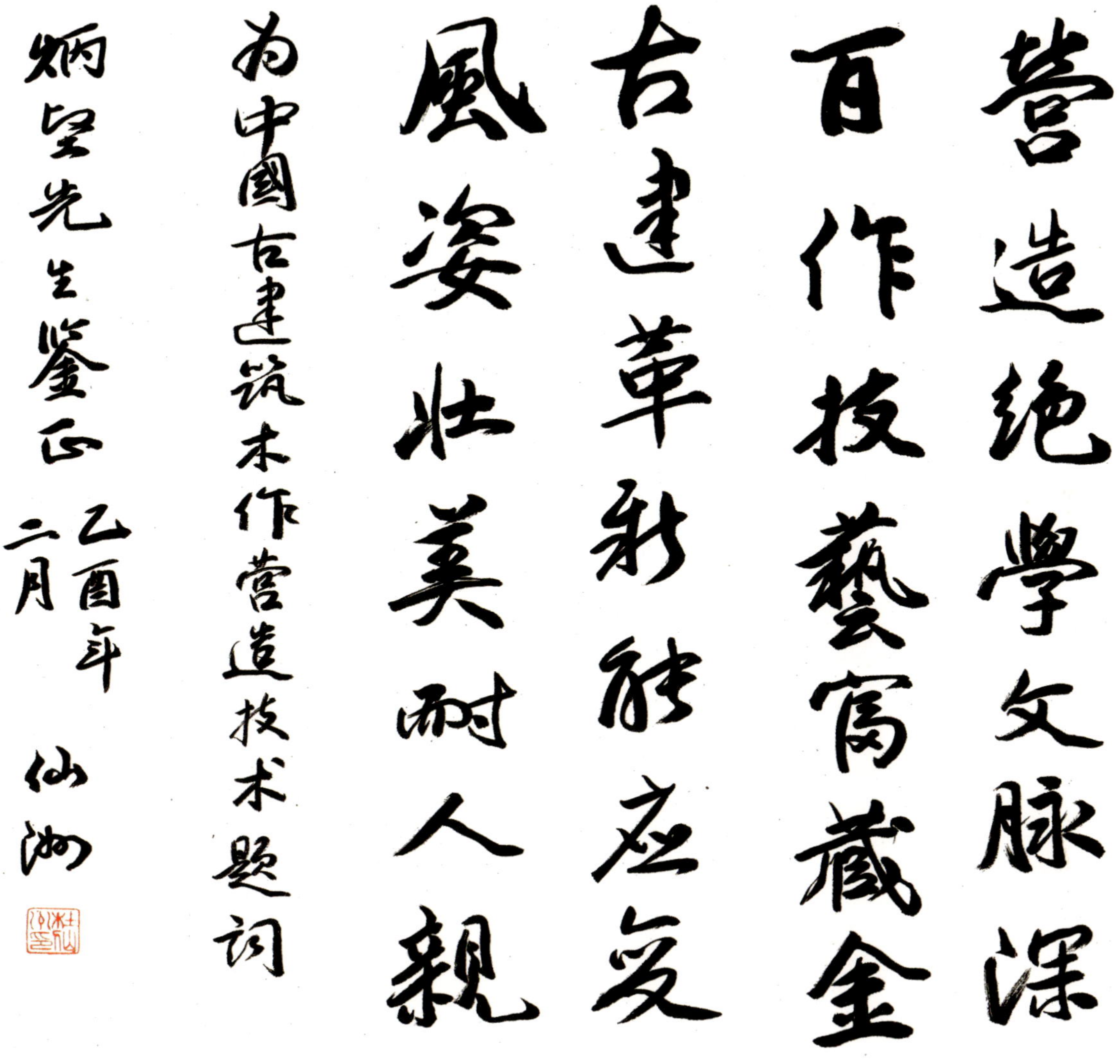

杜仙洲先生为《中国古建木作营造技术》的题词

《中国古建木作营造技术》1992年获第二届全国优秀建筑科技图书一等奖

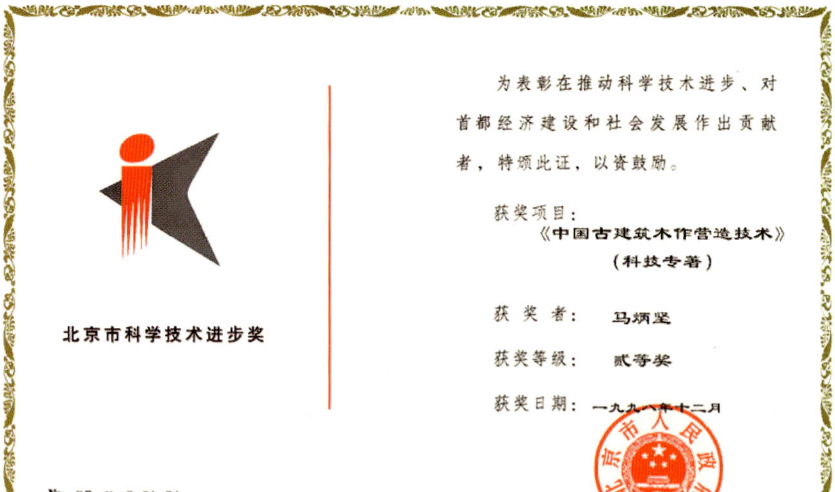

《中国古建木作营造技术》1998年获北京市科学技术进步奖二等奖

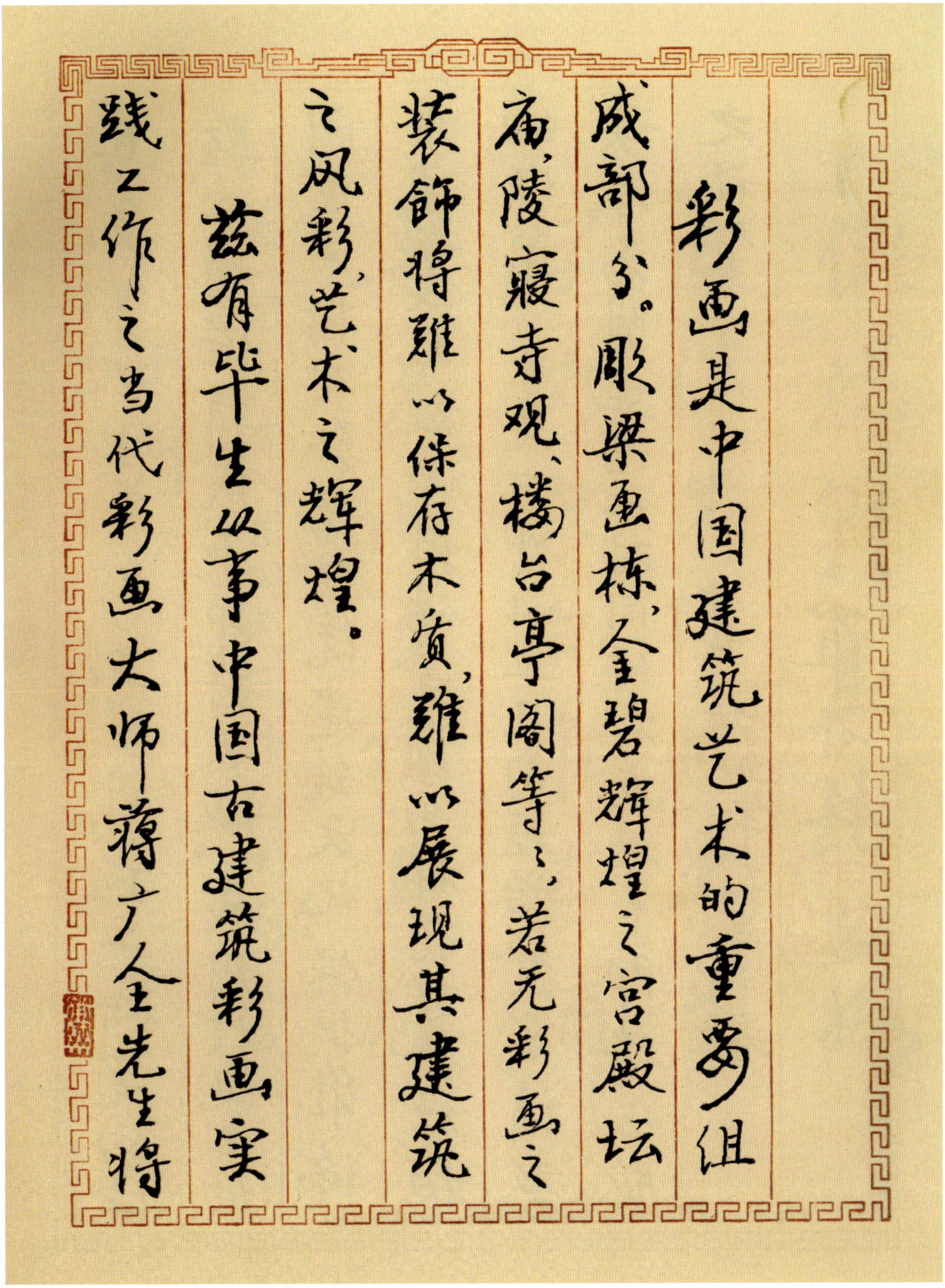

彩画是中国建筑艺术的重要组成部分。雕梁画栋，金碧辉煌之宫殿坛庙，陵寝寺观、楼台亭阁等等，若无彩画之装飾將難以保存木質，難以展現其建筑之风彩，艺术之辉煌。

兹有毕生从事中国古建筑彩画实践工作之当代彩画大师蒋广全先生将

罗哲文先生为《中国清代官式建筑彩画技术》题词

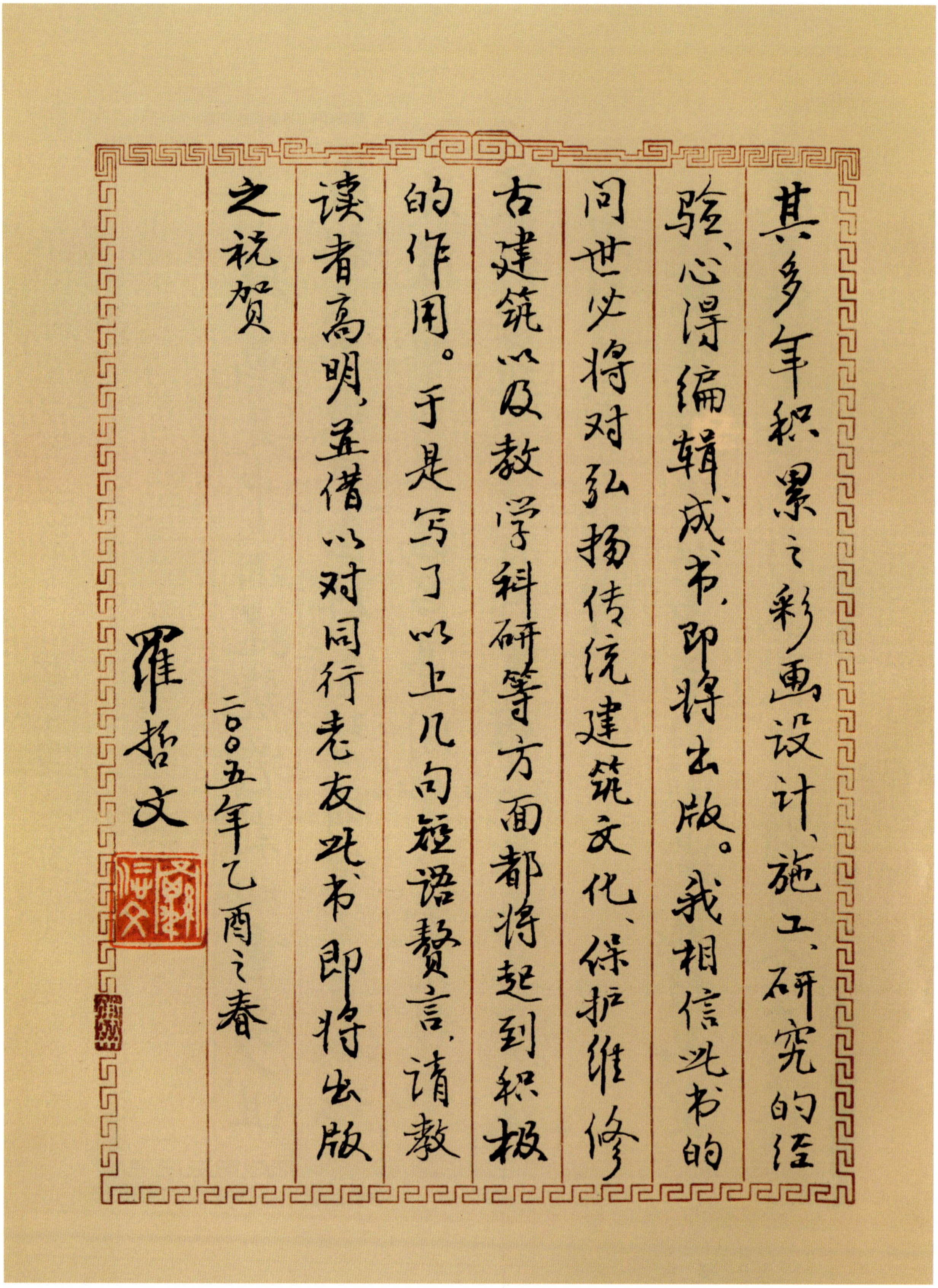

其多年积累之彩画设计、施工、研究的经验、心得编辑成书，即将出版。我相信此书的问世必将对弘扬传统建筑文化、保护维修古建筑以及教学科研等方面都将起到积极的作用。于是写了以上几句短语赘言，请教读者高明，并借以对同行老友此书即将出版之祝贺

二〇〇五年乙酉之春

罗哲文

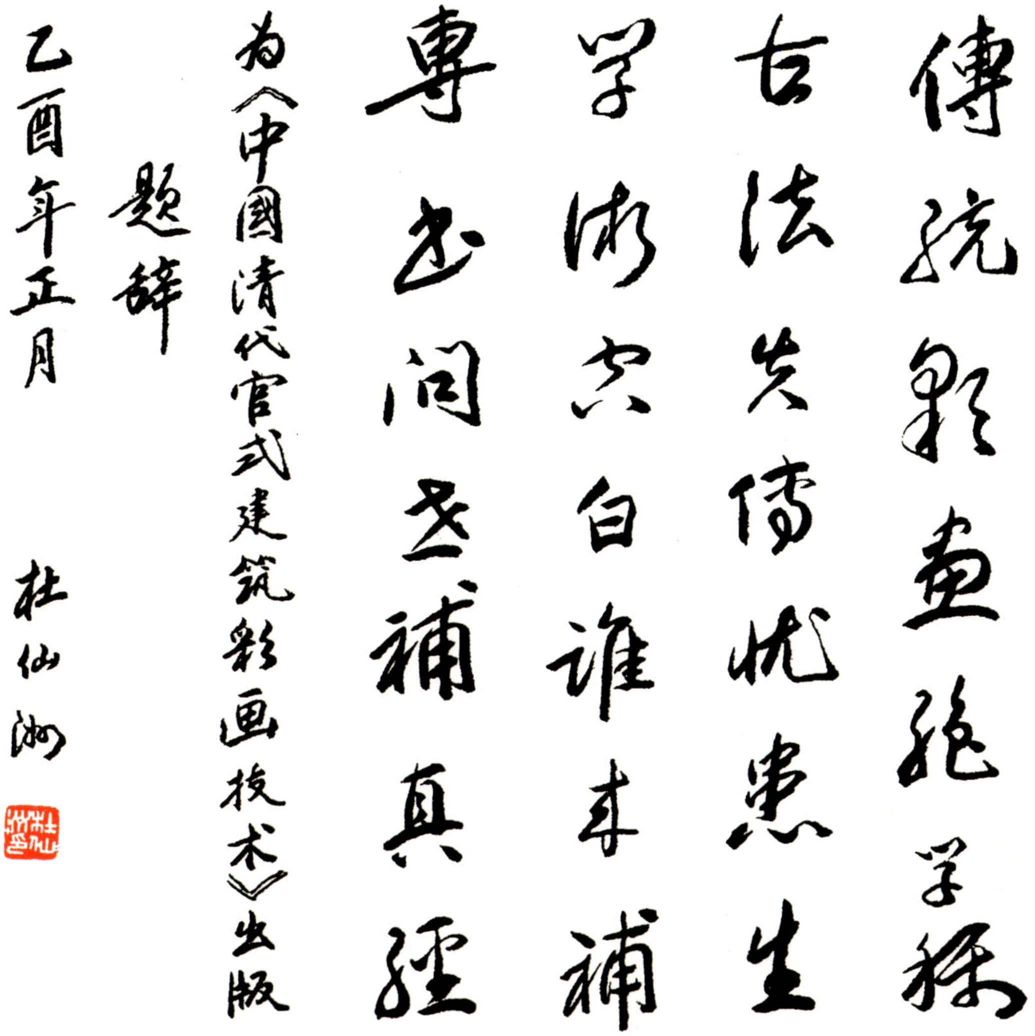

杜仙洲先生为《中国清代官式建筑彩画技术》题词

2、

创办《古建园林技术》杂志

1981年古建筑研究室成立以后，研究成果陆续完成，却又遇到了无处发表的问题。1982年初春的一天，程万里提出一个想法：想办一个有关中国古建筑与园林设计、施工技术方面的杂志。这个想法立即得到马炳坚的响应，古建室的其他同志也表示赞成。于是他们联名打报告给当时的公司领导庞树义总工程师以及冯光斗经理。当时，公司内部对办刊有两种不同意见，一种意见担心在刊物上发表研究成果会造成“技术泄密”，“教会徒弟，饿死师傅”；另一种意见，认为通过办刊把技术传播出去，不仅对房修二公司的声誉、地位是一种提升，同时也是对国家对民族的一份贡献。何况，技术保密是保不住的，研究室的成果那时已经在社会同行中不胫而走。几经权衡，房修二公司的主要领导冯光斗、庞树义终于同意了办刊。之后，又经与当时的东城区土木建筑学会何俊寿秘书长、北京市建筑设计院徐镇先生等联系，得到他们的大力支持，之后还联系了在北京市园林局搞技术工作的姜振鹏先生。经过一段时间的筹办，于1983年5月27日在北京市劳动人民文化宫举办了《古建园林技术》杂志编委会成立大会。1983年12月，《古建园林技术》杂志创刊号正式出刊。一个由个人发起，企业牵头，社团资助，众人参与的古建筑专业技术学术刊物从此开始了为祖国的文物保护和民族建筑事业服务的光荣历程。

罗哲文先生为杂志题写的刊名

杂志主编马炳坚先生在庆祝《古建园林技术》杂志二十五周年大会上，对《古建园林技术》杂志25年来为我国的文物保护和民族建筑事业所作的贡献做了高度概括：

1、它开展了古建园林工艺技术的发掘研究，使千百年来一直在工匠师徒间口传心授的技艺得以整理传承，使之系统化、理论化并见于经传；
2、推动了文物建筑调查研究的继续和中国特色文物古建筑保护理论与实践体系的酝酿和形成；
3、深化理论和工艺技术研究，促进了古建筑学科的发展；
4、介绍古建筑设计成果，推动建筑设计向民族化、地域化方向发展；
5、传播了古建园林知识技能，提高了业内的古建筑设计、施工水平；
6、培养了不同层次、不同方面的专业队伍和古建园林专业技术人才。

《古建园林技术》杂志对祖国文物保护和民族建筑事业的贡献不可磨灭，古建设计所与同仁共同创办《古建园林技术》杂志的业绩将载入史册。

《古建园林技术》杂志合订本

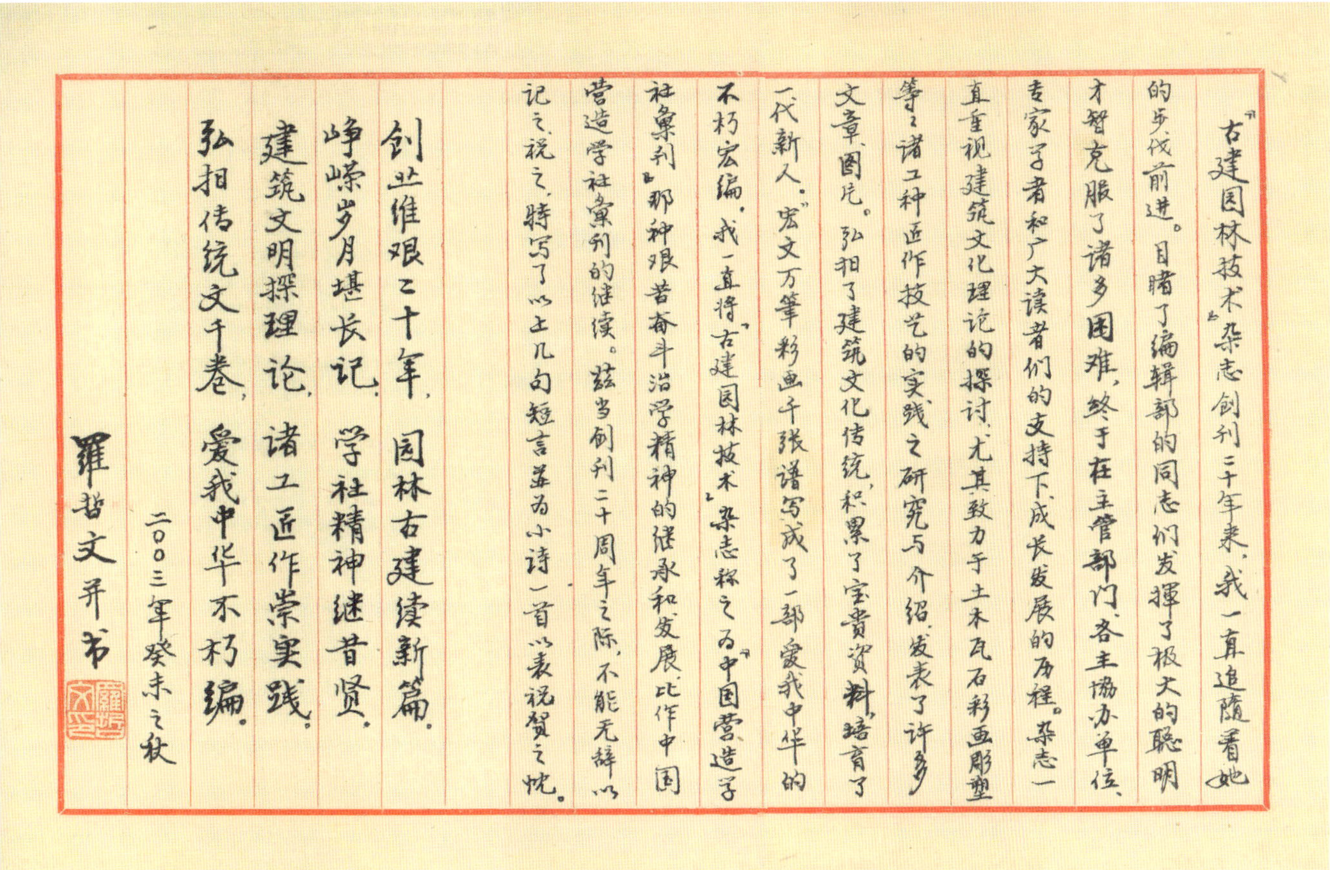

"古建园林技术"杂志创刊二十年来，我一直追随着她的步伐前进。目睹了编辑部的同志们发挥了极大的聪明才智克服了诸多困难，终于在主管部门、各主协办单位、专家学者和广大读者们的支持下成长发展的历程。杂志一直重视建筑文化理论的探讨，尤其致力于土木瓦石彩画雕塑等等诸工种匠作技艺的实践之研究与介绍，发表了许多文章、图片。弘扬了建筑文化传统，积累了宝贵资料，培育了一代新人。"宏文万笔，彩画千张，谱写成了一部爱我中华的不朽宏编。"我一直将"古建园林技术"杂志称之为"中国营造学社汇刊"那种艰苦奋斗治学精神的继承和发展，比作中国营造学社汇刊的继续。兹当创刊二十周年之际，不能无辞以记之、祝之，特写了以上几句短言并为小诗一首以表祝贺之忱。

创业维艰二十年，园林古建续新篇。
峥嵘岁月堪长记，学社精神继昔贤。
建筑文明探理论，诸工匠作崇实践。
弘扬传统文千卷，爱我中华不朽编。

二〇〇三年癸未之秋
羅哲文并书

罗哲文先生为《古建园林技术》杂志二十周年题词

《古建园林技术》杂志部分单行本

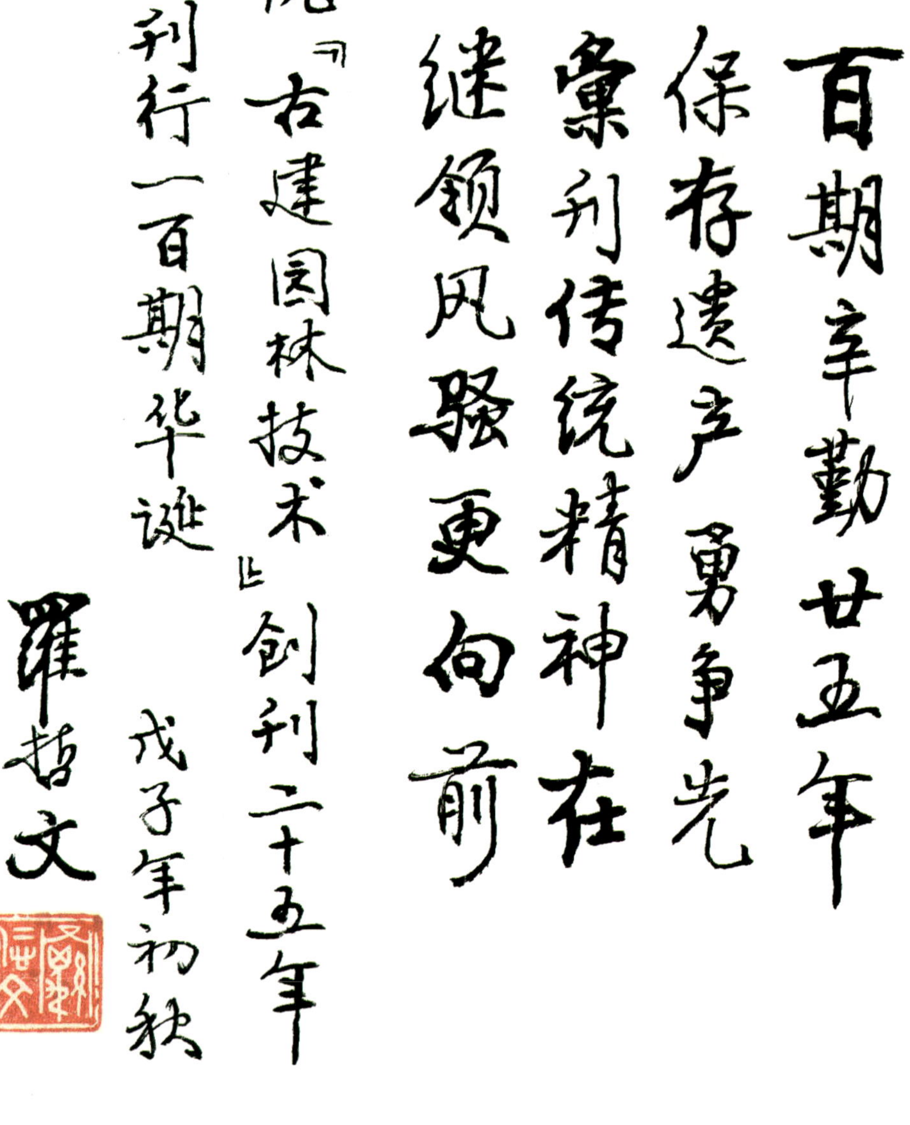

罗哲文先生为《古建园林技术》杂志二十五周年题词

贺《古建園林技术》杂志
创刊廿五周年

营造孜工析古建
叠山理水品園林
寄情论道犹惊技
传统根深民族魂

郑孝燮

郑孝燮先生为《古建园林技术》杂志二十五周年题词

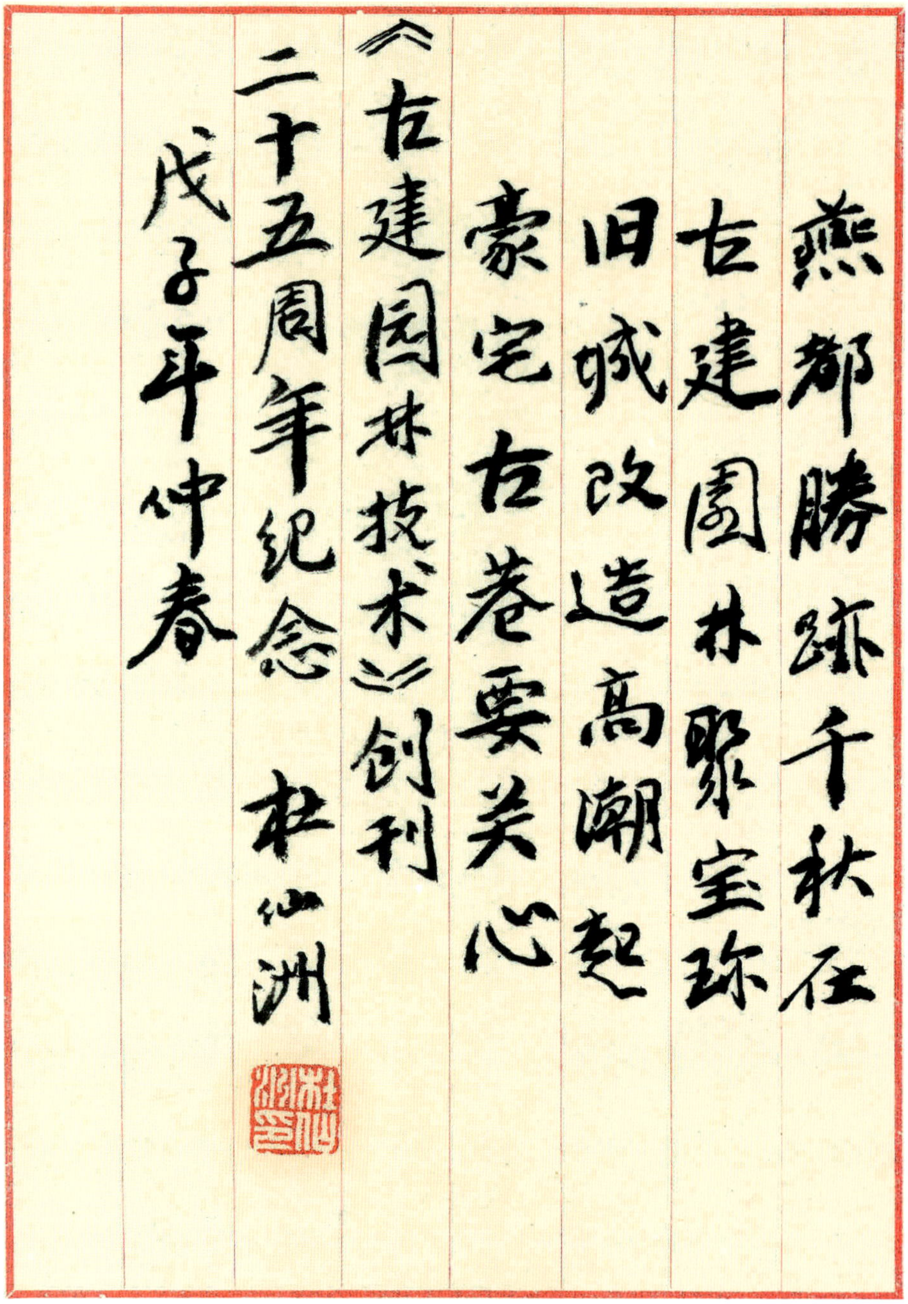
燕都勝跡千秋在
古建園林聚宝珎
旧城改造高潮起
豪宅古巷要关心
《古建园林技术》创刊
二十五周年纪念 杜仙洲
戊子年仲春

杜仙洲先生为《古建园林技术》杂志二十五周年题词

孙大章先生为《古建园林技术》杂志二十五周年题词

姜振鹏先生为《古建园林技术》杂志二十周年题词

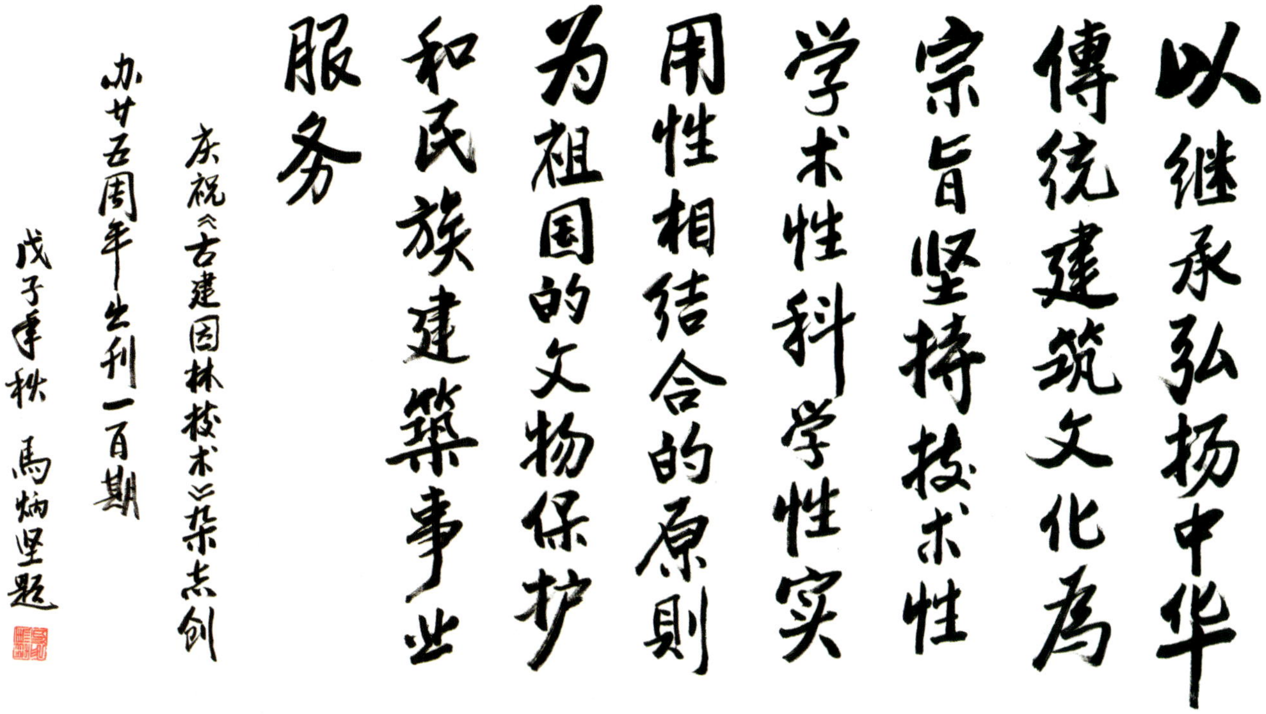

马炳坚先生为《古建园林技术》杂志二十五周年题写办刊宗旨

3、

编写古建筑
规程、规范、图集

编写古建筑标准、规范、图集，是我所研究工作的重要组成部分。

20世纪80年代以后，古建筑修建工程（包括文物古建筑保护修缮工程和传统建筑修建工程两部分）在全国各地大规模展开，但是，却没有相应的规程、规范、标准可供遵循。为适应古建筑修建工程管理的需要，1987年，建设部标准司下达了编制《古建筑修建工程质量检验评定标准》的任务，当时针对南、北方古建筑的不同风格、不同做法，将标准分为“北方地区”和“南方地区”两部分。“北方地区”标准以北京地区官式建筑为主要对象，由北京市房管局承接，交由北京市房屋修建二公司编制，具体编制工作由古代建筑设计研究所承担。我所研究室程万里、马炳坚、刘大可、边精一、卢振声分别承担总则、木作、瓦作、彩画作、油作各个部分的编写工作。为使北方地区的质量标准涵盖更多的地区，1987年，我所组成调研小组到河北、辽宁、山东、山西等省进行为时两个月的调查研究，收集了大量资料，在制定标准方面达成了共识，并在此基础上进行编写工作，经过一年左右的辛勤劳动，写出初稿并经建设部标准司组织有关专家进行鉴定，1991年《古建筑修建工程质量检验评定标准》（北方地区）（CJJ39—91）正式发布颁行。1995年，该标准的“南方地区”分册也批准颁行。《古建筑修建工程质量检验评定标准》的颁行，结束了我国古建筑修建工程质量检验无章可循的状况，在古建筑工程管理方面发挥了重要作用。

2004年，为给北京市四合院保护修建提供设计参考资料，北京市规划学会赵之敬先生提议编写一本有关北京四合院的图集。这本图集由华北地区建筑设计标准化办公室承办，委托我所牵头，与其他几个相关单位合作编写。我所所长、《北京四合院建筑》一书作者马炳坚先生任主编，我所技术人员李小龙、王剡等为主要制图人。这本《北京四合院建筑要素图》（88J14—4、2006）收集了北京四合院各部位、各构成要素的构造做法和图解案例，非常实用，于2006年正式出版发行，深受业内欢迎。它的编制出版，为北京四合院保护修建提供了珍贵的技术资料，并荣获建筑工程标准设计二等奖。

1990—2000年期间，我所专家马炳坚、蒋广全以及刘大可等同志还参与了建设部科教司组织编写的《建筑行业岗位鉴定规范》（古建部分）和《岗位鉴定习题集》，任主要执笔人；参加了《建筑施工手册》（古建筑施工）部分的编写；参加了《北京历代帝王庙古建筑修缮工程专辑》的编写，均为主要执笔人。

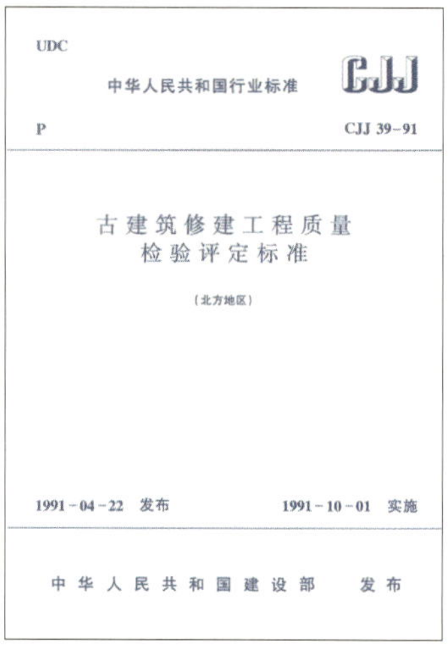

UDC

中华人民共和国行业标准 CJJ

P CJJ 39-91

古建筑修建工程质量
检验评定标准

（北方地区）

1991-04-22 发布 1991-10-01 实施

中华人民共和国建设部 发布

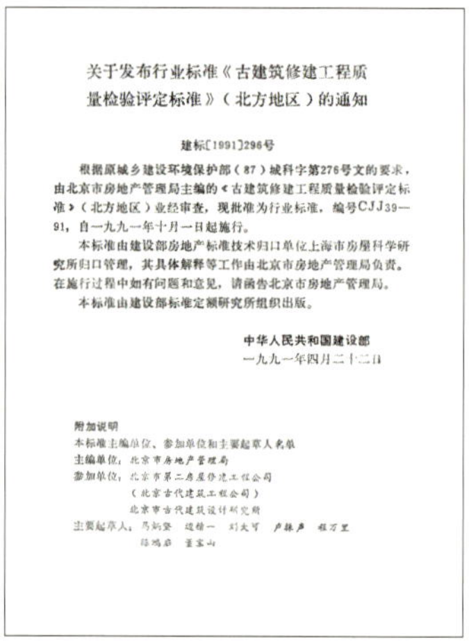

关于发布行业标准《古建筑修建工程质量检验评定标准》（北方地区）的通知

建标[1991]296号

根据原城乡建设环境保护部（87）城科字第276号文的要求，由北京市房地产管理局主编的《古建筑修建工程质量检验评定标准》（北方地区）业经审查，现批准为行业标准，编号CJJ39—91，自一九九一年十月一日起施行。

本标准由建设部房地产标准技术归口单位上海市房屋科学研究所归口管理，其具体解释等工作由北京市房地产管理局负责。在施行过程中如有问题和意见，请函告北京市房地产管理局。

本标准由建设部标准定额研究所组织出版。

中华人民共和国建设部
一九九一年四月二十二日

附加说明

本标准主编单位、参加单位和主要起草人名单

主编单位：北京市房地产管理局

参加单位：北京市第二房屋修建工程公司
（北京古代建筑工程公司）
北京市古代建筑设计研究所

主要起草人：马炳坚 边精一 刘大可 卢振声 程万里
陈鸿启 董宝山

古建筑修建工程质量检验评定标准

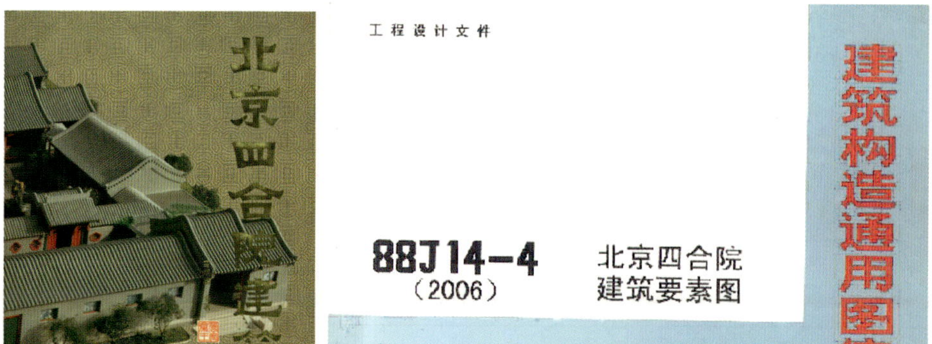

马炳坚先生编著的《北京四合院建筑》一书和由他主持编制的《北京四合院建筑要素图集》

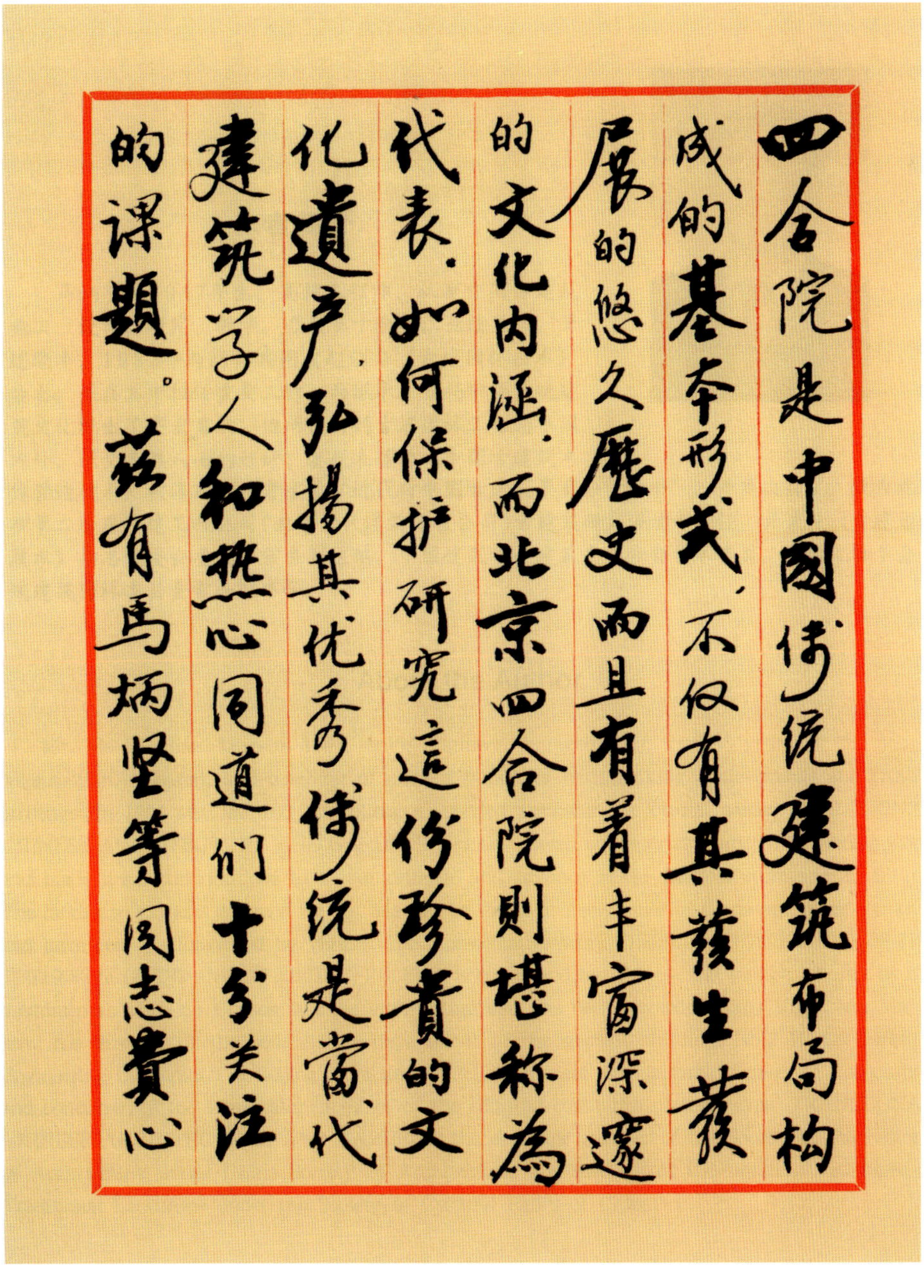
四合院是中國传统建筑布局构成的基本形式，不仅有其發生發展的悠久歷史而且有着丰富深邃的文化内涵，而北京四合院则堪称為代表。如何保护研究這份珍貴的文化遗产弘扬其优秀传统是当代建筑学人和热心同道们十分关注的课题。兹有馬炳坚等同志費心

罗哲文先生为《北京四合院建筑》一书题词

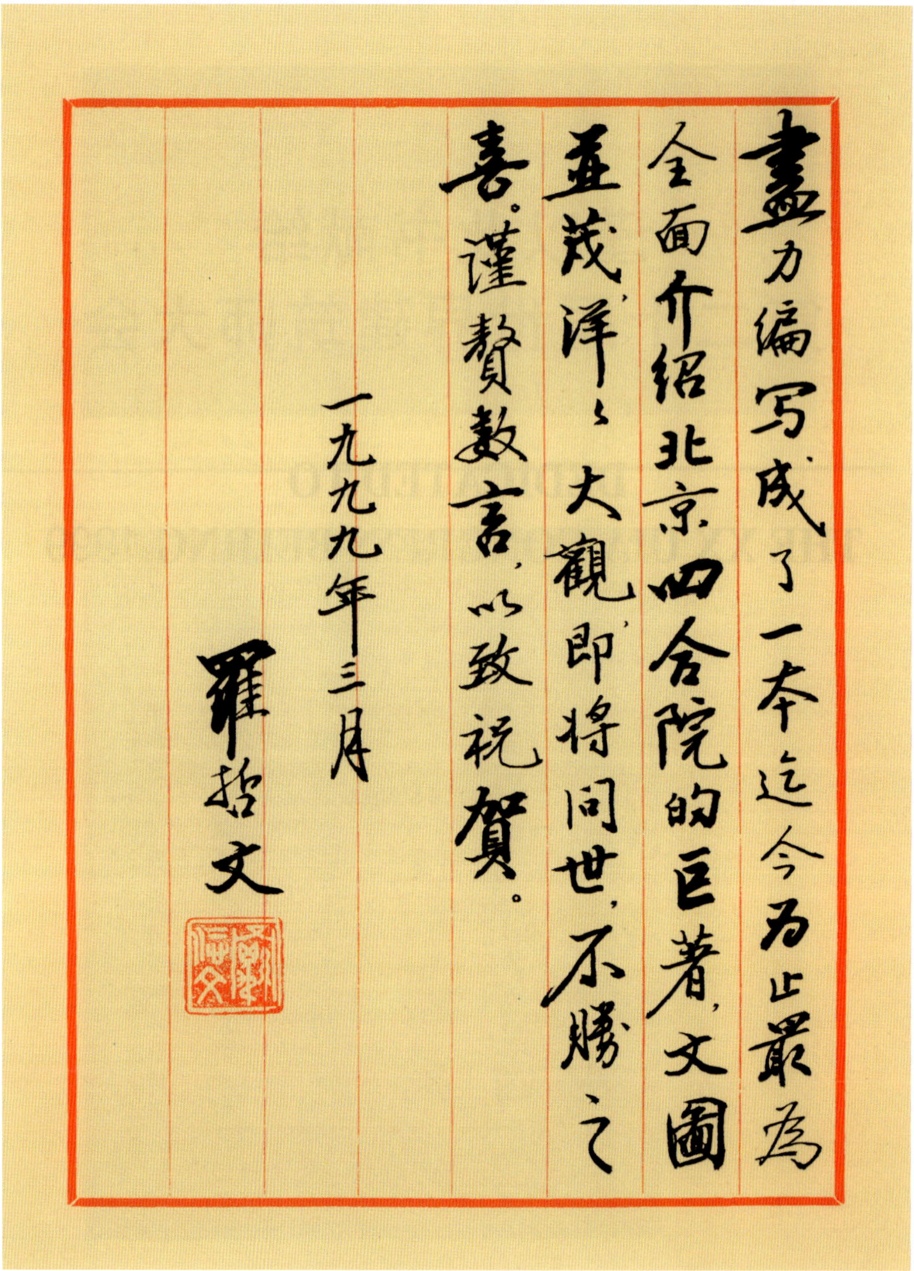
盡力編写成了一本迄今為止最為全面介绍北京四合院的巨著，文圖並茂，洋洋大觀，即將問世，不勝之喜。謹贅數言，以致祝賀。

一九九九年三月

羅哲文

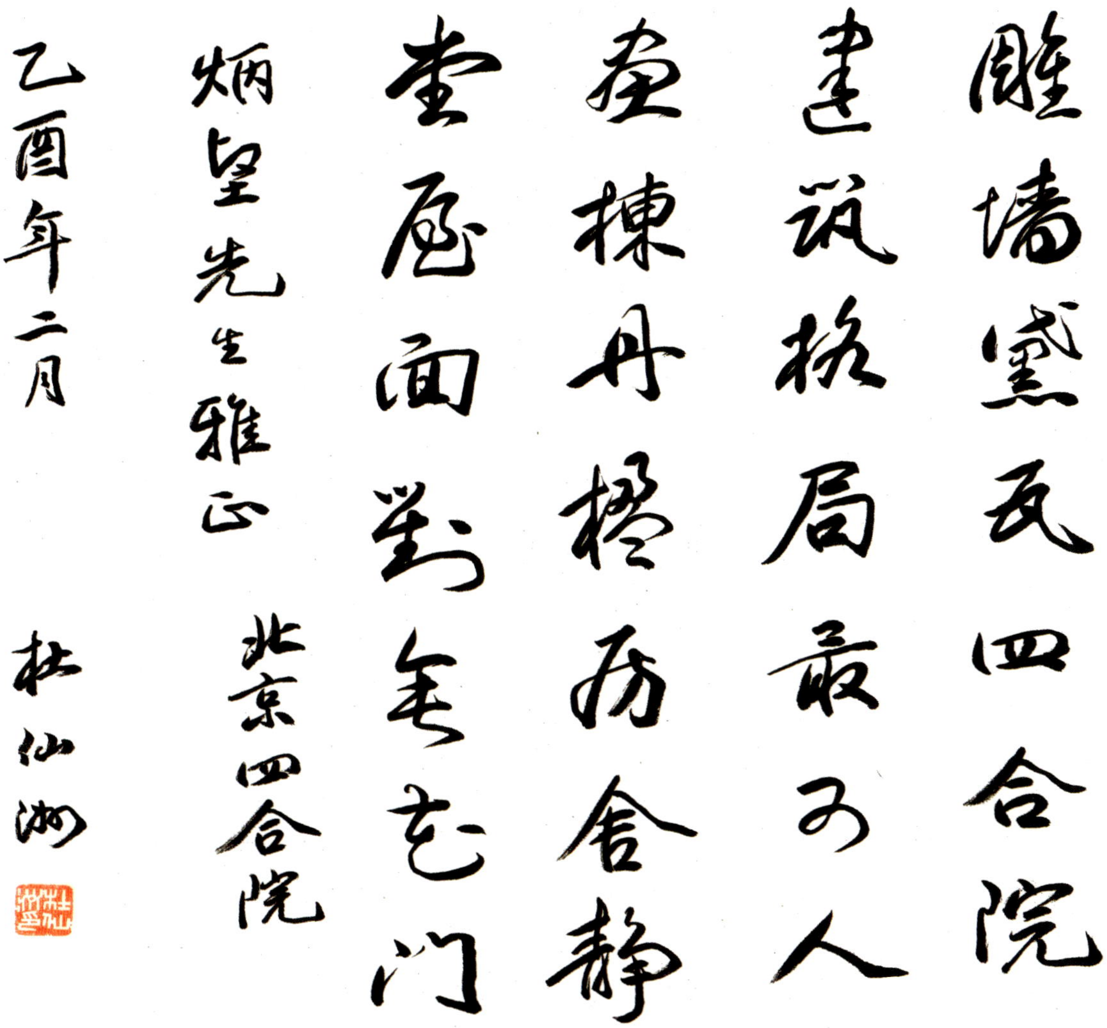

杜仙洲先生为马炳坚先生所著《北京四合院建筑》一书题词：

“雕墙黛瓦四合院，建筑格局最可人；画栋丹楹房舍静，堂屋面对垂花门”

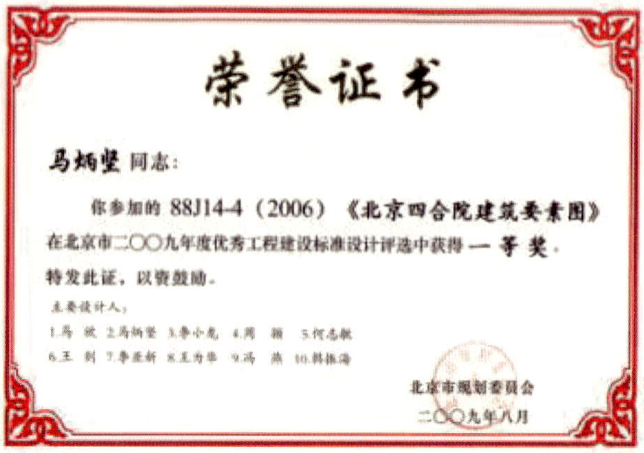

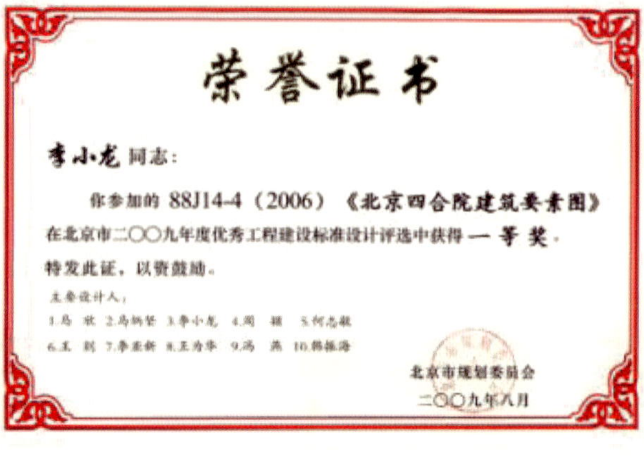

我所马炳坚、李小龙、王剣编制《北京四合院建筑要素图集》获得的荣誉证书和获奖证书

4、

发表古建筑
专业学术、技术论文

二十多年来，尤其是进入21世纪以来，我所专家马炳坚、蒋广全等同志高度关注我国的文物古建筑保护事业和民族建筑事业的发展，他们站在行业的高度，纵观古建园林事业发展中出现的问题，紧密联系实际，写出了许多有价值的学术、技术和有关业内方针政策探讨方面的文章。这些论文主要集中在以下几个方面：

1、有关中国特色文物古建筑保护维修理论和实践体系方面，主要有：《谈谈文物古建筑的保护修缮》（马炳坚，2001年）《中国古建筑的构造特点、损毁规律和保护修缮方法》（马炳坚，2004年）、《关于中国特色文物古建筑保护修缮理论与实践的共识——曲阜宣言》（马炳坚等，2005年）、《古建筑油饰彩画应当确立设计制度》（蒋广全、马炳坚，1994年）、《从历代帝王庙的保护维修实践看我国文物古建筑保护修缮的特殊规律》（马炳坚，2004年）等。

2、有关中西方文物保护异同的认识和比较方面，主要有：《走出认识误区、坚持科学保护》、《威尼斯宪章与我国的文物古建筑的保护修缮》（马炳坚，2006年）；

3、有关古建筑保护修缮体制机制改革方面，有：《我国的文物建筑保护修缮机制需要调整》（马炳坚、李永革，2009年）；

4、有关古建筑基础理论研究方面，有：《关于编制建筑史学研究大纲的建议》（马炳坚，2000年）、《努力搞好古建筑硬科学研究》（马炳坚，1999年）；

5、关于当代中国建筑发展方向方面，有：《小城镇建设要注重民族风格和地方特色》（马炳坚，2000年）；《中国现代建筑的发展方向》（马炳坚，2001年）、《继承弘扬中华传统建筑文化的五项重要工作》（马炳坚，2007年）、《灾后重建也须关注民族风格和地方特色》（马炳坚，2008年）等。

这些论文的一个突出特点是，内容都是从实际中来，是有感而发，言之有物，一针见血。由于是从实践中发现问题，结合实际提出解决问题的办法，因而有很强的针对性。这些论文相继在《中国文物报》、《古建园林技术》杂志、《北京规划建设》杂志、《中国国情研究报告》、《中国民居》、《小城镇建设》等报刊上发表，在业内引起很大反响，对推动我国文物古建筑保护事业和民族建筑事业的发展，已经和正在发挥着重要作用。

马炳坚、蒋广全等发表的部分古建筑论文

5、

进行传统建筑彩画的研究

彩画是古建筑的重要组成部分。有人将木结构比做人的骨骼，把砖石比做人的血肉，把油饰彩画比做人的服饰，这是很贴切的。在中国传统建筑中，油饰彩画是重要组成部分。但是，在对彩画的研究和设计方面，我们过去做得很不够，在文物古建筑的修缮中，如何对待彩画的修缮，在文物界也一直争论不休。我所在古建筑传统技术的研究中，始终把传统彩画的研究放在十分重要的地位，从事这方面研究的专家，早期有边精一先生，1993年以后有蒋广全先生。

彩画研究的重要内容之一，就是绘制彩画小样，这是一项非常细致的工作，彩画小样是按一定比例（如1:10或1:15）将实际彩画缩小，按照与彩画工程几乎完全相同的工艺，将彩画绘制在纸板上，主要工艺有裱纸、起谱子、摊样、标色、沥粉、刷色、绘制图案、退晕、压黑佬、贴金等。绘制一幅精致的彩画小样大约需要一个月左右的时间，是一件非常耗费时间和精力的工作。

彩画小样绘制是彩画设计的主要手段之一，对彩画施工有直接指导和控制作用。它对于继承传统、弘扬传统、避免彩画施工的粗制滥造以及对文物建筑彩画的科学修复具有重要意义。

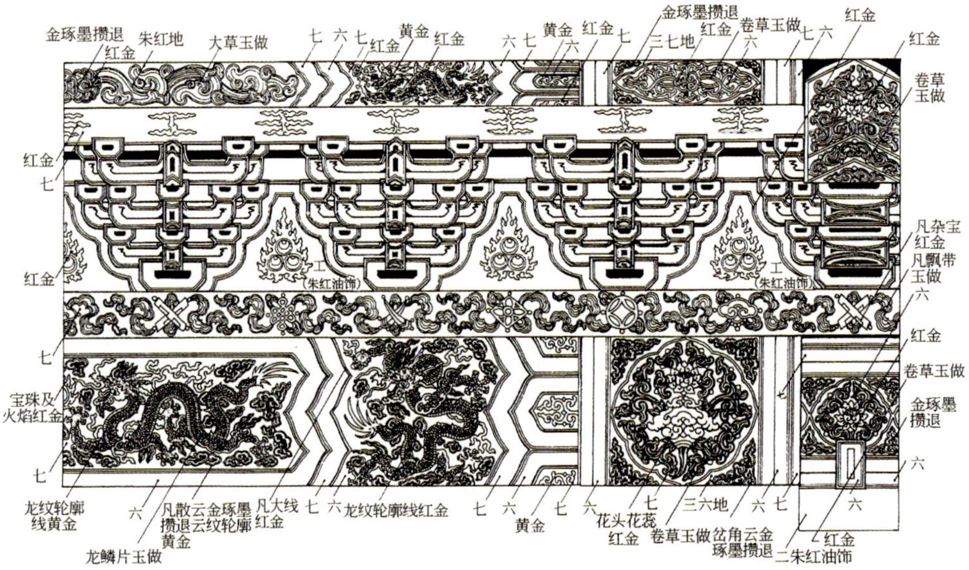

龙草和玺彩画做法图例（一）

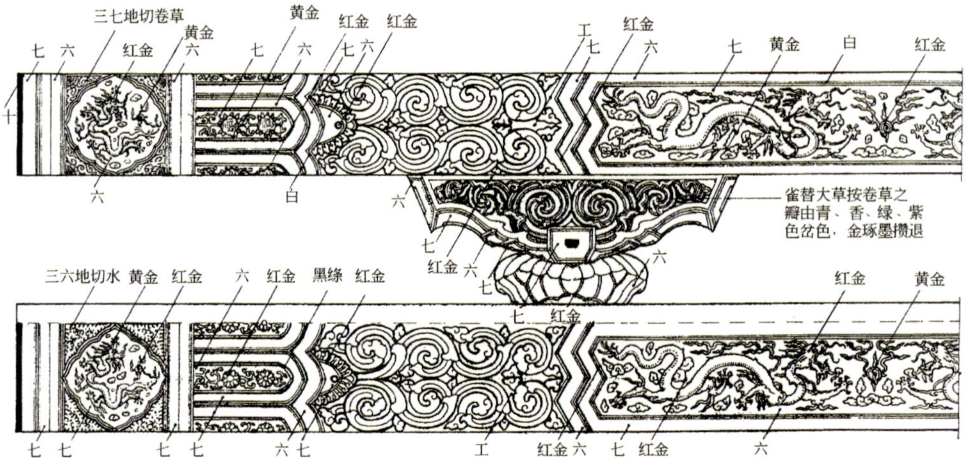

龙草和玺彩画做法图例（二）

(1)栀花盒子找头

(2) $\frac{1}{4}$ 栀花盒子找头

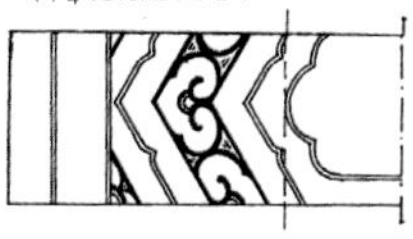
(3)金道观找头

(4)勾丝咬找头

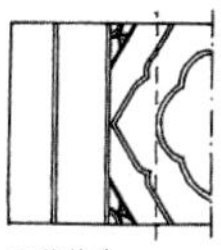
(5)线找头

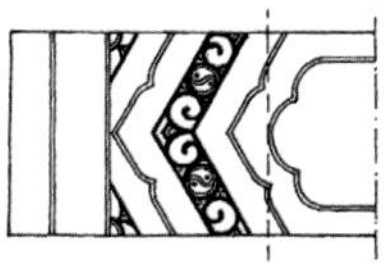
(6)单路瓣旋花找头

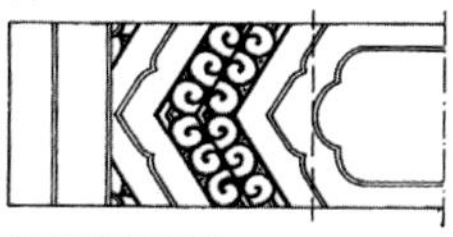
(7)双路瓣旋花找头

(8)喜相迎找头

(9)一整两破找头

(10)一整两破加单路旋花

(11)一整两破加画双路旋花

龙心式旋子彩画不同长度找头纹饰画法示意图

万寿字、双珠连带箍头

卡子、双瓦、单连珠带箍头

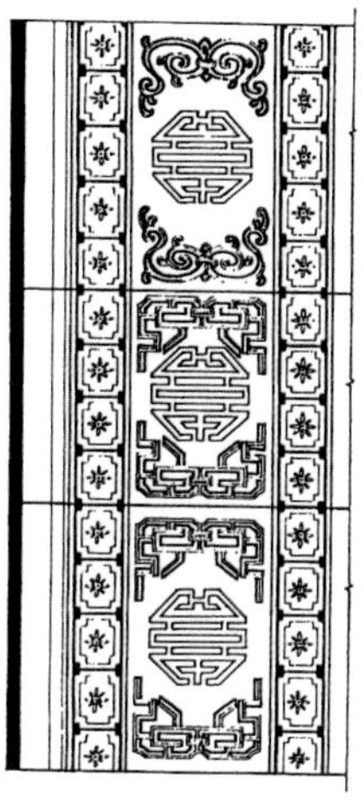
卡子、寿字、灯笼锦箍头

福（蝙蝠）寿（寿字）、双连珠带箍头

锦纹、折垛葫芦箍头

卡子、汉瓦、灯笼箍头

卡子、四合云、丁字锦箍头

苏画箍头画法图例（1~30）（二）

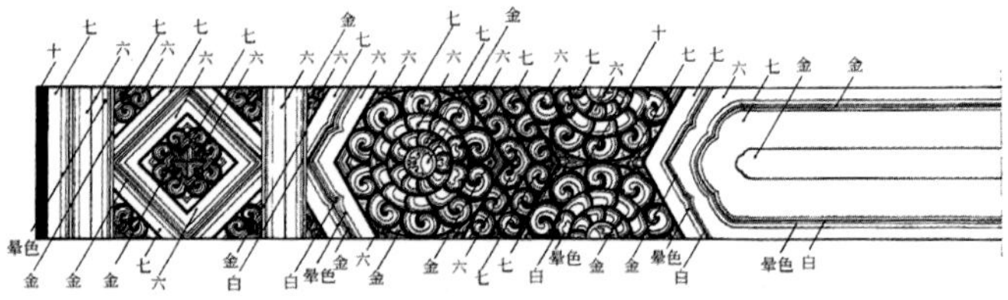

烟琢墨石碾玉一字方心旋子彩画做法图例

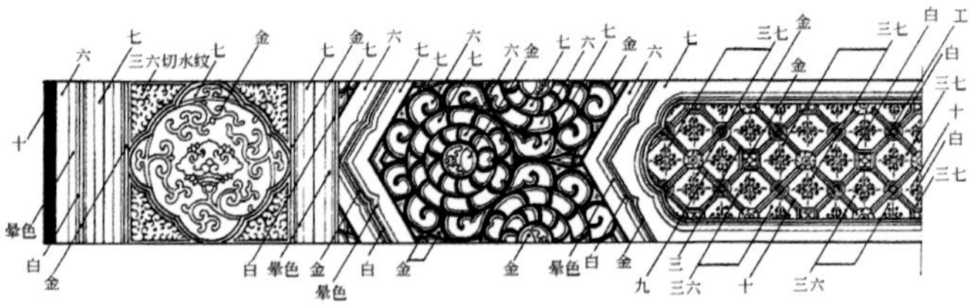

金线大点金宋锦方心旋子彩画做法图例

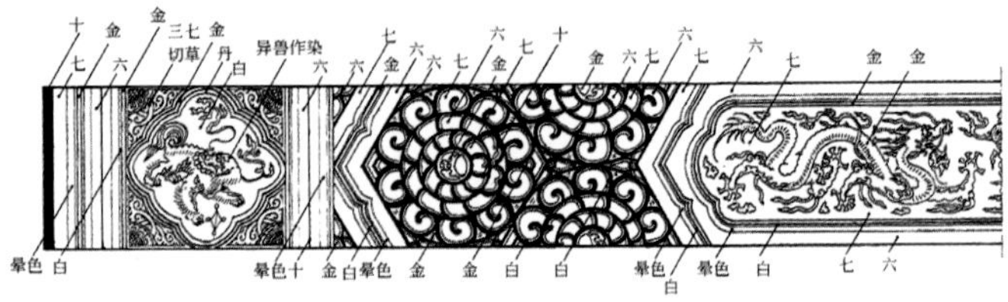

金线大点金金龙方心旋子彩画做法图例

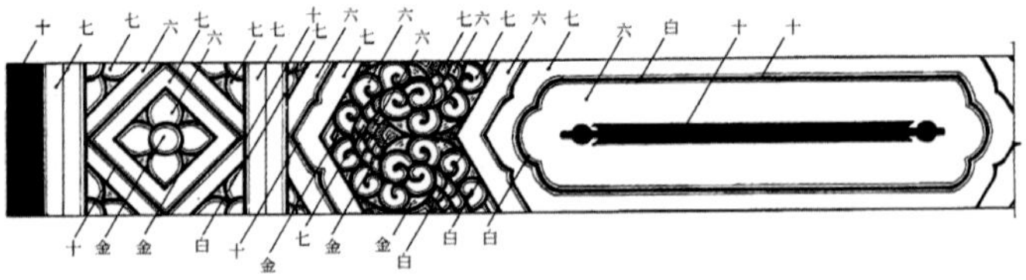

墨线大点金一字方心旋子彩画做法图例

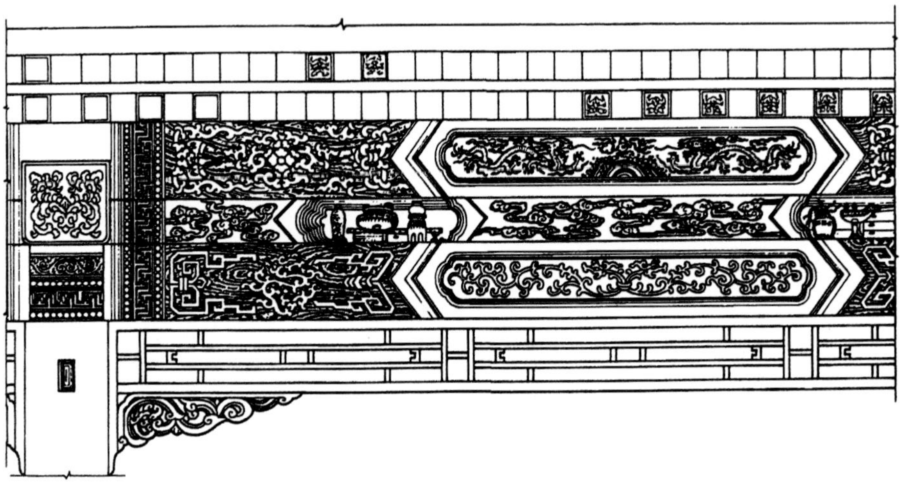

方心式苏画纹饰组合形式图例（一）

见于清代中期彩画遗存，为“云秋木”方心式苏画，此做法是清早期云秋木彩画的继承发展，云秋木彩画为苏画的一种特殊效果彩画，清中期的云秋木彩画，直接用该时期的苏画纹饰（一般用方心式苏画纹饰）做到画有木质纹理的基底之上，用以创造一种特殊的装饰效果

方心式苏画纹饰组合形式图例（二）

见于清代中期彩画遗存，为较小开间纹饰画法范例，由于构件尺寸较短，其找头内仅画卡子，免去了其他纹饰，方心仍按“三停”规矩处理，整体构图非常恰当得体

方心式苏画纹饰组合形式图例（三）

见于清代中期彩画遗存，代表着同期方心式苏画风格，彩画特点，其方心池子的岔口已用烟云纹饰，细部写实绘画内容量加大，卡子明显趋向繁密

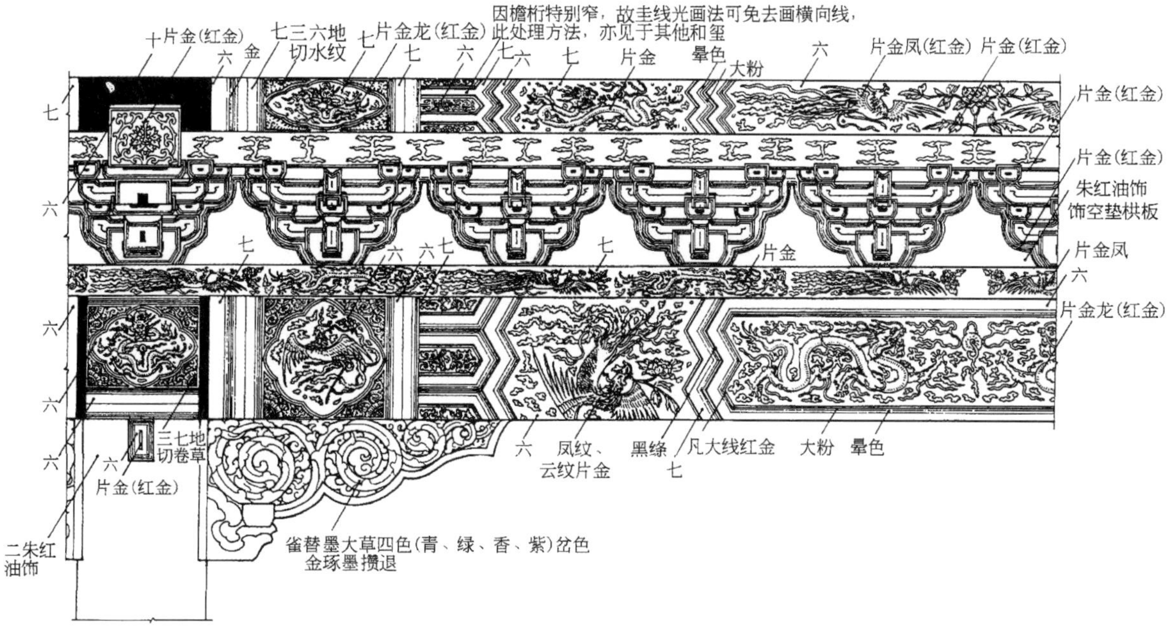
因檐桁特别窄，故圭线光画法可免去画横向线，
此处理方法，亦见于其他和玺
十片金(红金)
七三六地
切水纹
片金龙(红金)
片金
晕色
大粉
片金凤(红金) 片金(红金)
片金(红金)
片金(红金)
朱红油饰
饰空垫栱板
片金凤
片金龙(红金)
三七地
切卷草
片金(红金)
二朱红
油饰
凤纹、
云纹片金
黑绦
凡大线红金
大粉 晕色
雀替墨大草四色(青、绿、香、紫)岔色
金琢墨攒退

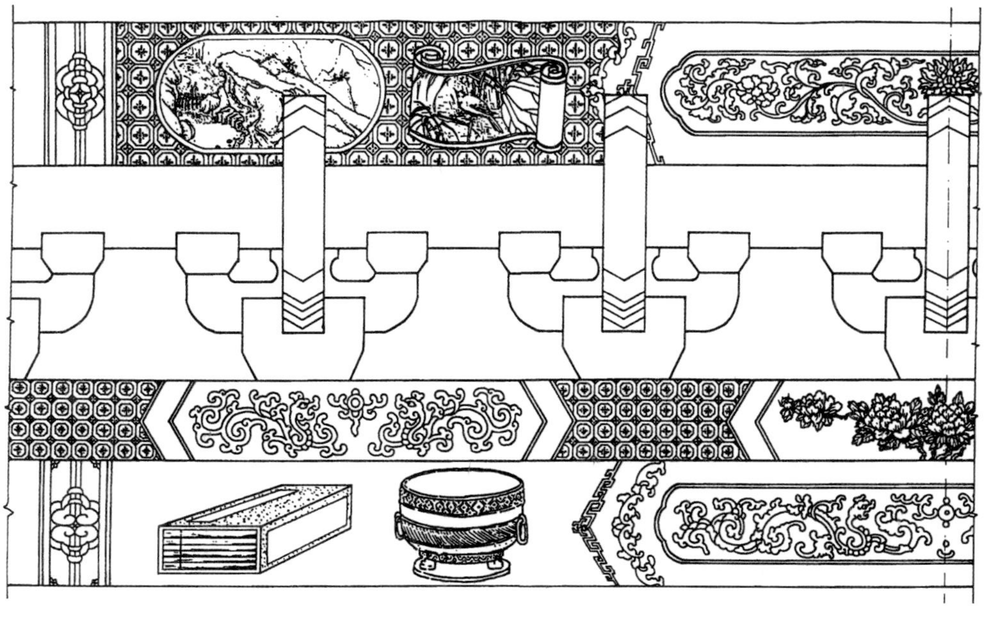

整栀花盒子

破栀花盒子

整十字别旋花盒子

整四合云盒子

破四合云盒子

破十字别旋花盒子

各种繁破死盒子画法示意图

龙盒子

凤盒子

灵芝盒子

莲草盒子

夔龙盒子

博古盒子

黑叶子花卉盒子

金刚宝杵盒子

异兽盒子

各种活盒子画法示意图

清早、中期活盒子岔角切活纹饰图

清晚期活盒子岔角切活常见纹饰图

本纹饰见于清中期彩画

本纹饰见于清中期彩画

本“支活”纹饰见于清晚期彩画

本“支活”纹饰见于清晚期彩画

池子切活各种纹饰图

夔龙团花（见于清中期抱头梁彩画）

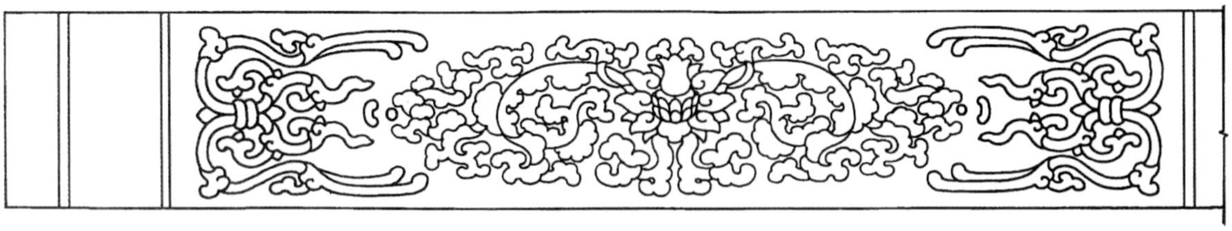

西番莲团花（见于清晚期抱头梁彩画）

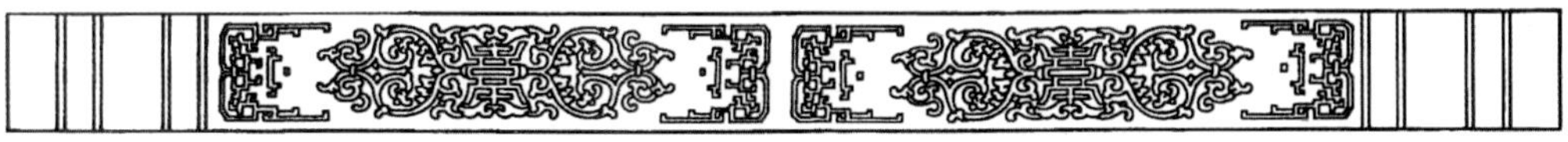

寿字团花（见于清晚期随檩枋彩画）

灵仙竹寿团花（见于清晚期随檩枋彩画）

海墁团花示范图

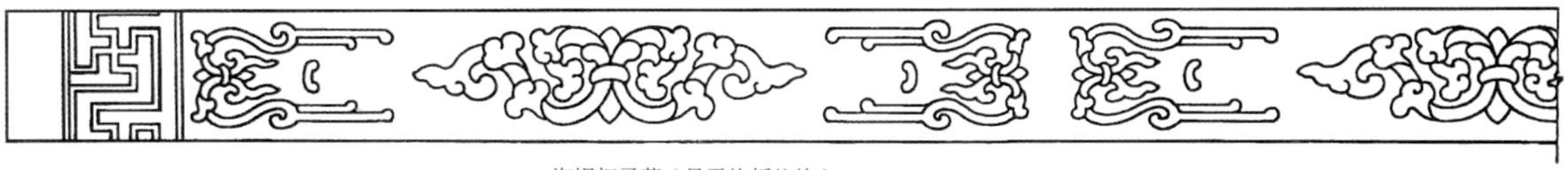

海墁把子草（见于垫板纹饰）

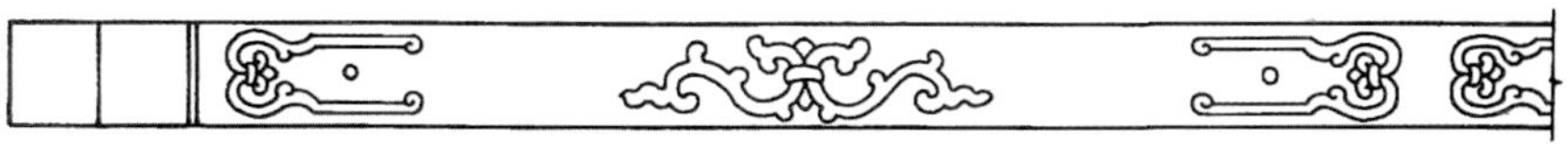

海墁把子草（见于随檩枋纹饰）

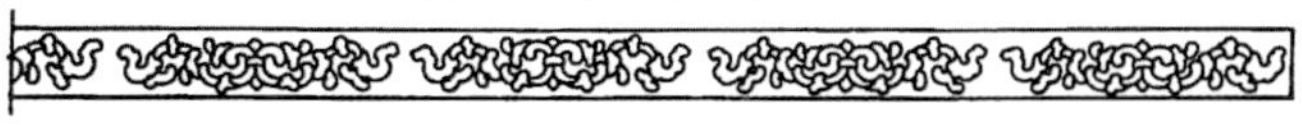

海墁把子草（见于平板枋纹饰）

海墁把子草示范图

海墁轱辘草示范图（见于垫板纹饰）

包袱心画“富贵白头”翎毛花卉吉祥绘画，寓意白头到老、老年富贵、福寿平安（见于清晚期苏画）

包袱心画“海晏河清”翎毛花卉吉祥绘画，寓意天下太平、祥和安泰（见于清晚期苏画）

包袱心画“线法山水”用以反映中国古建筑形式美（见于清晚期苏画）

包袱心画“墨山水”用以反映祖国大好河山美（见于清晚期苏画）

清代包袱式苏画包袱主题纹饰内容运用图例

拍谱子

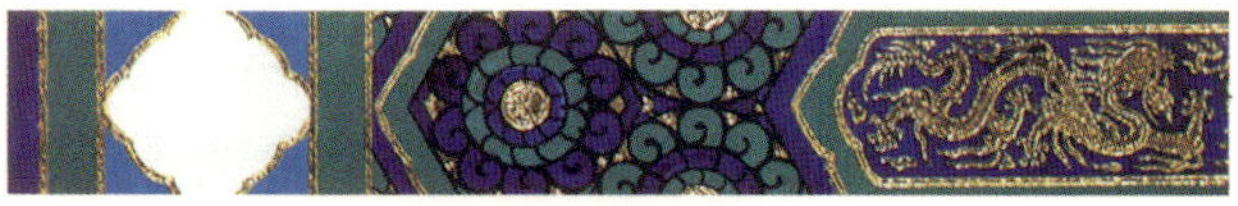
打金胶贴金、拘黑

沥大小粉

拉晕色、拉大粉

刷色

吃小晕、做盒子白活

包黄胶

打点活

清式旋子彩画金线大点金龙方心绘制工艺流程示意图

雀替与斗栱清代彩画的几种基本做法　绘制：蒋广全

清代中期“金琢墨石碾玉夔龙方心”旋子彩画复原　绘制：蒋广全

清代中期墨线搭锦袱苏式彩画　绘制：蒋广全

清代中期金线包袱海屋添筹苏式彩画　绘制：蒋广全

清代官式建筑彩画彩色小样图集

清代中期金线云秋木彩画　绘制：蒋广全

垂花门清代中期方心式墨线苏画　绘制：蒋广全

苏画烟云包袱硬抹实开绘法花鸟——富贵白头　绘制：蒋广全

两例清代中早期六字正言天花彩画　绘制：蒋广全

清晚期百花图天花彩画　绘制：蒋广全

近二三十年来，我所专业技术人员在彩画研究上取得了很大进展，不仅绘制了大量的清代和玺、旋子、苏式等不同类型的彩画小样，而且对清代早期、中期、晚期乃至民国时期的传统建筑彩画的演变也进行了研究。这种研究目前仍在继续深入，已涉及到了明代、元代以及辽时期。这些工作对文物古建筑的彩画保护及复原，具有重要意义。

除以上几项工作之外，我所专家还积极参与了北京市文物局古建筑培训中心举办的各类专业技术人员、管理人员的培训教学工作，这项工作一干就是十几年，培养了数千名各类古建筑专业人员；积极参加业内举办的各类学术会、研讨会、论证会、评审会、讲习会，均发挥了重要作用。

自20世纪80年代初至今的近三十年中，我所在古建筑的研究、设计、教学、办刊、编制规程规范、培养专业技术人才以及撰写学术著作、发表专业学术技术论文等方面进行了全方位的工作，为我国的文物保护和民族建筑事业的发展做出了重要贡献，受到广大古建人的爱戴和尊重，被业内权威专家誉为“古建筑技术的摇篮”、“古建学科带头人”等，应该是当之无愧的。

党的十七大把文化建设列为党的中心工作，号召我们“弘扬中华文化，建设中华民族共有精神家园”。2007年10月第十届全国人大常委会第三十次会议审议通过的《中华人民共和国城乡规划法》把“保护耕地等自然资源和历史文化遗产，保持地方特色、民族特色和传统风貌”确定为我国城乡规划建设的重要原则。这一切都为我所今后的工作指出了明确的方向。我们要再接再厉，在前阶段的工作成绩的基础上更上一层楼，争取为祖国的文物保护事业、民族建筑事业做出更大贡献！

升降龙天花彩画　绘制：蒋广全

双凤天花彩画　绘制：蒋广全

附录：充满生机活力的古建筑设计研究所

设计所领导班子主要成员：从左至右依次为：
副所长：张越　　所长：马炳坚　　副所长：徐新伟　　总建筑师：张丽鲜

天津市人大常委会主任：刘胜玉（中）与马炳坚所长、
园林设计大师檀馨（左二）、园林设计师马骎（左一）、
建筑设计师王思萌（右一）合影

马炳坚所长（中）、张越副所长（左二）以及本所李小龙（右一）、
张郁（右二）与泰国正大集团董事长谢国民（左三）等合影（2005年）

马炳坚所长与恩师罗哲文先生合影

2005年元月，在北京五洲大酒店举行拜师仪式，
李瑞森（左一）、马炳坚（左二）、潘德华（右二）、孟繁兴（右一）
共同拜罗哲文（中）先生为师（2005年）

马炳坚所长与罗哲文先生一起为沈阳建筑大学中式建筑研究所揭牌（2005年）

马炳坚（左）、潘德华（右）与罗哲文老师在拜师会后合影（2005年）

马炳坚所长（右二）向郑孝燮（左三）、罗哲文（左二）、张开济（右一）等老专家汇报四合院建筑方案，左一为周文水总经理（1998年）

马炳坚所长及其弟子张越与罗哲文先生合影（2006年）

20世纪80年代，在《古建园林技术》杂志狭小的编辑部里。从左自右依次为：姜振鹏、王其明、吴江、何俊寿、胥蜀辉、马炳坚（1986年）

马炳坚所长（右二）与罗哲文先生（中）在清永陵参观（2008年）

马炳坚主编在《古建园林技术》杂志编委会上做工作报告（1999年）

马炳坚所长（左三）与专家们一起研究重庆大会堂修缮方案（1998年）

著名彩画专家蒋广全先生在审查彩画设计方案（2010年）

马炳坚所长（前左一）向澳门的甲方代表介绍渔人码头设计方案（2001年）

马炳坚所长与相关古建专家一起为李诫纪念亭奠基（2003年）

设计所成员在北京菖蒲河公园参观学习（2000年）

设计所成员在中国紫檀博物馆参观（2001年）

马炳坚所长与美国木结构专家Tim先生交谈（2006年）

马炳坚所长在沈阳建筑大学做学术报告（2008年）

马炳坚所长等陪同美国木材建筑协会考察团在蓟县独乐寺参观考察（2010年）

设计所成员在日本参观学习考察（2007年）

设计所成员在埃及学习考察（2009年）

设计所成员在意大利学习考察（2008年）

设计所成员在英国学习考察期间部分成员合影

地址：北京市东城区安德里北街甲20号
（紫萱园写字楼3层）

电话：86-10-84128208

86-10-84120155

86-10-84126698

网址：www.bjgjsj.com

电子邮箱：gj_cad@163.com

所长：马炳坚

副所长：张越、徐新伟、王剡

总建筑师：张丽鲜

总工程师：王大欣